KB009440

생물의 애옥살이

생물의 애옥살이

2011년 5월 16일 개정판 5쇄 발행
2001년 7월 9일 초판 1쇄 발행
지은이 권오길

펴낸이 이원중
펴낸곳 지성사 출판등록일 1993년 12월 9일 등록번호 제10 - 916호
주소 (121 - 829) 서울시 마포구 상수동 337 - 4 전화 (02) 335 - 5494 ~ 5 팩스 (02) 335 - 5496
홈페이지 www.jisungsa.co.kr 블로그 blog.naver.com/jisungsabook 이메일 jisungsa@hanmail.net
편집주간 김명희 편집팀 김찬 디자인팀 정애경

ⓒ 권오길 2001

ISBN 978 - 89 - 7889 - 093 - 9 (03470)

잘못된 책은 바꾸어드립니다. 책값은 뒤표지에 있습니다.

생물의 애옥살이

권오길 지음

지성사

개정판 서문

'생물의 애옥살이'가 새 단장을 하여 다시 태어난 것을 축하하면서, 강의를 듣는 한 학생이(이 책을 읽고) 제출한 보고서(리포트)를 개정판의 머리말로 대신하고자 한다.

가난에 쪼들려서 고생스럽게 사는 살림살이를 뜻한다는 애옥살이. 책 제목처럼 지구상의 모든 생물들은 힘들게 '애옥살이'를 하고 있는지 모른다. 지구의 주인이라고 자부하는 무지몽매하고 이기적인 인간 때문에 전 세계의 생물들이 멸종되거나 멸종될 위기에 처해 있다.

이 책은 외경(畏敬)하고 아끼고 가꾸어야 할 자연을 개발과 훼손의 대상으로 여기는 요즘, 평생을 두고 연구해 온 생물에 대한 이야기를 교수님 특유의 위트와 걸쭉한 입담으로 풀어쓰신 것이다. 자연 속에 살고 있는 생물의 삶은 언뜻 아름다워 보이지만 실은 끊임없는 생존경쟁과 천적의 위협 속에서 살아남기 위해 고단한 삶을 살아가고 있다. 즉 항상 가난에 쪼들려 고생하는 '애옥한' 삶인 것이다.

이 책은 모두 네 부분으로 크게 나눠져 있다. 1부 첫 부분에 나오는 「뱃속에 촌충을 키운 의사 선생님」 이야기는 신선한 충격으로 다가왔다. 뱃속에 기생충을 일부러 키운다는 내용을 읽으면서 나도 모르게 역겹다는 생각도 했지만 그의 투철한 연구에 대한 의욕과 직업의식을 존경할 수밖에 없었다. 그리고 여러 사람들이 쌍둥이를 낳았으니 방법은 틀리지만 복제 인간이 있었지 않느냐고 반문한 복제인간 이야기, 무더운 여름밤 모기향을 놓는 방법 등 흥미 있는 이야기들이 많았다.

2부 '드넓은 어머니 품, 바다'에서는 산호에 대한 내용이 가장 기억에 남는다. 현재 산호초의 10퍼센트는 이미 절멸해 버렸고 30퍼센트가 위기에 처한 상태로, 이대로 두다가는 30년 안에 30퍼센트밖에 살아남지 못하리라고 해양학자들은 크게 걱정하고 있다. 산호초는 뭍의 열대 우림 지대에 해당하는 바다 생태계의 보고(寶庫)다. 그래서 그것은 '바다의 숲'이라고도 불린다. 그러나 사람들은 무지막지하게 산호초를 파내어 시멘트를 만들고 토막 내어 길을 쌓고 방파제 만드는 데도 쓴단다. 그것도 모자라 다이너마이트를 터뜨려 물고기를 잡고, 한술 더 떠서 청산가리를 뿌려 물고기 씨를 말린다고 한다. 도시에선 폐수가 흘러들어 산호와 공생하는 조류(藻類)가 모두 죽고 따라서 산호도 씨가 말라간다.

이러한 산호의 멸종, 즉 바다의 사막화를 막는 일을 당장 우리가 해야 한다고 주장하셨는데 나도 전적으로 동의한다. '무위자연(無爲自然)'이라는 말이 있듯이 자연은 그대로 놔두어야 한다. 선대가 아름다운 자연을 잘 보존하여 후대에게 그대로 물려주어야 한다. 인간은 자연을 마음대로 이용하고 훼손, 간섭할 권리가 없는 것이다.

3부 '식물처럼 살고 싶다'에서는 유전자 조작식물에 대한 글이 인상 깊었다. 우리는 흔하게 유전자 조작 식물을 먹고 있지만 선진국의 경우, 유전자 조작 식물을 먹지 않고 그것을 다른 나라로 수출만 한단다.

유전자 조작 식물의 영향이 지금 당장 우리 몸에 나타나지는 않지만 몇십 년, 몇 백 년 후 우리 후손들에게 그 영향이 나타난다고 한다. 이에 우리 모두는 관심을 가져야 하고 정부차원의 관리와 규제도 필요하다.

그리고 가뭄에 식물이 뿌리를 길게 뻗는다는 글에서 비록 지금 나의 삶이 고통스럽다고 하더라도 이것이야말로 내 삶의 뿌리를 튼튼하게 하는 원동력이라는 생각이 들었다.

또 4부 '지구 주인공들' 중에서 코끼리 코가 코와 윗입술이 붙은 것이라든지, 매머드의 상아가 어금니나 송곳니가 아닌 앞니가 길어져서 그렇다든지 하는 것 등은 기존에 내가 알고 있던 지식을 뒤엎는 것이라서 놀라지 않을 수 없었다. 그리고 새 대장이 된 수사자가 제 새끼가 아니라고 모두 물어 죽이는 잔인함에 놀라면서도 그것이 생물의 본능임을 이해하게 되었는데 이것도 교수님의 특유한 설득력(?) 때문이리라.

한마디로 이 책을 읽으면서 자연 속에서는 수많은 생물들과 함께 인간도 자연의 일부라는 것을 절실히 깨닫게 되었고, 다 같은 자연의 구성원으로서 그들을 보호하고 지켜나가야겠다고 생각했다. 한마디로 「생물의 애옥살이」를 읽고 새롭게 자연계를 보는 눈(眼)을 갖게 되었다.

교수님께 감사드립니다.

2003년 12월 권오길

초판 서문

젊어 교단에 섰을 적에 뜬귀신처럼 “내 소원은 실컷 먹고 배가 터져 죽는 것이다.”라고 학생들 앞에서 고래고래 소리를 내지르곤 했는데, 늘그막에 질펀하게 잘 먹어서 이젠 돼지가 부러워할 정도로 살 덩어리가 붙었으니 간절한 소원 하나는 풀었다. 뉘엿뉘엿 기우는, 한 바퀴의 인생을 다 산 필자의 다음 원(願)은 무엇일까. 그저 곱게 늙어서 험한 꼴 안 보고, 몹쓸 병 걸리지 않고 잠자리에서 죽음을 맞이하는 것이다. 생자필멸(生者必滅), 한 번 태어나 죽지 않는 생명이 어디 있던가.

헌데 책 제목에 쓴 ‘애옥살이’란 도대체 무슨 말인가? 이미 필자는 죽기 아니면 살기〔生死〕란 의미를 지닌 ‘죽살이’, 다같이 더불어 살아야 한다〔共生〕는 ‘다살이’, 죽이지 말자〔禁殺生〕는 ‘살린살이’, 서로 다투지 말고 도우며 살자〔相生〕는 ‘모음살이’ 등 유사한 이름이 붙은 책을 여러 권 낸 바 있다. 여기에서 ‘살이’란 말은 ‘삶’이란 뜻임을 쉽게 알 것이다. 그리고 ‘애옥하다’라는 우리말이 있다. 살림이 아주 구차하다는 뜻일 게다. 그러니 애옥한 삶, 곧 ‘애옥살이’는 가난에 쪼들려 고생스럽게 사는 삶을 뜻하는 것이 아닌가.

필자도 지금은 과하게 먹어서 살이 찔 만큼 쪘다고 했다. 과유불급(過猶不及)을, 넘치는 것은 모자람만 못한 것이라고 해석해도 무방하리라. 육살들이 너무 과해서 운동을 해야 한다니 이런 미련한 동물이 어디 있단 말인가. 동물치고 소화제를 먹으면서까지 간단없이 게걸스럽게 먹어대는 어리석은 녀석들이 있던가. 개도 먹을 만큼 먹으면 금세 음식을 남긴다.

그 먹을거리는 모두 흙(지구)에서 얻는 것이다. 흙에서 푸나무가 생겨나고 그것을 다른 동물이 먹으며 살아간다. 한마디로 오직 인간들만이 지구를 얕잡아보고 그것을 할퀴어 흠집을 내면서 쉼 없이 착취를 계속하고 있는 것이다. 벌써 지구가 인간을 비아냥거리며 저주와 재앙의 눈길을 보내기 시작하지 않는가. 참음에도 한도가 있는 법이니까. 먹는 것은 그렇다 치고 휴지, 전기, 물 어느 하나 아낌을 볼 수가 없다. 너나 할 것 없이 애옥한 삶을 살아야 할 것이다. 하나뿐인 지구가 해지고 말라 비틀어져 뼈만 남아간다고 아무리 절규해도 알아듣지 못한다. 귓구멍에 창호지를 두껍게 발라버렸다.

여기서 지구를 자연(自然)이라 바꿔 불러도 별 탈이 없을 것이다. 아무렴 자연이 사람만 못하겠는가. 자연은 언제나 검소하다는 것을 강조하면서, 자연을 아끼고 가꾸자는 뜻이 이 글 저 안쪽 고갱이에 들어앉아 있다.

이제 또 어줍잖은 글모음을 내놓으려고 하니 민망하기도 하고 창피스럽기도 하다. 날 선 문장도 아니고 그렇다고 패기 넘치는 알맹이가 있는 것도 아닌 것을 가지고. 허나 마음 한구석에는 특별하지는 않지만 그래도 예사로운 책은 아닐 것이라는 자긍심이 자리잡고 있다. 자연은 분명 우리의 스승이요, 잘 닦아서 들여다봐야 할 거울인데 바로 그 자연계에서 일어나는, 그들 삶의 일부를 이 책에 그려놨으니 하는 말이다. 사실 이 정도의 글을 쓰기 위해서도 길고 긴 시간과 많은 에너지가 필요하다. 일 년 내내 원고에 매달리다시피 해야 겨우 책 한 권이 나온다. 글을 쓴다는 것은 상처를 손가락으로 후벼파는 것만큼 아픈 것이라 하던가.

그건 그렇다 치고, 애옥살이를 실천하는 길은 아마도 동심(童心)에서 찾을 수가 있을 듯하다. 어린이는 분명 자연과 아주 가까우며 그것에 대한 호기심으로 가득 차 있으니까 말이다. 방정환 선생님의 글 한 토막이 마음에 참 와닿는다. "어린이는 보는 것, 느낀 것을 그대로 노래하는 시인입니다. 고운 마음을 가지고 아름답게 보고 느낀 것이 아름다운 말로 흘러나올 때, 나오는 모두가 시가 되고 노래가 됩니다." 여기에서 시와 노래를 '과학'으로 바꿀 수가 있으니, 시인은 곧 '과학자'인 것이다.

일일부작 일일불식(一日不作 一日不食), 하루 일하지 않으면 하루를 굶어야 한다는 이 정신에서 '애옥함'을 찾아본다. 그리고 철부지인 날 따라 33년을 넘게 애옥하게 살아온 육십 황혼의 여인, 내 짝 집사람에게 이 책을 드린다. 감사할 뿐.

2001년 5월

운봉(雲峰) 권오길

1. 사람도 동물일세

2. 드넓은 어머니 품, 바다

3. 식물처럼 살고 싶다

4. 지구의 주인공들

1. 사랑도 통율 일세

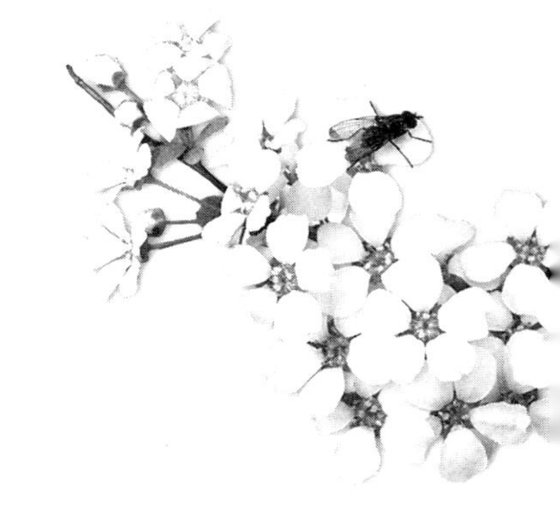

무위자연의 철학자 장자(莊子)는 부인이 죽었을 때 울지 않았다고 한다. 울기는커녕 항아리를 두들기며 노래를 불러 문상 온 혜자(惠子)를 어리둥절하게 만들었다. "함께 살며 늙어온 부인이 죽었는데 슬프지도 않단 말인가, 노래까지 부르다니." 혜자가 나무라니 장자는 이렇게 답하였다. "아내가 죽었을 때 나도 슬펐지. 그러나 생각해보니 인간이란 원래 생명을 지닌 것이 아니었어. 혼돈 속에 뒤섞여 있던 것이 변해 기운을 낳으니 그 기운에 형체가 생기고 그 형체가 생명을 얻어 살아왔을 뿐이야. 생명을 지녔던 형체가 또 변해서 죽어갔으니 계절의 순환과 다를 바 없다는 생각이 들었네. 편안히 잠든 아내의 모습을 보고 소리쳐 운다는 게 오히려 천박한 짓이지."

삶과 죽음에 대한 장자의 생각은 자기의 죽음을 앞둔 시점에서 더욱 분명하게 밝혀진다. 제자들이 자신의 장례에 대해 의논하는 자리에서 장자는 이렇게 말한다. "하늘과 땅을 널로 삼고 해와 달을 한 쌍의 구슬로 삼아, 무수한 별을 장식품으로 여기고 지상 만물을 부장품이라 생각하면 부족한 점이 무엇이겠느냐.” 격식을 차려 매장하지 말고 아무 데나 내버리라는 뜻이다. 까마귀나 솔개가 선생님의 유체를 쪼아먹으면 어쩔 거냐고 제자들이 걱정하자 장자는 이런 말로 일축한다. “땅 위에서 솔개나 까마귀의 밥이 될 것을 땅속에 있는 개미나 땅강아지에게 준다고 해서 더 나을 것이 무어냐.”

이 글은 <강원도민일보>의 명칼럼, 「명경대」에서 인용한 것이다.

우리가 잘 아는 장자는 중국 전국시대의 사상가이자 도학자다. 그는 생사를 초월하여 절대 무한의 경지에서 소요(逍遙)함이 바람직하다고 믿었고, 인생은 모두 천명이라는 숙명론을 취하여 후세에 잘 알려진 분이다. 무엇보다 장자의 사상은 ‘무위자연(無爲自然)’이라는 한 단어로 압축되는데 그것은 ‘사람의 힘을 들이지 않은, 그대로 있는 자연’을 의미한다. 그분은 지구가 언젠가는 사람에 의해 생채기가 나고 결딴 날 것을 예견하고 있었던 것이 아닌가 생각한다. 또한 장자는 현대 생태학 이론인 ‘물질 순환’의 원리도 이미 터득하고 있었음이 분명하다. 죽으면 먹히고 썩어서 자연으로 되돌아가고 다시 생물체에 들어가 ‘형체’를 이루는 것임을 말이다.

장자의 숙명론은 생자필멸(生者必滅), 무릇 생물은 한번 태어나면 언젠가는 죽고야 만다는 이야기 아닌가. 죽지 않는 생물은 없다!

흔히 명이 짧음을 논할 때 ‘하루살이 인생’이라고 하여 곤충의 한 종류인 하루살이를 예로 든다. 우리나라에 사는 하루살이는 꼬리하루살이, 무늬하루살이 등 50여 종이 있다고 보고되는데, 물속에 알을 낳으면 그 알은 한 달 안에 깨어서 애벌레가 된 뒤 1~2년을 물속에 살다가 성충이 되어 날개를 달고 날아오른다. 이것을 보통 ‘하루살이’

라 하는데 영어로는 '메이플라이(mayfly, 오월의 파리)' 또는 '데이플라이(dayfly, 하루살이)'라 한다. 하루살이는 어린 시절은 길고 길지만 어미로서의 삶은 짧다. 그런데 어미가 된 후 정말로 하루만 사는 놈도 있지만 2~3일은 보통이고, 14일 넘게 살기도 한다. 명이란 길고 짧음이 있으니 하루살이도 하루살이 나름이다. 이렇게 하루살이, 잠자리 등 강이나 호수에서 물 내 맡으며 유생(幼生) 시기를 보내는 곤충들을 묶어서 물에 사는 곤충, 즉 '수서곤충'이라 한다.

반딧불이나 하루살이 등의 성충은 아무것도 먹지 않고도 암수 모두 짝짓기에만 신경을 쓸 수 있는데 그 이유는 물에서 나와 공중을 날 때 이미 몸에 많은 양의 지방을 비축하여 나오기 때문이다. 그래서 먹지 않고도 며칠을 견디는 것이다. 생물들이 양분 저장에 지방을 주로 쓰는 것은 매우 현명한 일이라 할 수 있는데 탄수화물과 단백질은 1그램에서 약 4칼로리의 열이 나오는 반면 지방은 그 두 배가 넘는 9칼로리 이상이 나와 작은 부피에 에너지를 많이 저장할 수 있기 때문이다. 사람도 살이 찐다는 것은 지방의 양이 증가한다는 것으로, 이는 결국 위기에 처했을 때 지방을 다시 빼 써야하기 때문이 아닌가. 작은 탱크에 많은 양을 채우려면 지방이 으뜸이다.

"하늘과 땅을 널로 삼고 해와 달을 한 쌍의 구슬로 삼아……."

하루살이는 다음 생물들에 비하면 그래도 오래 사는 편이다. 사람의 눈에 보이지 않는 미생물 중에 '효모'라는 단세포 생물이 있다. 술을 만드는 발효에 관여하는 출아 효모를 실험실에서 키워보면, 출아에 필요한 시간은 약 한 시간인데 어미 효모가 여덟 번 출아를 마치면 죽어버린다고 하니 결국 여덟 시간뿐인 무척 짧은 삶을 살다간다

하겠다. 그렇지만 세균이나 분열 효모는 하나, 둘, 넷, 여덟…… 하는 이분법으로 끝없이 번식하므로 그리 간단하게 수명을 논할 수가 없다.

이보다 삶이 더 짧은 것을 든다면 아마도 버섯일 것이다. 천 년을 넘게 사는 버섯이 있다고 하지만 여름날 비 온 뒤 음습한 곳에 돋아난 먹물버섯은 햇빛을 받고 몇 시간 지나면 눈 깜짝할 사이에 삭아버리고 만다. 하지만 하루살이나 효모, 버섯 모두 제 몸뚱아리는 죽어 없어진다 해도 종족을 남겨 유전인자가 연년세세 흘러 내려가고 있으니, 영원히 죽는 것은 아니라고 말할 수도 있다. 그래서 인간을 비롯해 어느 생물이든, 있는 정력과 시간을 자식 키우기에 쏟아붓는다. 유전인자 DNA는 영생하는 것이니까.

엉뚱한 생각이 창조적이라 했던가. 그러면 물고기는 과연 얼마나 오래 살다 죽을까? 모천(母川)에 회귀하는 연어나 송어는 제가 태어난 강에 와서 알을 낳고 죽어버리니 기껏해야 5년을 산다고 보고, 그럼 바다에 사는 고등어나 호수의 붕어는 몇 년을 살까. 날씨 좋은 날 강이나 바다의 수면을 보면 한없이 평온하고 조용해 보이나 그 속을 들여다보면 약육강식의 피 터지는 싸움이 벌어지고 있다. 이른바 '정글의 법칙'이 여지없이 통하는 곳으로, 끗발 날리던 물고기도 나이 먹어 힘이나 좀 빠지는 날에는 어느 귀신도 모르게 젊고 건강한 놈들이 달려들어 뼈다귀도 안 남기고 잡아먹어버린다. 궤변이 되겠지만 그래서 제 명대로 다 살다가 죽는 물고기는 없다는 대답이 나오고 만다. 잔인하고 매정한 녀석들이 아닌가.

방향을 틀어 식물의 세계로 들어가 보자. 풀인지 나무인지 구별하기 어려운, 아니 풀도 나무도 아닌 대[竹]의 죽살이를 살펴보자. 대는 외떡잎 식물로 벼나 바랭이를 닮은 볏과(科) 식물이다. 따뜻한 곳에 잘 살아서 왕대는 우리나라 추풍령 이남에서만 자란다. 죽순으로 나올 때는 풀이라 하겠으나 나중에는 쇠같이 딱딱한 나무 꼴을 갖추니, 학자들 중에는 볏과 안에 대아과(亞科)를 두는 사람도 있다고 한다. 우후죽순(雨後竹筍)이란 말이 있듯이 죽순이 돋아 자라는 속도는 무척이나 빨라서 시간당 3센티미터씩이나 자란다. 때로는 줄기 불어나는 소리를 들을 수도 있다고 하며, 한 달쯤이면 50미터까지 자라 생장을 멈추는 것도 있다고 한다. 번식은 땅속줄기〔地下莖〕로 하는데, 그것이 길게는 1킬로미터를 뻗는다고 한다!

그런데 "설 때 궂긴 아이가 날 때도 궂긴다."고, 이 대는 앞에서 말한 것처럼 풀이냐 나무냐로 말썽을 피우는 것은 물론이고 죽는 모습도 사람을 어리둥절하게 만든다. 대는 일생에 단 한 번만 꽃을 피우고 죽으니 이 점이 바로 초본식물의 특징이다. 수명이 100년이 넘는 대나무도 있지만 우리나라의 왕대나 솜대는 60년, 조릿대는 5년 안팎이라고 한다. 아무튼 어느 날 갑자기 온 동네 대나무들이 꽃이삭을 달고 얼마간의 개화기를 지내고 나면 열매가 열리는데, 곧바로 줄기와 잎은 물론이고 땅속줄기까지 죽어버린다. '선비 나무'인 대나무도 때가 되면 시들어 온 대밭이 말라버리고 마니, 절개를 지키는 선비답게 인생의 말미(末尾)가 깨끗하여 정말 아름답다. 사람의 죽음에도 복이 있어서 '잠들어 있는 동안'에 볼썽사납지 않게 죽는 것이 최고 아닌가. 죽음에는 왕후장상이 없느니라.

다시 동물로 돌아가자. 유행 등에 예민하게 반응하여 맹목적으로 남을 잘 따르는 것을 '레밍 효과'라 하는데 이는 레밍 쥐에서 온 말이다.

레밍 쥐는 다리가 짧고 귀가 작으며 털이 길고 부드러운, 몸길이 10~18센티미터 가량의 설치류(齧齒類)인데 다른 쥐에서는 볼 수 없는 괴이한 행동을 한다. 노르웨이에 사는 한 레밍 쥐는 3~4년만 지나면 숫자가 폭발적으로 늘어나는데, 어느 봄이나 가을날 가장 밀도가 높은 곳의 쥐들이 갑자기 야음을 타 이동하기 시작한다. 그러면 곧이어 다른 쥐들도 그들을 따라 집단으로 이동하며 바닷가로 달려가는데, 대낮에도 행렬이 이어진다. 이윽고 막다른 벼랑에 이르면 처음에는 멈칫 바다에 뛰어들기를 주저하면서 달아날 곳을 찾아보지만 결국 모두 바다에 빠져 집단 자살을 감행한다.

이런 갑작스런 행동의 확실한 이유는 아직 밝혀지지 않았으나, 때가 되면 늙은 쥐들이 죽어줌으로 인해 집단의 밀도를 조절하여 결과적으로 종족 보존에 도움이 되는 것은 사실이다. 이런 일은 3~4년 주기로 반복되는데, 이는 늙은 것이 어린 것에게 자리를 양보하는 자연계의 아름다운 한구석이다. 식물도 잎을 떨어뜨려 새순이 나올 자리를 마련해 준다고 하는데, 어찌하여 인간들만 앉은 자리에서 뻗대고 일어날 줄 모르고 똥 싸붙이고 헛소리하면서 저리도 오래 사는가. 파파(皤皤) 늙어 백 몇 살을 살아보겠다는 저 맘속은 알다가도 모를 일이다. 욕망은 바닷물과 같아서 마실수록 갈증이 나는 법이라고 하는데…….

수험생이 갑자기 사정하는 까닭

코끼리는 자신의 죽음을 알아차리고 때가 되면 한곳으로 몰려가 떼죽음한다는 얘기는 사실일까. 코가 큰 동물들이 끼리끼리 모여 산다고 '코끼리'라는 이름이 붙은 모양인데, 사촌 · 육촌들이 무리 지어

대가족생활을 하는 것 또한 특징이다. 경험 많은 늙은 코끼리의 안내를 받아서 계절에 따라 물과 먹이를 찾는, 가족 사이의 정이 돈독한 동물이기도 하다. 부처가 태어날 때에도 흰코끼리〔白象〕가 등장하는 것을 보면 인도 등지에서 이 동물을 얼마나 신성시하는지 알 수 있다.

이 영물은 수명이 얼추 다 되어가면 죽음을 예감하고 무리지어 일정한 굴로 찾아들어 죽는다는 이야기가 전해져 오지만 아직까지 아무도 그 '전설의 묘지'를 찾지 못하고 있다 한다. 가끔 여러 마리가 죽어 널브러진 것이 발견되는데, 이것은 여러 마리가 떼를 지어 가다가 깊은 늪에 빠졌거나 갑자기 모랫더미가 흘러 덮치는 바람에 죽었다고 보는 게 옳다고 학자들은 결론을 내리고 있다. 전설이 언제나 사실일 수는 없는 것이다.

또 대부분의 동식물이 종족을 남기고 나면 곧바로 죽는다는 사실을 다음 예에서 역설적으로 볼 수 있다. 호박을 심고 키워가면서 관찰해 보자. 보통 말하기를 "호박 첫물은 따먹어라."라고 하는데 맞는 말이다. 열매를 따먹으면 다시 줄기가 왕성하게 자라고 또 꽃을 피워 호박이 열리지만, 첫 열매를 그대로 두면 애호박이 늙어 누렁덩이가 되고 줄기는 말라버리고 만다. 화분에 키우는 꽃나무도 열린 열매를 따주면 계속하여 예쁜 꽃을 피운다는 사실을 우리는 잘 알고 있다.

온실에 일년생 초본인 벼를 심어놓고 관찰한 결과를 보자. 벼의 꽃이삭이 올라올 때마다 뽑아버려서 물알이 익지 못하게 했더니, 가만히 두었으면 80여 개가 넘는, 농익은 씨알을 맺고나서 말라 시들고 말았을 벼 포기가 조금도 짙푸름을 잃지 않고 몇 년을 쉼 없이 꽃대를 만들어 밀어올린다. 아직 '자식을 남기지 못했다'는 것을 미물인

벼도 알고 있기 때문이다. 이것도 참 묘한 일이 아닌가.

이 무지렁이 식물의 예에서 우리는 늙지 않는 비밀을 알게 된다. 언제나 적극적이고 능동적이며 낙천적으로 생각하고, 무엇보다 동심으로 젊게 살라고 가르쳐주는 셈이다. 그것도 모르고 목에 힘주며 늙다리 행세를 즐기는 사람이 많다. 제 무덤을 제가 파고 있음을 모르고 말이다. 정녕 치기 어린 철부지 어린아이로 살리라. 실제로 동물 중에는 성체가 되어서도 유생의 특징을 그대로 가지고 있기도 하는데 이를 '유태 보존(幼態保存)'이라 하며, 성체가 된 도롱뇽에 아가미가 있는 것이 그 한 예다.

이런 이야기도 생물의 종족 보존 본능을 설명하는 데 도움이 될지 모르겠다. 밭에 고추를 키우면서 자주 보는 일이다. 다른 밭곡식도 매한가지지만, 어쩌다 키도 작고 줄기도 볼품없으며 꾀죄죄하게 비틀어진 놈이 있어 들여다보면 생육은 확실히 형편없지만 어느샌가 녀석은 남보다 더 빨리 한두 개의 빨간 주머니를 달고 있다. 그리고 모든 힘을 그 고추 키우기에 쏟고는 그만 시들어버린다. 무슨 수를 써서라도 꽃을 피우고, 못나기는 해도 열매를 맺고 죽어가는 것을 보면 그 무서운 생명력에 전율을 느낄 지경이다. 또 낚시꾼들이 흔히 경험하는 일이 있다. 산란기에 암놈 피라미나 붕어를 낚아 올려 낚싯바늘을 뽑아내는 순간 물고기들은 배에서 누런 알을 사정없이 쏟아낸다. 이상한 일이 아니다. 물고기의 "이제 나는 죽는다. 고로 새끼를 남기고 죽어야 한다."는 일념이다. 정말 무서운 종족 보존 본능이 아닌가.

그런데 사람도 고추나 피라미와 별로 다르지 않다. 폐병으로 기력을 잃어가면서도 여자를 밝히는 것은 그렇다 치고, 취직 시험을 갓 보고 나온 수험생이 화장실로 달려가서 갑자기 사정(射精)을 한다거나 30킬로미터 행군을 하던 군인이 도중에 역시 자기도 모르게 사정을 해버리고 마는 일이 흔히 있다. 모두 심한 충격과 위기감 때문에 그런 같잖은(?) 반응이 일어난다.

몇 가지 예를 들면서 죽음에 대해 이야기했는데, 정녕 사람은 제 죽음의 순간이 어떤지를 알지 못한다. 죽었다가 살아난 사람이 없기에 그렇다. 결론적으로 죽음의 양태가 다 다를 뿐이지 모든 생물은 한번 태어나면 죽는 것이고 대신 유전인자를 남기니, 그래서 어떤 의미에서는 죽음이란 없고 모든 생물은 영생(永生)한다. 그래서 만물이 오늘도 번식을 위해서 그 많은 시간과 에너지를 저렇게 쏟고 있는 것이리라.

신선한 충격을 주는 기사 한 토막!

일본 도쿄 의과대학 후치다 고이치로 교수는 기생충을 애지중지한다. 기생충학의 권위자인 그는 남들은 약을 먹어서라도 없애버리고 싶어하는 기생충을 자신의 장(腸) 속에 키운다. 위생 상태 개선으로 감염자가 거의 없는 요즘, 연구 자료를 구하고 인체 영향을 연구하기 위해서다.

최근엔 일부러 긴촌충을 길렀다. 이 촌충은 그냥 알을 먹어서는 감염되지 않는다. 이 유충을 민물에 사는 소형 갑각류의 일종인 물벼룩이 잡아먹고 이를 다시 물고기가 먹어 2차 감염된 생선을 날것으로 사람이 먹어야 한다. "어시장에서 이리저리 불결한 생선을 뒤져서 겨우 감염된 것을 구해 먹을 수 있었습니다."

애써 구한 촌충을 3년이나 체내에 간직하고 다녔다. '기요미'라는 이름도 붙여줬다. 잘 먹어서 영양을 공급해주자 하루에 10~20센티미터씩 쑥쑥 자랐다. 장의 길이보다 길어지면 항문을 비집고 나오는데 이것을 조금씩 끊어 연구 재료로 썼다. 그의 연구실에는 얼마 전에 꺼낸 1.5미터짜리 촌충 몸통이 알코올에 담겨져 보관돼 있다.

기생충에 감염되고 보니 의외로 좋은 점도 많았다고 한다. 꽃가루 알레르기가 없어지고 콜레스테롤과 몸무게가 줄었다는 것이다. "소프라노 마리아 칼라스도 너무 뚱뚱해지자 일부러 촌충에 감염돼 6개월 만에 105킬로그램에서 55킬로그램으로 몸무게를 뺐습니다. 불필요한 영양과 지방을 촌충이 먹어치웠기 때문이지요."

그의 기생충 예찬론은 실험 결과에 근거한다. 인도네시아 칼리만탄 섬의 역학(疫學) 조사에서 주민들이 불결한 환경에서도 알레르기성 피부병에 걸리지 않는 이유가 기생충 덕분이라는 결론을 내렸다. 이에 착안해 그는 기생충 분비물에서 알레르기를 억제하는 물질을 추출하는 데 성공하였다. 그러나 면역체를 무너뜨려 암에 잘 걸리는 부작용이 나타났다. 그는 이 부작용을 없애는 물질을 이 기생충에서 찾겠다는 연구에 매달려 있다.

30년 가까이 기생충만 연구한 그는 위생에 유난을 떠는 일본인들에게 '청결은 병'이라고 일갈한다. 지나친 청결은 면역 기능을 떨어뜨려 오히려 건강을 해친다는 것.

주위에서 만류하는 이가 없느냐는 질문에 그는 "친구들에게 창피하다고 기생충을 떼어버리라던 딸들도 이제는 잘 이해해 준다."며 환하게 웃었다.

이상은 <중앙일보> 도쿄 주재 남윤호 특파원이 보내와 1999년 8월 20일 「레인보우 피플」란에 실린 기사다. 기사에 필자가 살짝 살을 붙이기는 했지만 뼈대는 그대로 두었다. 이 기사를 접하고 보니 가장 먼저 대학 때 기생충학 시간에 이주식 선생님께서 하시던 말씀이 전광석화처럼 스쳐 뇌세포에 불이 번쩍 나고, 지나가버린 그 옛날 대학 시절이 아른거린다.

헐벗고 굶주림에 찌든 고난으로 굽이치는 긴긴 강줄기가 핏줄같이 뻗어 있었던 대학 생활. 그래도 강의 시간에는 토끼 귀를 쫑긋이 세웠는데, 다짜고짜 "자네들, 촌충이 뱃속에 있거든 그것 떼지 말고 그냥 한 30년만 견디며 지내시게. 그때는 아마도 자네들이 국보(國寶)가 될 걸세."라고 하시는 게 아닌가. 사실 그때만 해도 뭘 잘 몰라서 궁상맞고 역겨운 생각이 들었는데 지금 생각해보니 선생님은 '미래를 꿰뚫어 예견'하시는 혜안을 지니셨다. 그래서 '그 선생에 그 제자〔虎師無犬弟〕'라고, 강의 시간에 선생님의 말씀을 그대로 복제하여 소개도 해보지만 학생들은 '소 닭 보듯, 닭 소 보듯' 케케묵은 구닥다리 취급을 하는지 역시 짜릿한 반응은 보이지 않는다. "자네들 몸무게가 걱정되거든 회충 알을 구해서 좀 먹어두게."라는 말도 빼놓지 않고 해왔는데, 칼라스가 실제로 기생충으로 몸무게 조절을 했다고 하니 나의 예견도 그리 시시한 것은 아니었다는 생각이 든다. 별난 착상이기는 하지만 누가 뭐라 해도 그것이 가장 자연스러운 몸무게 조절법이 아니겠는가.

"기생충을 잘 간수하게나. 청결은 병이라네."

우리나라에서도 이제는 기생충 구하기가 하늘의 별 따기보다 어려워진 것이 사실이다. 도시 학생들은 이제 가을마다 변 검사를 하고 먹던 구충제를 먹지 않게 되었고, 소 · 돼지에게도 약을 먹이는지라 기생충은 차치물론(且置勿論)하고 그놈의 충란(蟲卵)도 구하기 어렵게 되었다. 촌충이 있는 사람을 박물관에 세워두고 "이 사람이 우리나라에서 유일한 촌충 보유자다."라고 설명할 지경에 이르렀으니 바로 그 사람이 '국보급'이지 않겠는가. 아무튼 우리 선생님의 예견은 정통으로 적중하였고 이제는 회충 · 촌충도 보호를 받아야 할 때인 셈이다.

앞의 고이치로 교수가 '청결은 병'이라고 말씀하셨다는데 필자도 같은 생각이라, 옛날부터 자식을 더럽게 키우라고 가르쳐오고 있다. 과유불급(過猶不及), 과한 것은 부족한 것과 다름없다는 이 말을 양념으로 하여 강의를 해간다. 목욕만 해도 그렇다. 우세스러운 이야기지만 필자가 대학 다닐 때는 한 달에 한 번 목욕탕에 가기도 어려웠다. 우세스러워도 할 말은 해야겠다. 대학 때는 그래도 시절이 좋은 양반축에 들었다. 더 어린 시절을 보낸 시골에서는 겨우내 어디 목욕을 한단 말인가. 머리는 서너 달을 감지 못해 떠꺼머리 산발에 까치집이요, 바짓가랑이를 버선 뒤집듯 하면 허연 살비늘이 떡고물처럼 쏟아졌지.

아무튼 그때만 해도 서울 사람도 대부분 물지게 진 장수한테서 물을 사서 먹을 때인 만큼 탕에 갈 때는 꾀죄죄하게 때묻은 수건이나 팬티를 숨겨 들었다. 그래서 탕 위에 뜨는 때꼽 건지는 '잠자리채'를 둘러멘 주인과 술래잡기를 하다가 고깝게도 혼뜨검을 당하는 망신살이 뻗친 적도 여러 번 있었다. 아, 스산한 목욕탕 풍경에 젊은 독자는 이해할 수 없어 체머리를 흔들 것인가. 삶이 너무도 질박한 때에 우리는 살았다. 지금은 혈액순환 촉진이 목적이라지만 그 시절에는 욕탕에 드는 게 때를 불리기 위해서였으니, 옹송그리고 앉아 낡아빠진 광목 수건으로 긴 시간 동안 힘들여 때를 빡빡 문질러 벗기고 나면 진이 다 빠졌고, 바닥에는 '막국수 때'가 질펀하여 남몰래 씻어내리곤 하였다. 실은 옆사람도 마찬가지 처지였지만. 비창(悲愴)하고 참척(慘慽)스러운 절규는 여기서 멈추자.

요새는 어떤가. 역시 과유불급인 것인데, 아침마다 머리를 감고 하루 걸러 샤워하고…… 너무 심하다. 그런데 문제는, 이를테면 일주일에 한 번씩 목욕을 하면서도 때 벗기기 문화까지 대물림을 하는지라 아직도 오늘이 이 지구에서 마지막 밤인 듯 그렇게 껍질을 벗기고 있으니, 이것은 자살 행위와 다를 바 없다. 때는 벗기는 것이 아니고 녹이는 것이요, 그 속때는 우리의 피부를 보호해 주는 유익한 세균을 잘 살게 하여 병원균을 막아주고 피부에 보습 작용을 하는 것이니 '좀 더럽게' 지내는 것이 유리하다. 이래서 '청결은 병'이라는 것이다. 살갗에 우리 세균이 번식하면서 다른 병원균들과 박이 터져라 싸움을 하다가 우리 세균이 그놈들을 무찔러버린다. 지나치게 청결한 것은 되레 살갗에 해롭다는 점을 이해하자.

이야기가 옆으로 새어나와 길어지고 있지만 하나만 더 보자. 요새 어린아이들은 모두 소아마비 예방주사를 맞는다. 그러나 그 주사가 사람에 따라 100퍼센트 면역체를 만들지 못하는 경우도 있으니, 평소에 아이들을 자연스럽게 키워서 소아마비 바이러스를 먹고 저절로 항체가 만들어지도록 해주는 게 좋다. 소아마비라는 병도 과한 '깨끗함'에서 오는 것이다. 문명국에 더 많고 도시 사람, 잘사는 가정에 찾아오는 것이 소아마비다. 어디 산골짜기 시골 동네에 소아마비가 달려올 수 있단 말인가. 그러니 자식을 적당히 '더럽게' 키우면 피부도 건강하고 또 소아마비 예방도 가능하지 않겠는가.

이 무지하기 짝이 없는 교수(필자)는 강의 시간에 좀 심하다 싶을 정도로 학생들을 설득하는 일이 있으니, 바로 이런 것이다. "방바닥을 겨우 기는 자식이 있다고 치자. 그 아이는 눈이 아직 형편없어서 물체를 보지 못하기에 손에 물건을 잡으면 보지 않고 입으로 가져간다. 이 시기를 '빠는 시기'라 한다. 이때 바닥을 벌벌 기던 아이가 땟국물 줄줄 흐르는 걸레를 쭉쭉 빠는 일이 발생했을 때 자네들은 아비로서 어떤 반응을 보이겠는가?"라고 막무가내로 학생들에게 다잡아 질문을 던져본다. 배탈이 나면 약이 있다. 그러나 소아마비는 바이러스라서 약이 없다. 걸레에 묻어 있는 그 소아마비 바이러스가 예방약이라고 강조하며 장광설을 편다. "때 묻은 걸레를 쭉쭉."이라는 말이 떨어지는 순간 모골이 송연해지는지 몸을 부르르 떠는 학생들도 있다. 순간 내가 너무 심하게 정신을 빼나 하는 미심쩍음도 일지만 그냥 밀고 나간다.

여기서도 과함은 부족함만 못한 것이니 너무 더러운 걸레가 아니거든 빨지 않아도 좋다. 그 걸레에는 다른 여러 병원균도 있을 터이니 그것들을 평소에 조금씩 먹어서 몸에 저항력을 키우는 것이 무엇이 나쁘단 말인가. 억지를 부리는 느낌이 들기도 하지만 일리가 있다는 데서 독자의 동의를 구하는 바다.

이야기를 바꿔, 고이치로 교수가 자식처럼 아꼈다는 촌충의 생물학적 여러 특징을 알아보자. 단, 의학적인 이용에 대해서는 생략한다.

촌충은 몸이 납작하다 하여 분류학상으로 편형동물(扁形動物)에 집어넣는다. 영어로는 끈끈이 종이를 닮았다고 하여 '테이프웜(tapeworm)'이라 한다. 실제로 보면 연한 미색을 띠면서 그 전체 모양과 크기가 어슷비슷 납작납작하게 썬 칼국수 면발을 닮아서, 오전에 이 부분의 강의를 듣는 날은 점심을 못 먹는다고 학생들이 불평을 쏟아내기도 한다. 그래도 천상 칼국수 면발인 것은 사실인데 어찌하겠는가. 비자 씨앗이나 구충제를 먹고 쏟아놓은 허연 촌충 덩어리가 꿈틀대는 것을 보았다면 며칠은 밥도 못 먹을 뻔했다. 우리야 어릴 때 기생충과 함께 살았으니 어머니 목으로 넘어와 꿈틀거리는 큰 지렁이만 한 회충을 봐도 그저 예사로 여겨왔다.

사람에 흔하게 기생하는 촌충은 쇠고기를 날것으로 먹을 때 들어오는 민촌충, 덜 익은 돼지고기를 먹으면 감염되는 갈고리촌충, 민물새우나 가재 등의 갑각류나 민물고기를 날로 먹어 생기는 긴촌충 등 세 종류가 있는데 일본의 교수가 창자에 키웠다는 것은 바로 긴촌충이다. 이 소 · 돼지 · 민물고기를 모두 '중간숙주'라고 하는데, 대부분의 기생충 생활사가 이렇게 복잡하게 얽혀 있다.

온몸이 생식기관으로 가득한 기생충들

그러면 촌충 중에서 가장 대표적인 민촌충의 생활사와 그 특징을 보자. 이것들은 중간숙주만 다르지 여러 감염 경로나 특성, 증상이 아주 유사하다. 민촌충이 기생하는 사람의 대변으로 알이 나가서 풀잎에 묻게 되고, 알이 묻은 풀을 소가 뜯어먹으면 그 알은 소의 위(胃)로 들어가 거기에서 부화한다. 부화하여 작은창자로 내려간 유충(幼蟲)은 창자벽을 뚫고 들어가 핏줄이나 림프관을 타고 전신에 퍼져서 적당한 자리에 피낭(被囊)을 형성하여 들어앉게 되는 것이다.

이제 사람이, 딱딱한 껍질로 둘러싸인 이 피낭이 숨어 있는 쇠고기를 육회(肉膾)로 먹었다고 치자. 쇠고기 속 피낭은 사람의 작은창자에서 껍질을 깨고 나와서 작은창자 벽에 머리를 박고, 널따란 촌충의 체표면으로 사람이 먹을 양분을 걸구같이 빨아들여 몸 불리기를 시작한다. 몸이라고 했지만 촌충 몸은 마디로 연결되니 작은창자 · 큰창자를 따라서 죽 길게 늘어나 항문에 이르고, 그 마디가 자라나면서 토막토막 떨어져 나간다. 사람의 창자 길이를 7.5미터로 봤을 때 촌충은 그 길이에 버금가는 것으로, 긴촌충은 창자를 따라 곧게 뻗지 않고 꼬여 있기 때문에 그 길이가 무려 20미터나 된다고 한다.

일반적으로 촌충은 마디가 2천여 개가 된다고 하는데 그 마디 하나 하나가 독립된 한 마리의 촌충으로, 각 마디마다 난소 · 정소 · 자궁 · 생식공(生殖孔) 등 생식기가 다 있다. 이렇듯 촌충은 암수한몸〔자웅동체(雌雄同體)〕이지만 기막히게도 제 마디가 아닌 다른 마디의 정자를 받아서 근친 교배를 피하는 우생학(優生學)도 잘 알고 있다. 그리고 기생충들은 소화기관이 필요 없으므로 이 기관은 거의 퇴화되고 생식기관이 몸을 가득 채우고 있다.

강의 시간에는 이 대목에서 "공부는 하지 않고 몸은 말랐으면서 여자 꽁무니만 따라다니는 남학생."과 유사성이 있노라고 한 침 주곤 한다.

옛날에는 사람들이 겨울날 길을 가다가 걸음을 멈추고 엉거주춤 옆길로 돌아서서, 홀태바지 가랑이의 대님을 풀고 바짓가랑이를 걷어올려서 뭔가를 툭툭 털고 있는 모습을 심심찮게 보았다. 항문에서 빠져나온 촌충 마디가 피부를 슬슬 감아오니 그것을 떨어버리는 행동이다. 그만큼 많은 사람들이 여러 기생충에 감염돼 있었던 것이다.

지금까지 필자는 지난 이야기를 소재로 막장 석탄 캐듯 검정을 둘러쓰고 여기까지 달려왔다. 아무튼 일본 교수의 투철한 연구욕과 직업 의식에 감탄을 하면서 우리도 세균이나 바이러스, 기생충을 무조건 '나쁜 놈'으로만 폄하하지 말고 그들을 다른 각도에서 새롭게 해석해야겠다는 생각을 해보았다.

왜 그것들은 그렇게 오래 전에 이 지구에 생겨났을까. 꼭 그것들이 사람에게 해만 끼치는 생물일까. 세상을 뒤집어보는 것이 아마도 바로 보는 것이리라. 우리 눈, 망막에 맺힌 상(像)은 거꾸로 뒤집힌 도립상(倒立像)인 것이니 말이다. 거울에 보이는 내 얼굴도 반대로 방향을 틀어 비춰진 것 아닌가. 알고 보면 만사가 뒤죽박죽 뒤틀림과 혼돈의 수레바퀴를 타고 도는 것이다.

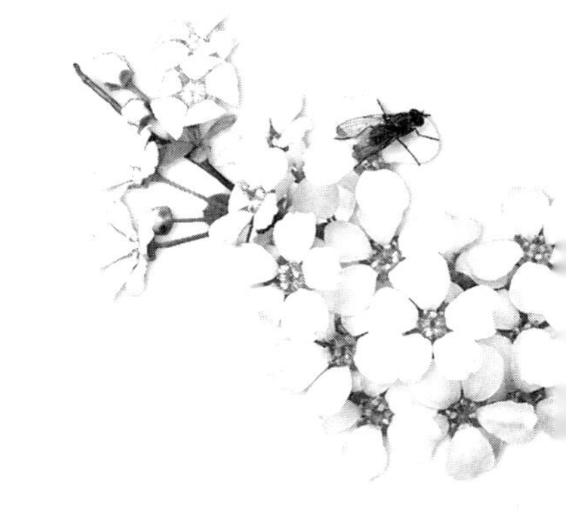

오늘은 비 개거냐 호미에 삿갓 메고
베잠방이 걷어추고 큰 논을 다 맨 후에
쉬다가 점심에 탁주 먹고 새 논으로 가리라

조선 영조 임금 때 김태석이 지은 노래다. 한 농부의 하루 생활을 그렸는데, 소박한 시대의 원형질이 그대로 녹아들어 있다. 이렇게 호미라는 시우쇠는 민족의 넋이 녹아들어 있는 것으로, 필자도 농부의 유전자를 듬뿍 지닌 사람이라 집 가의 묵정밭을 일궈 몇 년째 '일일부작 일일불식(一日不作 一日不食)'의 수도자 정신으로 호미를 놀리며 살아간다. '휴식의 철'이라는 겨울을 빼고는 그 구수한 흙 내음을 맡아야 머리가 맑아지고, 폭신하고 포실한 그놈을 만져야 밥맛이 난다. 머지않아 내가 돌아갈 모토(母土)라서 더욱 그런 것일까?

호미는 언제나 저승으로 떠나신 어머니를 그리게 해주어서 좋다. 조상 대대로 농사 지어 온 밭의 김을 매던 어머니. 어머니의 삼베옷은 늘 검붉은 황토흙으로 떡칠해져 있었다. 그리고 등 자락에 밴 땀 냄새는 바로 어머니 냄새였는데 밭고랑의 자갈에 부딪는 호미의 딸그락거리는 쇳소리가 지금도 귓전을 때린다. 밭을 매고 나서 한 주만 지나면 풀들이 다시 잡아먹을 듯 길길이 솟아나니 그놈들과의 싸움은 종착 없는 전쟁이었다.

'호미 끝이 거름'이라고, 풀을 매는 일 말고도 가뭄이라도 드는 날에는 힘들여 맨땅을 긁어대니, 물오름 모세관을 잘라버리는 중요한 과학이 그 밭매기에 들어 있다. 땅 밑의 물은 끊임없이 흙 알갱이를 타고 올라와 공중으로 증발하는데, 물의 증발을 줄이기 위해서 적당한 깊이로 표토(表土)를 뒤집어 물관을 끊어버리는 게 밭매기의 주요한 목적이다. 잡초 놈들은 땅의 거름을 훔쳐가는 것은 물론 물까지 빼앗아가니 농부에게는 도둑보다 더 무서운 것들일 것이다. 결국 논밭매기는 꿩 먹고 알 먹는 다목적용인 셈이다.

"휘! 휘!" 우리 어머니는 언제나 재바르셔서 목화밭 골을 따라 자맥질에 지친 잠녀(潛女)의 날숨소리를 내시며 푹푹 찌는 밭고랑을 스치듯 밀고 나가셨다. 길길이 자란 비름 · 방동사니 · 바랭이가 뿌리째 뽑혀 어느새 고랑에 더미를 이루니, 이것을 모아 버리는 일은 나의 몫이었다. 머리에 둥처 맨 두건이 물에 흠뻑 젖는 날에는 우리 엄마도 녹초가 되어 두꺼비 걸음으로 골을 기듯 하는데, 뽕나무 그늘에서 센소리로 숨 내뱉으시며 꼬부랑 허리를 힘들여 되펴시던 모습이 아른거린다. 농부는 죽으면 어깨가 제일 먼저 썩는다는데 울 엄마는 아마도 허리뼈, 엉치뼈가 일찍이 녹아났을 것이다.

호미도 시대의 흐름을 타는지 요샛것은 옆구리에도 예리한 귀를 달았는데 나는 옛것에 길이 들어 있는지라 그 쓸모를 잘 모르겠다. 어쨌거나 나중에는 호밋날도 닳아빠져서 몽당이가 되기 일쑨데 빌어

먹을 세상이라 새것은 고사하고 대장간에 가 그것 하나 손보는 일도 쉽지가 않았다. 허나 가난이 재산이요, 참사랑도 거기에서 솟아나는 것이니, 없음에 찌들려 살았던 우리네 조상이지만 그래도 언제나 여유와 해학을 잃지 않고 살았다. 책 한 권을 읽고 나면 책거리가 있듯 논밭매기 만물에는 호미씻이가 있어 시작과 끝을 칼같이 구분해서 좋았다.

어찌 되었든 날이 가물면 밭의 잡초들이 뿌리가지를 많이 내리고 아래 깊숙이 뿌리를 박는다. 그래서 가난이 재산이라고 하는지 모르겠지만 엄마의 손바닥에는 늘 더덕더덕 굳은살이 박여 있어야 했다.

……아소 님하, 어마님가티 괴시리 업세라

오늘따라 '사모곡(思母曲)'이 내 가슴에 아린 송곳질을 하는구나.

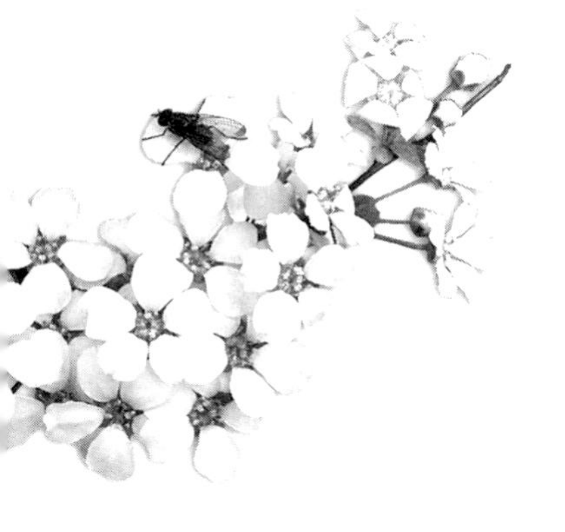

시사 주간지 <타임(TIME)> 1999년 5월 31일자에 실린 「옥수수와 나비」라는 제목의 과학 기사를 재미있게 읽었다.

한 생물에 다른 생물의 유전자를 집어넣어 그 성질을 바꾸는 것을 '유전자 조작' 또는 '유전자 변형'이라고 부르는데, 말처럼 그렇게 쉬운 일이 아니다. 그럼에도 불구하고 이제 우리나라에서도 이 방법을 써서 소나 돼지에게서 값비싼 약을 얻고 과일 한 개에서 여러 맛과 향을 내게 한다.

동물에 다른 동물의 유전자를 넣는 것은 물론 식물 유전자도 넣고, 식물에 미생물인 세균의 유전자까지 넣는 등 여러 가지 실험을 하는 중이다. 이 변형 식품은 미국에서만도 당근 · 양파 등 이미 쉰 가지 가량을 생산하고 있으며 특히 옥수수는 전체 25퍼센트가 변형종이라고 한다. 우리가 들여다 먹는 밀에도 변형종이 많다.

동물 유전자 조작의 한 예를 들어보자. 실험실의 쥐가 밤에 온몸에서 시퍼런 빛을 내고 있는데, 도대체 무슨 유전자 조작을 한 것일까. 이는 해파리의 녹색 형광 물질을 만드는 유전인자를 쥐의 정자에 집어넣어서 난자와 수정시켜 '야광 쥐'를 만든 것이다. 해파리라는 강장동물 유전자를 고등한 포유류에 이식한 것이니, 앞으로는 마음만 먹으면 이보다 더 괴이한 짓도 얼마든지 할 수 있을 것이다. 궁극적으로 모든 형질은 유전자가 발현시키는 것이니까.

유전자를 조작한 미국의 옥수수 이야길 해보자. '살충제가 필요 없는 옥수수'가 있단다. 살충력이 있는 토양 세균의 하나인 '바실루스 튜링기엔시스[*Bacillus thuringiensis*]'의 유전자를 옥수수에 넣어 키우고 'Bt 옥수수'라고 이름 붙였다. 그런데 문제는 이 옥수수의 꽃가루를 박주가리 잎에다 뿌려놨더니 이 식물을 먹고 자라는 제왕나비의 애벌레가 대부분 죽거나 기절하더란다. 옥수수가 해충을 죽이는 것은 좋다고 쳐도, 유익한 곤충까지 죽이는 데 문제의 심각성이 있다는 말이다. 한 종류의 나비를 골라 일부러 실험한 결과가 이럴진대 다른 곤충들은 어떠하겠는가. 얼마나 많은 곤충들이 살충성 있는 이 꽃가루 때문에 죽어나가는지 충분히 짐작할 수 있다. 따라서 유전자 조작을 반대하는 사람들이 목에 힘을 주게 생겼다. "거 봐라!" 핏대를 올리고 목울대를 울린다.

프랑켄슈타인 식품을 먹어야 할까?

미국에서는 이미 오래 전부터 이렇게 세균에 대해 독이 있는 옥수수를 심어왔고, 이 Bt 유전자를 토마토나 목화에도 잘라 넣는다고 한다. 그런데 이 옥수수에 든 독이 사람과 무당벌레와 꿀벌에는 해롭지 않다고 하지만 여러 나라에서는 그 실험 결과가 완전하지 않다며 우려하는 실정이다. 그래서 우리나라에서도 유전자를 조작한 변형 식품에는 따로 유전자 변형 식품이라는 표시를 하기로 했다고 한다.

곤충에 저항력이 있는 것은 물론 잡초에 대한 내성이 있는 것도 이미 활용 단계에 들어갔다고 한다. 그러나 영국 등은 아직도 이런 식품의 안전성을 믿지 못해 '프랑켄슈타인 식품(Frankenstein food)'이라 부르며 수입하지 못하게 한다.

프랑켄슈타인은 작가 메리 셸리(Mary Shelly)가 쓴 괴기 소설의 주인공 이름인데, 이 작품은 자기가 만든 괴물에게 목숨을 빼앗기는 이야기가 아닌가. 실제로 유전자 변형 식품인 감자를 쥐에게 먹이니 면역계가 아주 약해지고 뇌가 줄어들며 위벽이 늘어나는 등 여러 증세가 나타났다고 한다. 광우병(狂牛病)에 혼이 난 영국 사람들이라 이런 것에 대해 민감한 반응을 보일 만하다.

헌데 단백질이 많이 든 콩과 쌀, 보리는 물론이고 카페인이 덜 든 커피, 당이 듬뿍 든 딸기 등도 유전자를 조작해 만들어내고 있다니, 장차 이 품종 개량으로 '제3의 녹색 혁명'이 일어날 것으로 보인다. 통일벼와 같은 다수확 품종을 만들어낸 것을 '제1의 녹색 혁명', 겨울에도 채소를 먹을 수 있게 하는 비닐하우스 재배를 '제2의 녹색 혁명'으로 보면 말이다.

전에는 선택법, 교잡법, 돌연변이체로 새로운 품종을 얻었지만 그것은 시간이 오래 걸리고 마음먹은 대로 만들기도 어려웠다. 그러나 이제는 입맛대로 새로운 품종을 척척 만드는 세상이 되어버렸다. 좋은 품질에다 농약을 쓰지 않는 것은 물론이고 비료가 필요 없는 품종도 만들어낼 것이다. 콩과(科) 식물 뿌리에 공생하는 뿌리혹박테리아의 질소고정 유전자를 일반 곡식에 집어넣으면 질소비료를 주지 않아도 된다.

지구촌 인구는 빠르게 늘어나고 있으니 그 많은 사람들을 먹여 살리기 위한 자연스런 노력이라는 점에서 우리는 '유전자 조작'이라는 학문 분야를 새롭게 평가하고 음미하게 된다.

그럼, 이번에는 반대로 이런 식품이 어떤 점에서 우려할 만한지, 반대하는 사람들의 주장을 몇 가지 들어보자.

※ 인간과 동물에 미치는 영향

① 독성 혹은 알레르기를 일으키고, 살충제로 인해 질병이 생긴다.

② 항생제 저항 유전자가 장내 세균이나 병원균에 확산된다.

③ 질병을 일으키는 바이러스에 들어가 결국은 사람의 암세포를 활성화시킬 수 있다.

※ 생물의 다양성에 미치는 영향

① 변형 유전자가 제초제에 저항성이 있는 슈퍼 잡초를 만든다.

② 그 결과 독성이 더욱 강한 제초제를 쓰게 돼 토착 작물을 제거한다.

③ 독성 제초제를 쓰게 돼 흙의 비옥함을 파괴한다.

④ 살충제 저항성 작물이 병을 옮기는 벌레의 내성을 키워 생태계를 더욱 교란시킨다.

⑤ 저항성 유전자가 옮겨다니며 새로운 세균과 바이러스가 생겨나 제어할 수 없는 병이 생긴다.

가축용 항생제를 먹는 사람들

생물학자들은 이런 여러 유전자가 있는, 자연 상태에는 없는 식물의 유전자와 야생식물이 결합해 또 다른 돌연변이종을 만들지는 않을까 가장 걱정하며 겁낸다.

프랑스에서 실제로 있었던 일을 소개해 본다.

사탕수수와 유전적으로 가까운 야생식물이 서로 교배되어 아주 번식력이 강한 슈퍼 수수가 생겼는데 그 식물을 제거하기가 굉장히 어려웠다고 한다. 게다가 이번에 처음 알려진, 앞에서 말한 제왕나비의 비극은 변형 식품이 과연 사람에게 해롭지 않은지에 대한 진단이 더 필요하다는 경고로 봐야 할 터이다.

또한 닭이나 소 등 가축에게 먹이는 항생제가 사람에게 좋지 않다는 연구 결과도 우리를 우울하게 한다. 미국에서 한 해에 쓰는 가축용 항생제는 무려 850만 킬로그램에 이른다고 하는데, 그 중 퀴놀론(quinolone)이라는 항생제는 사람이 고기를 먹을 때 따라 들어와서 내성을 만든다. '내성(耐性)이 생긴다'는 게 무슨 뜻인가? 사람이 병에 걸려 이 항생제를 써도 효과가 떨어짐을 말한다. 결국 항생제를 직접 먹으나 항생제가 든 닭고기를 먹으나 결과는 같다는 말이다. 퀴놀론은 페니실린에도 끄떡없는 강한 세균을 죽이는 데 쓰는 항생제다. 우리나라도 항생제를 미국보다 많이 썼으면 썼지 적게는 안 썼을 것이니, 고기를 먹는 게 아니라 항생제를 먹는 꼴이다. 알고 보면 세상에 먹을 것이 없다. 죽은 사람의 시체가 썩지 않을 지경에 놓인 셈이다.

아무튼 우리가 요상한 시대에 살고 있음은 부인하기 어렵다. 새로운 '과학의 산물'이라는 이 식품들이 인간에게 재앙이 될까, 아니면 행운을 가져다줄까? 좀더 두고 볼 일이다.

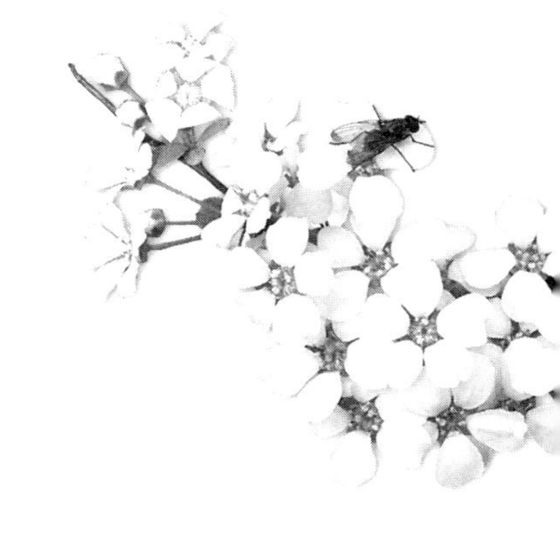

세상 사람이 모두 오래오래 살고 싶어하지만 그게 마음대로 되는 일이 아니라서, 필자처럼 나이 예순이 넘어 천천히 가라앉는 낡은 배는 아무리 새는 구멍을 막아도 물은 차 들어와 결국 무게를 못 이기고 만다. 인생이 백년이라도 고작 삼만 육천오백여 일에 지나지 않으니 한없이 짧은 찰나(刹那)의 시간이라 하겠다. 그런데도 사람들은 권력을 탐하고, 명예에 눈이 멀고, 재물에 도심(盜心)이 발동하여 삼악(三惡)에 빠져 허우적거리며 살아간다.

게다가 사람들은 영생(永生)이라는 단어에 미혹되어 그 가능성에 촉각을 곤두세운다. 그런데 그들이 다름 아닌 생물학자들이라니 정녕 역설적인 사실이 아닐 수 없다. 생물은 탄생과 죽음을 반복한다는 것을 잘 아는 그들이 말이다. 생자필멸인 것을…….

그들은 무슨 일에 매달리기에 그러한 환상에 사로잡혀 있는가. 그들도 사람을 실험 재료로 쓸 수는 없으므로 작은 벌레에서 시작하여 단명(短命)과 장수의 메커니즘을 죄다 훑어보고 있다. 이 '작은 벌레'는 근래 생물의 발생이나 유전 연구의 소재로 각광받는 선형동물 중의 하나인 '예쁜 꼬마선충[*Caenorhabditis elegans*]'인데, 몸길이가 1밀리미터밖에 안 되어 세균을 잡아먹고 산다. 1밀리미터라면 사실 몸이랄 것도 없지만 현미경으로 보면 그게 아니다. 투명한 몸을 구성하는 세포는 고작 1천여 개인데, 거기에 2천여 개나 되는 생식세포가 가득 차 있다. 그리고 생식세포가 체세포보다 더 많다는 게 흥미를 끈다. 이놈을 비롯한 하등동물은 모두 소화기관이 퇴화되고 생식기관이 발달하는 특징이 있으니 그들이 살아가는 유일한 목적이 종족 보존인 듯 보인다. 실은 뜯어보면 사람도 그렇다.

이놈은 암수한몸으로 되어 있어 자가수정하는 놈도 있고 수컷이 있어서 타가수정하는 놈도 있다. 여섯 쌍의 상동염색체와 대략 3천 개의 기본 유전자가 있으며, DNA 염기쌍(A - T와 G - C)은 1억 개에 이른다. 이 벌레의 염색체나 유전인자가 워낙 간단해서 이미 이 동물의 유전자를 구성하는 DNA 염기 순서는 모두 밝혀져 있다. 약 10만 개에 이르는 사람 유전자의 염기 순서도 근래인 2000년에 다 밝힌 것을, 언론 보도를 보아 독자들도 알고 있을 터이다. 여담이지만, 이 선형동물의 유전자 분석을 끝냈다는 소식을 어떤 방송국이 보도하면서 자막에 이 동물을 '지렁이'로 소개하는 것을 보고 아연 실소를 금치 못하였다. 1밀리미터짜리 지렁이가 어디 있다고. 하긴 지렁이도 선형동물에 가까운 환형동물이니 그리 큰 잘못은 아니겠다.

아무튼 이 선형동물을 배양액 접시에 넣어 키워 보니 움직임이 더디고 적게 먹는 놈 중에서 아주 오래 사는 녀석이 나왔는데, 보통 수명이 아흐레인 데 비해 이놈은 다섯 배나 되는 50일을 살더란다. 우리도 소식(小食)을 습관으로 삼고 굼뜨게 살아야 할까. 장수 동물인

학(鶴)과 거북이가 느림보임은 우연의 일치일까.

생물이 태어나 늙어가는 까닭은……

학자들은 무엇보다 이 벌레의 장수 유전자를 찾아내겠다고 마음먹었다. 평균 70일을 사는 게 고작인 초파리 중에서도 그 두 배인 140일을 사는 놈이 나온다. 돌연변이라도 이런 것은 좋은 것이니, 역시 그 유전자를 찾겠다고 오늘도 초파리의 DNA를 눈이 빠지게 들여다보고 있다.

또 학자들은 반대로 생물체를 늙게 만드는 유전자를 밝히는 일에도 눈독을 들이고 있다. 스무 살만 되면 바싹 늙기 시작하여 마흔이면 죽어버리는 '조로증(早老症)'이란 병이 있다. 이 병은 심장 이상과 골다공증에다 동맥경화까지, 늙음을 재촉하는 현상들이 생겨나는 것인데 단 한 개의 유전자가 돌연변이를 일으켰기 때문이라고 한다. 그러나 사실 늙음에는 700여 개의 유전자가 동시에 작용하는 것으로 보일 만큼 그 연구가 어려운 것이니, 초파리나 무슨 곤충처럼 수명을 두 배, 다섯 배 연장하는 이야기는 꿈에서나 가능할 일이다. 건강하게 80세를 넘게 사는 것만도 행운이요, 기념비적인 일로 보면 된다.

보통 늙음의 원인을 다음 두 가지로 본다. 첫째로 염색체 끝 부위의 DNA인 텔로미어(telomere)가 세포분열을 여러 번 반복하면서 길이가 짧아져 결국은 세포가 죽기 때문이거나, 둘째로 음식이 세포에서 분해된 다음 생기는 불안정한 물질인 '산소 유리기'가 세포는 물론이고 핵의 DNA 분자와도 결합하여 세포를 변성하기 때문이라고 한다. 그러므로 텔로미어를 닳지 않게 하는 텔로머라아제(telomerase)라는 효소에 관심이 집중될 수밖에 없다. 암세포에는 이 효소가 많이 있어 보통 세포가 백 번 분열하는 데 비해 암세포는 천 번이나 분열을 계속한다고 한다. 따라서 이 효소를 먹거나 주사하면 영생이 가능하지 않을까 싶어 많은 사람들이 무척이나 들떠 있는 상태다.

또 분자식이 H_2O_2인 과산화수소는 'H_2O'와 'O-'로 나뉘는데 'O-'는 산소 유리기라서 아주 불안정하기 때문에 다른 물질과 결합해서 상처를 내어 세포를 죽인다. 과일이나 채소에 들어 있는 카로틴, 비타민 등이 항산화제(抗酸化劑) 구실을 해서 산소 유리기를 빨아들여 체외로 배설한다고 하니 "오래 살고프면 채소를 많이 먹어라."라는 말이 맞는 셈이다. 사람은 원래가 초식동물이었다는 뜻이니 "원뿌리로 돌아가라."는 충고로 들을지어다.

헤이플릭(Leonard Hayflick)의 실험은 우리에게 커다란 교훈을 준다. 태아의 세포를 배양했을 때는 100번을 분열한 후 멈추었는데 70세 노인의 것은 20~30번 분열하고는 그만이더란다. 이렇듯 세포 속에는 시간을 지키는 생체 시계가 있으니 결국 죽음은 숙명적이라는 말이다.

명(命) 이야기가 나왔으니 사족을 덧붙여 보면, 사람도 나이만 많이 먹고 오래 살아서 뭘 하겠는가. 똥오줌 싸붙여가면서 목숨만 붙어 있는 것은 죽음만 못하다. 바둑에도 '생불여사(生不如死)'라는 말이 있다. 그래서 평균 수명은 의미가 없는 것이고, 얼마나 건강하게 오래 사느냐는 '건강 수명'이 중요한 법이다. 건강하게 산다는 것이 가장 중요하다는 말인데, 사람들을 보면 '달력 나이'는 많아도 '생물 나이'는 적어서 젊게 사는 이가 많다. 그것도 다 유전자와 관련이 있으니 오래 살려면 뭐니 뭐니 해도 장수 집안에 태어나야 한다.

그런데 종국에는 사람도 일종의 기계인지라 그 기계를 아끼고 기름 치고 조여 조심스럽게 쓰면 오래 견딜 수 있다. 결국 수명에도 유전자를 물려받는 선천적인 것과 환경의 지배를 받는 후천적인 것이 다 영향을 미친다는 말이다. 전자야 인력으로 어찌할 수 없으니 우리는 후자에 더 신경을 써야겠다.

소나무 한 그루도 생로병사의 길을 걷는다

어쨌거나 세계적으로 평균 수명은 급격히 늘어나서 미국은 1900년의 47세에서 1990년에는 76세로, 일본은 1940년의 35.4세에서 1990년경에는 남자가 76세, 여자가 83세로 늘어났으며, 우리나라에서도 그런 추세로 늘어나고 있다. 유전자가 같은 사람들 수명이 이렇게 늘어나는 것은 순전히 환경의 영향으로 음식과 위생의 개선, 의약의 발달에 그 원인이 있을 수밖에 없다. 갑자기 돌연변이가 일어나 장수하게 된 것은 아니니까 말이다.

여기에서 늙음의 구체적인 사례를 보는 것도 의미가 있겠다. 다른 병은 다 두고 당뇨병을 예로 들어보겠는데, 그 증상이 우연찮게도 전형적인 노화 현상과 그대로 닮았기 때문이다. 닭고기나 빵, 캐러멜 등을 열에 가하면 설탕 성분이 단백질과 결합하여 겉이 딱딱해지거나 끈적이게 되는데, 당뇨병에 걸리거나 사람이 늙으면 과다한 당(糖)이 단백질과 결합해 끈적끈적해진다. 그러면 이는 또 다른 단백질을 끌어 잡아묶게 되는데 이러다보면 결국은 관절이 뻣뻣해지고 혈관이 막히며, 눈의 수정체나 각막이 혼탁해진다. 그래서 근래 단백질과 단백질 사이를 녹이는 약을 개발할 정도다.

앞에서도 적게 먹으면 좋다는 이야기를 했지만, 섭취하는 칼로리를 30퍼센트만 줄이면 수명을 30~40퍼센트 늘릴 수 있다는 연구가 많이 있다. 동물 실험 결과에 의하면 먹이를 줄이면서 체온을 1도 떨어뜨리면 물질 대사율이 떨어지고 오래 산다고 한다. 즉 생물이 허기지고 추운 곳에 있으면 세포분열이 줄어들어 오래 산다는 이론이다. 한마디로 과식은 좋지 않다는 점을 여기서도 인식하게 된다.

젊을 때는 윤기 나는 피부에다 힘이 뻗친 근육은 물론 눈도 좋아서 안경도 소용없고 강렬한 성욕에 생기가 넘쳐흐르지만 나이를 먹으면 모든 것이 퇴화하고 퇴행해 몸놀림도 예전 같지 않아진다. 이 모든 게 유전인자의 농간인 것이니, 노화 인자를 들어내고 비노화 인자를 찾아내어 그놈을 키우는 것이 인류의 소망인지라, 우리는 신문의 과학란으로 저절로 눈길을 돌린다.

세상에 영생불멸이란 없음을 깜박 잊은 소치이다. 소나무 한 그루도 생로병사의 길을 걷고 있는데 어찌 사람이 죽음을 피하려 한단 말인가. 정정당당하게 받아들이고, 사는 동안이나마 건강하게 살다 가겠다는 마음을 가져야 한다. 건강도 다 제 마음에 달렸다. 욕심의 노예가 된 사람의 몸은 병이라는 놈이 깃들어 살기에 가장 좋은 토양이니 무욕의 마음가짐으로 사는 게 가장 좋다. 빈 마음에는 병이 먹을 자양분이 없다. 또 힘에 알맞게 몸을 움직이는 것이 중요하다. 운동이라는 말은 고귀한 분들에게 어울리는 것이고, 적당한 노동이 좋다는 말이다. 노동은 건강도 얻고 보람이라는 선물도 받을 수 있으니 참 좋다. 늙어가면 밭뙈기 하나라도 장만해 땅을 파고 흙을 만지는 것이 건강에는 최고일 터이다.

노동이든 운동이든 몸을 꼬무락거리는 게 좋다. 사람도 생물이라서 '용불용(用不用) 법칙'의 지배를 받으니, 근육이나 머리도 쓰면 쓸수록 덜 늙는다. 몸을 움직이면 심장 박동이 촉진되고 그래서 100조개에 달하는 몸의 모든 세포에 산소가 많이 공급되어 양분 보급, 노폐물 제거가 활발해진다. 운동을 하면 물질대사의 진원(眞元)인 미토콘드리아의 수도 증가한다고 한다. 대사 기능이 가장 활발한 간(肝) 세포 하나에 미토콘드리아 2천여 개가 들어 있는데, 운동은 이것을 늘려서 양분과 산소를 결합시켜 열과 에너지를 술술 잘 내게 한다니 운동의 의미는 과찬해도 무방하다 하겠다. 그래서 미토콘드리아를 '세포의 난로'라거나 '세포의 발전소'라 부른다.

아무튼 누구라도 세월의 풍화작용으로 늙게 된다. 그것이 섭리다. 착하게 살아도 짧은 인생이니 선을 쌓고 덕을 쌓음을 생활의 신조로 살아가는 게 어떤가. "좋은 일을 많이 한 가정엔 경사가 넘쳐흐른다〔積善之家必有餘慶〕."고 했다.

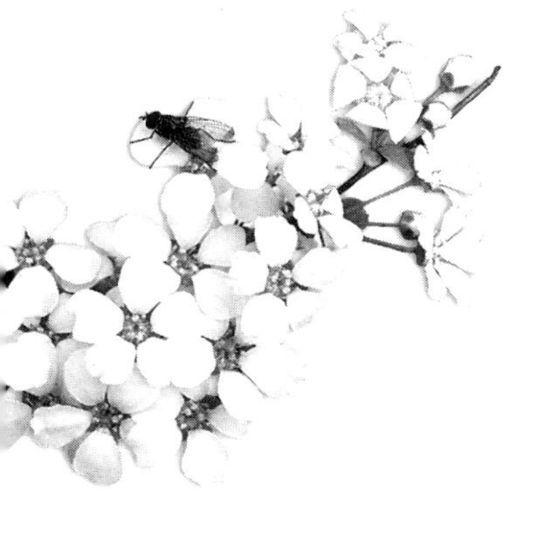

하늘에서 떨어지는 빗방울은 가속도가 붙어서 이론적으로는 총알 속도와 비슷한 초속 100미터로 낙하할 것이나 그만큼 공기의 저항이 커져서 실제로는 초속 5~7미터 정도에 지나지 않는다고 한다. 공기의 저항이 없었다면 빗방울에 얻어맞아 세상에 남아나는 게 없을 뻔하였다.

왜 사람은 떨어지는 빗방울처럼 계속 달려가듯 일하지 못하고 잠이라는 저항에 부딪히는 것일까. 사람 아닌 다른 생물들도 잠을 자는 것일까.

하루에 여섯 시간만 자도 80년이면……

인생은 짧다면 턱없이 짧은 것이고, 길게 보면 지루할 만큼 길다 하겠다. 그런데 삶의 양을 떠나서 질을 생각해보면, 하루에 최소한 일고여덟 시간 잠을 자고, 밥 먹고, 이 닦고, 변소 가고……, 이렇게 자질구레한 부스러기 시간을 다 제하고 나면 진짜로 일하는 데 쓰는 시간은 얼마 되지 않는다.

사람뿐 아니라 모든 생물에는 활동하고 쉬는 일주기

(日週期)가 있으니, 주행성 동물은 밤이 휴식 시간이고, 야행성 동물은 반대로 낮이 쉬는 시간이다. 이것을 보더라도 생물은 어떻게 하든지 일정한 시간을 쉰다는 것을 알 수 있다.

학자에 따라서는 휴식이 진화하여 잠이 되었다고 주장하기도 하는데, 둘 다 활동을 줄여 힘을 절약하고 에너지를 새로 만들어 저장하는 시간임에는 틀림없다.

'평화는 전쟁을 위한 휴식기'라는 말이 있다. 이는 전자가 아늑한 가정에서 행복을 누리는 시간이라면 후자는 삶의 터전에서 아웅다웅 고되게 보내는 것이니 '휴식은 노동의 연속'이라는 이론과 일치하는 말이다.

아무튼 효모나 세균, 곰팡이처럼 하등한 생물들도 일출과 일몰의 영향을 받아 성장과 분열을 조절한다고 한다. 따라서 학자들은 어느 유전인자가 이 자극을 받아들여 반응하는가를 연구한다. 학자들은 생물의 모든 행동을 유전자에 따른 결과라고 본다. 아직 그 원리와 원인을 정확하게 알지는 못하지만 사람도 밤과 낮에 따라 주기적으로 체온이나 호르몬 농도가 바뀌고, 따라서 활동의 정도도 달라지는데 오전 5시경의 체온이 가장 낮다고 한다.

잠을 유발하는 호르몬은 뇌에 들어 있는 솔방울 모양의 송과샘(松果腺)에서 만들어지는 멜라토닌(melatonin)이라는 것으로, 이것은 낮에는 빛을 받아 파괴되나 어두워지면 그 농도가 높아지면서 졸음을 오게 한다. 그런데 그 빛은 눈으로 들어가는 게 아니라 무릎 뒷부분, "오금아 날 살려라."라는 말에서 쓰는 바로 그 '오금'으로 들어온다고 한다. 세상에! 괴이하게도 무슨 놈의 다리가 빛에 대한 감각을 가졌단 말인가. 연구 결과는 더 복잡하다. 오금 부위에 흐르는 실핏줄 속의 적혈구가 빛을 인지하여 그것을 우리 몸의 수면 활동 조절 중추부에 전달한다고 한다.

갓 태어난 아기에게 헤모글로빈이 파괴된 빌리루빈(bilirubin)이라는 색소가 쌓여 생기는 황달기가 있으면 바로 이 오금에 빛을 쬐어 치료하는데, 빌리루빈에는 빛을 받으면 빨리 파괴되는 섬유소가 있기 때문이라고 한다. 오금이 빛을 감지한다!

그러나 다른 학자들은 오금이 아닌 무릎이나 귀 등 모든 조직에 시계 구실을 하는 빛 수용체가 있다고 주장하기도 하고, 또 다른 학자들은 세포 속에서 전자를 전달하는 효소인 시토크롬(cytochrome)이 '생물 시계'라고 주장하기도 한다.

실제로 초파리는 온몸에 '시계'가 있어서 빛을 감지하여 밤낮을 구분한다고 한다.

평생을 하루에 세 시간씩만 잔다고!

아무튼 멜라토닌이 수면을 촉진하는 것은 확실하다. 그래서 불면증이나 비행기를 타고 멀리 갔을 때 시차 적응을 위해서도 이 약을 먹는데, 이 약이 심리적인 우울증에도 효과가 뛰어나다고 한다. 한때 이것을 만병통치약이나 장수약으로 착각하여 과용한 사례도 있었는데, 어쨌거나 잠이란 중요한 생리 현상이라 사람은 자면서 병이 낫고, 밤 11시 이후에 아이들이 잘 자야 세포분열이 빨라져 성장이 촉진된다. "미인은 잠을 많이 잔다."는 말도 충분하게 쉬어야 건강이 유지된다는 뜻이리라.

잠에 대해서는 새와 포유류를 대상으로 많이 연구되었다. 그럼 바다에 사는 고래는 어떻게 잠을 잘까? 고래가 숙면에 빠지면 조류에 떠내려가거나 가라앉지 않을까? 다행히 다 살게 마련이라서 신기하게도 좌우 뇌가 두 시간씩 교대로 잠을 자므로 그런 일이 벌어지지 않는다고 한다. 참으로 멋지게 적응했다 하겠다. 마찬가지로 무리를 지어 사는 새들도 제일 바깥 언저리를 지키는 망군(望軍)은 뇌의 반만으로 선잠을 자면서 지킴이 노릇을 한다.

그런데 젖먹이 아기들처럼 스물네 시간 젖만 먹고 잠만 자는 잠꾸러기인 새끼 고래에게는 그 기능이 아직 생겨나지 않아서 없다. 그래서 이놈들은 물에 빠질 것 같으나 그렇지가 않다. 어미가 쉬지 않고 헤엄을 쳐 그 '프로펠러' 물살에 끌려다닌단다. 정말이지 이런 절묘한 행동에 그저 감탄할 뿐이다. 게다가 새끼 고래는 아직 올챙이같이 피부로 호흡하기에 어미처럼 물 위로 올라가 수시로 숨을 들이쉬지 않아도 된다고 하니 그 또한 오묘한 일이 아닌가.

아무튼 사람도 습관이 되면 제시간에 잠이 들고 아침에는 일 초도 다르지 않게 잠을 깬다. 이렇듯 자고 깨는 생체 리듬은 중요하다. 또한 닭이나 사람이나 끼리끼리는 생활 리듬이 비슷한 것도 흥미로운 현상이라 하겠다.

참고로 사람은 하루에 75분 정도만 자도 얼마 동안 미치지는 않는다고 한다. 무슨 말인고 하니 하루에 잠을 일고여덟 시간 자는 것은 근육 · 신경 · 핏줄 등 온몸의 원기 회복에 필요하기 때문이고 실제로 생각의 중추인 대뇌의 원기 회복은 한 시간 십오 분가량이면 된다고 한다. 학생들이 시험 기간에 일주일 정도는 잠을 자지 않고 버틸 수 있는 것도 대뇌의 피로 회복이 빠르다는 뜻이다.

인권에 관련되는 문제이기는 하지만, 범죄자에게 잠깐의 시간도 주지 않고 며칠 밤샘하며 조사하면 거짓말을 못 하고 속절없이 모두 붙게 되어 있다. 페니실린을 발견한 플레밍은 평생을 세 시간씩 자고 살았다는 것도 잠을 이해하는 데 참고가 될 사항이다.

아까운 일생을 잠으로 허비하는 것은 너무나 안타까운 일이다.

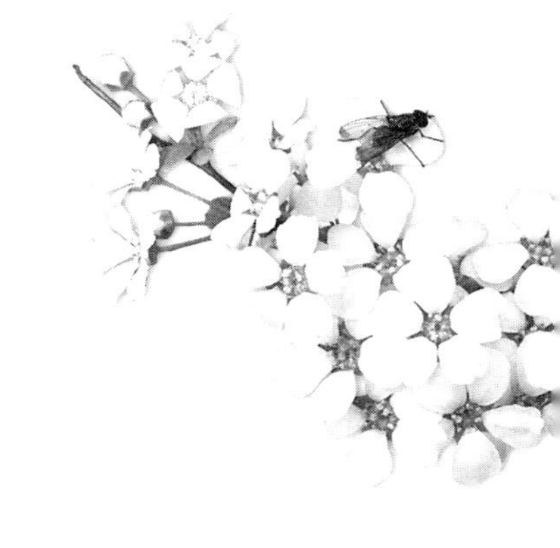

전쟁이란 땅 따먹기가 아닌가. 예부터 사람들은 왜 그리도 땅을 넓히려 했을까? 땅은 흙이므로 먹을거리를 키울 수 있어 후손을 더 많이 늘릴 수 있으니 수단과 방법을 가리지 않고 영토를 확장하려 한 게 바로 전쟁이요, 인류사에 전쟁이 없는 역사는 잠시도 없었다. 바다에서도 먹을거리가 그렇게 나오니 서로 많이 차지하려고 그 야단을 치는 것이고.

로마 시대에도 쓰인 생물 무기

다른 동식물도 마찬가지로 넓은 공간을 차지하기 위해서 살기 다툼을 하고 있는데 이들 역시 남에게 없는 기발한 방법을 다 동원한다. 동물은 교묘한 무기를 개발하여 힘으로 싸우고, 식물은 햇빛과 양분을 독차지하려 줄기와 이파리를 멀리 뻗고, 뿌리를 넓고 깊이 박는다. 세균끼리도 싸우고 바이러스는 세균을 공격하니 생물계를 잘 들여다보면 온통 싸움판임을 알 수 있다. 사람 싸움만 대단한 게 아니다.

사람은 지능이 발달해 재래식 폭탄에다 지뢰, 여러 가

지 총기 등 별별 것을 다 만들어서 싸움박질을 하는데, 여기 핵폭탄 보다 더 무서운 무기가 있으니 바로 '생물 무기'이다.

생물 무기는 이미 로마 제국 때도 사용했다고 한다. 동물의 시체를 적군의 수원지(水源池)에 던져 오염된 물을 마시고 죽게 만들었으니, 이것이 세균전의 효시다. 요새 와서는 병원성 세균이나 곰팡이, 바이러스를 배양하거나 그 화학 성분을 합성해 적진에 뿌려버린다니 이것이 바로 '생화학' 전투가 아닌가. 몇몇 나라에서 이렇게 전쟁을 벌일 가능성이 있는 것으로 보고 세계가 경계의 눈초리를 보내고 있다.

그런데 이보다 한술 더 뜨는 전투 방법이 있다. 사람은 죽이지 않고 그들이 먹을 곡식을 없애버리는 작전이 그것이다. 미국 입장에서 보면 러시아의 주곡인 밀과 중국의 쌀이 전쟁의 대상이 되는 셈인데, 먹을거리가 없으면 전투를 할 수 없으니 정해진 목표에 '생물 폭탄'을 던져 상대를 굶겨 죽이자는 것이다. 싸움을 하지 않고 이기는 '손자병법'의 최선책이 바로 이것이다.

이라크가 이란을 공격하려고 개발했다는 생물 무기를 보자. 이란의 주식은 밀이므로 곰팡이 중에서 깜부기균을 배양하여 밀밭에 뿌리면 꽃이 필 자리에 새까만 홀씨 덩어리인 깜부기가 생겨나서 농사를 망치게 된다고 한다. 이런 '폭탄'은 비행기에 실어 뿌릴 수도 있지만, 수소나 헬륨을 채운 기구(氣球)에 넣어서 보내거나 새의 깃털에 묻혀 날릴 수도 있으니 이를 '깃털 폭탄'이라고 부른다. 원자탄을 만들지 못하는 나라도 이 정도를 만드는 것은 '어린애 장난'에 불과한지라, 알고 보면 세상이 그렇게 평화롭지만은 않아 언제 어디서 난리가 터질지 모른다.

미국만 해도 1969년까지 3만 킬로그램의 곰팡이 포자를 보유하고 있었다고 한다. 곰팡이를 뿌려 밀 수확량을 줄이는 방법을 쓰기 위함이다. 곰팡이나 세균 말고도 흙에 사는 선충류(線蟲類)라든지 갑충(甲蟲) 등 해충을 키워서 모아 뿌리는 방법은 2차세계대전 때 독일이 시도한 것이다. 그리고 일본은 사람을 대상으로 생체 실험을 강행한 '731부대' 외에도 여러 곳에서 여러 방법으로 사람이나 곡식을 죽이는 연구를 벌였다. 월남전에서 미군이 쓴 제초제인 황색 가루 고엽제는 가장 최근에 사용한 일종의 생물 무기다. 그러나 그것이 사람한테도 해를 끼쳤으니 미국 군인은 물론이고 우리나라 참전 군인들도 그 부작용으로 아직까지 심한 고통을 받고 있다. 천연두 바이러스를 담요에 묻혀 인디언들에게 준 것은 바로 백인들이 저지른 고약한 짓이었으니, 이기기 위해 잔인한 짓을 서슴지 않기로 으뜸가는 동물이 바로 사람이라는 인종, 호모 사피엔스이다.

핵폭탄 정도는 아무것도 아니란다

하지만 지금까지 나열한 것들은 유치한 방법에 지나지 않는다. 지금이 어느 때인가. 생물공학이 최고도에 달하여 유전자 조작 기술 혁명이 일어나고 있으니, 앞으로 마음만 먹으면 어떤 약으로도 치료가 불가능한 병을 일으키는 슈퍼 세균이나 곰팡이, 바이러스를 만들 수 있다.

이런 가공할 일은 얼마든지 일어날 수 있으므로 이미 141개 나라는 이런 생물 무기를 만들지 않겠다고 서약했으나 몇몇 나라는 그것을 거부하고 있다. 앞서 언급한 천연두 바이러스는 자연 상태에서는 이미 사라지고 미국과 러시아의 연구실에만 보관되어 있는데, 미국은 가까운 시일 안에 없애버리기로 계획했지만 러시아의 것이 다른 나라로 들어간 것 같다는 정보가 있어 소각 계획을 중지했다는 보도가 있었다. 한 종의 바이러스가 지구에 태어났다가 사라지는 예를 이 천연두 바이러스에서 볼 수 있으니, 이렇게 많은 생물이 긴 세월에 걸쳐 왔다가 가버리고 또 새로운 것이 생겨난다.

아무튼 핵폭탄 정도는 저리 가라 할 정도로 무서운 무기가 잔뜩 쌓인 세상에서 우리는 살고 있다. 생명을 부지하는 에너지원인 먹을거리를 송두리째 없애버릴 수 있는 그런 세상에 말이다. 비나이다, 비나이다. 제발 피비린내 나는 전쟁이 없는 평화로운 세상에서 살고 싶나이다.

과학은 자연의 모방이다. 여기에서 말하려는 복제 인간도 이미 자연계에 있던 것을 흉내낸 것에 지나지 않는다. 무슨 말인고? 이 세상에는 사람 말고도 여러 동물들이 쌍둥이를 낳아 왔는데 그것도 서로 똑같이 빼닮은 일종의 복제 생물이기 때문이다. 복제 양 돌리(Dolly)처럼 어미의 세포로 복제하는 것과는 다르지만.

그럼 일란성 쌍둥이는 어떻게 태어나는 것일까? 먼저 태아의 수정 과정을 한번 살펴보자. 한 개의 난자에 정자 하나가 들어가서 수정하는데, 간혹 정자 둘이 동시에 들어가는 경우도 있지만 오직 하나만이 수정에 성공한다. 그러고 나서 이 수정란이 발생을 시작하는데 이를 난할(卵割)이라 부른다. 제일 먼저 일어나는 난할은 수정란이 세로로 잘라지는 경할(經割)이고, 다시 한 번 경할이 이루어진 다음에 위할(緯割)→경할→위할→경할……의 순서로 반복되는 긴 발생 끝에 태아가 태어난다.

그런데 우연하게도 첫 경할이 이루어질 때 두 개의 세포〔할구(割球)〕가 따로 분리되어 독립해 발생한 것이 일란성 쌍둥이인데 그들은 유전적으로 복제된 듯 똑같다.

그런데 왜 두 개의 세포가 정상으로 발생하지 않고 이런 분리가 일어나는지 아무도 까닭을 모른다. 게다가 두 할구가 확실하게 떨어지지 못하고 어중간하게 한 곳이 붙어 머리가 붙은 쌍둥이, 허리가 붙은 아이들도 생겨난다. 이 샴쌍둥이보다 더 험한 쌍둥이도 있으니, 바로 몸통은 하나지만 머리는 둘인 경우이다. 그런데 이런 쌍둥이는 꼭 여자아이들에만 있고 사내아이들은 유산되어 태어나지 않는다고 한다. 어쩌랴, 몸은 하나이나 머리가 둘이니. 이 머리는 이리로 가자 하고 저 머리는 저리로 가고 싶어하니! 어떻게 이런 일이 다 있단 말인가. 공부 못하고 돈 못 벌어도 좋다. 육신 하나 제대로 태어난 것만도 무한한 행복임을 왜 모르는가.

우리 주변에서 살아가는 복제 인간들

얼굴이 다르고 성(性)이 다른 쌍둥이는 어쩌다 난자가 두 개나 동시에 생겨 수정된 것으로 이를 이란성 쌍둥이라 한다. 겉으로는 같이 태어난 아이로 보이지 않으나 부모와 당사자들은 그 사실을 알고 있다. 이란성 쌍둥이는 동성일 수도 있고 이성일 수도 있으나 일란성 쌍둥이는 언제나 성이 같음을 우리는 잘 알고 있다.

여기서 복제 인간을 이해하기 위해서는 한 가지 사실을 더 알아야 한다. 사람의 수정란에는 모두 46개의 염색체가 들어 있는데 난자와 정자에서 각각 23개씩 받은 것이다. 그리고 수정란이 반으로 나뉜 하나하나의 할구에도 염색체가 복제되어 수정란과 같은 개수의 염색체가 들어 있다. 우리나라 사람을 기준으로 볼 때 70조 개의 세포 각각에 다같이 46개의 염색체가 들어 있는 셈이다.

세포가 분열할 때는 그 속의 내용물이 모두 두 배로 된 다음에 반으로 갈라지니, 결국 모든 세포에는 처음 수정란에 있던 유전자가 다 있는 것이다. 그래서 일란성 쌍둥이는 유전적으로 같은 판박이로 태어난다.

복제 인간을 만들 수 있다는 이 놀라운 일은 하루아침에 얼렁뚱땅 수리수리 마수리로 일어난 게 아니다. 로마가 하루아침에 세워진 것이 아니듯이 말이다. 복제 기술은 무엇보다 생물학 중에서도 실험발생학의 산물인데, 옛날부터 다른 동물을 대상으로 유사한 실험을 많이 해왔다. 한 예로 개구리의 수정란에서 염색체가 든 핵을 제거하고 그 자리에 개구리 창자세포의 핵을 떼어 집어넣어 발생시키는 등의 실험을 수없이 했다고 한다. 개구리 알은 무척 커서 실험 재료로 안성맞춤이다.

이런 연구 결과는 인간에 유용한 것도 많이 있다. 유전적으로 아주 우량한 소나 돼지의 수정란을 발생시키면서 일부러 할구 하나씩을 분리해 그 핵을 다른 난자에 집어넣은 뒤 대리모의 자궁에 삽입하여 좋은 품종 새끼를 얻으며, 암소에 할구 두 개를 동시에 넣어서 두 마리의 송아지를 태어나게 하는 일도 이제는 그렇게 어렵지 않은 단계에 도달했다.

아기가 생기지 않는 불임 부부가 시술하는 '시험관 아기' 이야기는 복제 기술에 비하면 유치하여 어린애 장난에 지나지 않는다. 시험관 아기도 초기에는 비윤리적이라고 심한 저항을 받았지만 이제는 일상적으로 행해지는지라 논란거리에서 쑥 빠지고 말았는데, 사족으로 조금만 보충하고 넘어간다.

시험관에 난자와 정자가 아주 오래 잘 살 수 있는 배양 물질을 넣은 다음, 배란 촉진제 주사를 놓아 생겨난 여러 개의 난자를 동시에 회수해 아버지의 정자를 뿌려 섞어서 수정시킨다. 수정란 중에서 난할이 잘 일어나는 튼튼한 것을 골라 부인의 자궁에 착상시켜 자라게 하니 이것이 시험관 아기다.

그런데 묘한 것은 이런 시험관 아기 중에 일란성 쌍둥이가 많다는 것이다. 이것도 앞으로 풀어야 할 수수께끼인데, 지금까지 일곱 쌍둥이가 태어난 게 세계 기록이다.

자, 여기서 좀 엉뚱한 생각을 해보자. 만일에 독자나 필자의 손바닥 세포나 창자세포의 핵을 떼어내 그것을 핵을 제거한 다른 난자에 넣어 대리모가 낳게 하면 그 아이는 누굴 닮았을까. 이것이 소위 말하는 복제 인간이다. 이론적으로나 실험적으로 가능성이 무척 높다고는 하지만 그게 말처럼 그렇게 쉬운 일은 아니다.

'돌리'와 '보니'의 탄생 과정

그래서 우리는 복제 양 '돌리'의 탄생 과정을 살펴볼 필요성을 느끼게 된다. 무엇보다도 "이미 발생을 끝낸 세포는 다시 발생을 하지 못한다(不可塑性)."는 발생학의 기본 학설을 뒤집어 놓은 게 바로 이 돌리의 탄생이었으니, 세계의 학자들이 무척 경악했던 사건이다.

영국 에든버러의 로슬린 연구소에서 1996년 7월 5일 오후 5시에 몸무게 6.6킬로그램의 새끼 양 한 마리가 머리와 앞다리를 먼저 내밀고 세상에 나온다. 사람은 머리를 먼저 내밀고 나오지만, 나오자마자 뜀박질을 하는 소나 양은 앞발을 먼저 내미는 게 재미나는 적응의 하나다. 아무튼 첫 복제 동물인 돌리가 태어나는 순간인데, 돌리라는 이름은 어미의 젖샘세포에서 복제되었음을 강조하려고 젖가슴이 크기로 유명한 미국의 컨트리 음악 가수 돌리 파튼(Dolly Parton)의 이름을 따서 붙인 것이다.

돌리를 탄생시킨 실험의 일부를 아주 간단히 보자. 세포분열이 매우 왕성한 6년생 어미 양 젖샘에서 먼저 세포를 떼내고 일주일을 굶겨(영양분 제거) 세포분열을 정지시킨 다음 핵을 떼낸다. 떼어낸 핵을, 미리 핵을 없애버린 미수정란 가까이 갖다놓는다. 거기에 약한 전기를 단속적으로 흘리면(이는 정자가 난자를 뚫을 때의 자극을 전기로 대신하는 것이다) 미수정란 세포 속으로 핵이 들어간다. 그리고 나면 세포분열을 촉진하는 화학물질을 첨가한다. 마지막으로 일주일 뒤 대리모의 자궁에 착상시킨다. 이렇게 태어난 놈이 바로 이 돌리인데, 무려 277번째 시도한 끝에 기적적으로 탄생했다고 하니 그 과정의 시행착오란 이루 말할 수 없었다 하겠다. 이 결과가 복음이 될지 재앙이 될지는 생각에 따라 다르므로 계속 논쟁거리가 될 것이다.

그런데 앞에 간단히 기술한 실험 과정에서 대단히 흥미로운 사실 하나를 독자들도 단박에 발견했으리라. '일주일을 굶기고' 또 '일주일 뒤'라는 대목이 눈을 끄는데, 이 일주일은 바로 성경의 창세기에 나오는 천지 창조의 시간이자 우리 삶의 단위를 일주일로 끊어놓은 것이다. 이게 무슨 관련이 있을까? 일주일이 뭐란 말인가? 어쨌거나 과학의 이러한 기념비적인 성공을 있게 한 윌머트(Ian Wilmut) 박사는 이 업적으로 온 세상의 각광을 받기에 이른다.

돌리 탄생 뒤에도 세계 여기저기에서 체세포를 써서 복제하는 여러 실험이 진행되었고 그 결과도 꽤 많이 보고되었다. 소의 체세포로 쌍둥이 송아지를 복제하고, 인간과 가장 가깝다는 원숭이도 복제하고, 생쥐를 5대까지 복제하였다. 또 앞서 말한 돌리(♀)는 다른 수컷

(♂)과 짝을 지어 '보니(Bonnie)'라는 새끼를 낳기에 이르렀다. 그런데 이상하게도 이들 실험에 쓰인 체세포는 전부 암놈의 것이었다고 한다. 즉 수놈 것은 실험이 잘 되지 않았다는 뜻이다. 세포 하나도 암놈의 것이 그 생존력을 자랑하고 있는 셈이다. 여자가 남자보다 훨씬 오래 살듯이 말이다.

그런데 돌리의 수명이 걱정스럽다. 왜냐하면 돌리는 이미 6살이 된 어미의 젖샘세포에서 얻은 놈이 아닌가. 세포는 수명이 정해져 있으니 하는 말이다. 실제로 돌리의 세포를 검사해보았더니 예상대로 그 세포는 이미 많이 늙어 있더란다.

수명을 결정하는 데는 여러 조건이 있지만 세포의 핵에 든 염색체를 보면 세포의 운명을 대략 짐작할 수 있다. 즉 세포가 분열하면 할수록 염색체의 한쪽 끝 부분인 텔로미어의 DNA가 닳아 짧아진다. 다시 말하면 돌리는 이미 텔로미어가 굉장히 짧아졌다는 것이다. 이 사실은 설령 사람을 복제하더라도 나이를 먹은 사람의 세포를 쓰는 것은 좋지 않다는 이론과 근거를 제공하고 있다. 그만큼 일찍 죽어버리니까 말이다.

참고로 사람은 수정란에서 시작하여 일평생 보통 1017번 분열을 하는데, 성인이 되는 데 1014번 분열하고 나머지는 세포의 재생에 쓰인다고 한다. 세포를 새로 만들어내는 데 얼마나 많은 에너지가 쓰이는지를 짐작할 수 있다.

과학은 언제나 앞질러가고 싶어한다

사실 '과학'은 언제나 앞질러가고 싶어한다. 그러나 '윤리'라는 잣대가 뒷다리를 걸고 잡아챈다.

과학은 인간만이 갖는 전유물로, 필요의 산물임을 부인하지 못한다. 돌리의 탄생에 기여한 여러 과학 기술은 복제 기술 자체에 멈추지 않고 다른 분야 생물학 연구에 응용할 수 있다. 인구가 60억을 넘었다고 하고 수많은 사람들이 배를 곯고 있는 지금, 과학 기술만이 그 해결의 열쇠를 쥐고 있지 않은가. 부엌의 칼도, 자동차도, 잘 쓰면 문명의 이기지만 못 쓰면 살인 무기가 되고 만다. 노벨의 다이너마이트도 그러하였다. 아무튼 복제 기술은 지금까지 생물학, 특히 발생학 분야가 이룬 모든 과학이 모여 쌓인 공든 탑임을 생각할 때, 이 기술은 곡식이나 가축, 해산물 등의 증산에 쓸 수 있을 뿐만 아니라 유전병이나 난치병 치료에 큰 도움을 줄 것이고, 장기 이식이나 의약품 개발에도 지대한 공헌을 할 것이다.

그러나 양지가 있으면 반드시 음지가 있는 법. 이 복제 기술을 사람에게 적용할 때 심각한 문제를 가져온다. 가장 두려운 일은 부부(夫婦)가 필요 없는 세상이 올 수 있다는 것으로, 아비나 어미의 체세포로 어미의 자궁에 아기를 자라게 할 수 있는 게 복제 기술이니 말이다. 사실 유독 인간만이 육정(肉情)으로 부부와 가족의 끈을 맺고 있는데 만일에 이런 일이 일어나면 가족이나 사회의 기본 구조가 몽땅 흔들리고 말리라.

종교적인 문제도 심각하다. 생명의 창조는 신의 영역에 든다고 생각하지 않았는가. 그런데 공장에서 공산품을 만들어내듯 사람을 척척 생산해대니 결국은 신의 창조 영역을 침범하는 셈이 된다. 종국에는 인간의 본성을 뒤흔드는 결과를 초래한다.

그건 그렇고 복제 인간을 만든다고 하더라도 히틀러의 유전인자를 이용하여 '복제 히틀러'를 만들려는 시도는 하지 않을 것이다. 복제

양 돌리는 여섯 살 먹은 늙은 어미의 세포에서 복제된 놈이라 이미 염색체의 일부가 많이 마모되었다. 이렇듯 세포는 어느 정도 닳아빠지면 죽는 법이어서 '복제 히틀러'는 수명이 아주 짧을 수밖에 없다. 그러니 안심해도 될 성싶다.

과학자는 미지의 세계를 만나면 사족을 못 쓰고 모험을 좋아하는 사람들이라 무슨 일을 저지를지 모르지만, 사회의 여러 안전판이 있기에 복제 인간 이야기도 너무 두려워할 일이 아니라고 본다. 어쨌든 과학은 앞으로만 갈 줄 아는 속성이 있음을 알아두면 좋을 듯 하다.

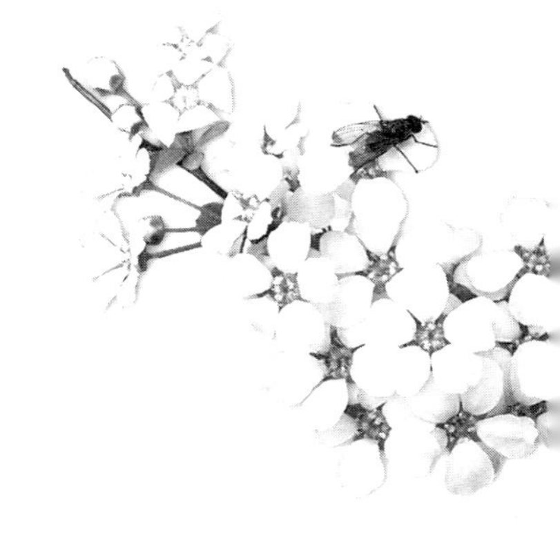

사람 몸뚱아리도 분명 자연의 일부다. 따라서 뭇 기생생물이 몸에 들러붙어서 살과 피를 빨아먹으며 살아간다. 세상에, 만물의 영장이며 먹이 피라미드에서 제일 꼭대기를 차지하는 이 '위대한' 인간을 뜯어먹고 사는 녀석들이 있다니 도대체 어떤 놈들일까? 여기서는 몸 밖에 붙어 살아가는 놈들을 이야깃거리로 삼아 보자.

사람이 별건가. 대자연 속에서는 풀 한 포기나 한 마리 벌레와 다를 게 없다. 사람이 지구에 들끓어 넘친다고 아무리 아우성을 쳐도 수많은 개미 떼나 모기 무리에 비하면 '새 발에 피'일 뿐이니 숫자 놀음에서는 상대가 되지 못한다. 굴 하나에 사는 개미 수가 남한 인구만큼이나 되기도 한다는데 이런 굴이 쌔고 쌨다니 말이다. 사람 본위의 사고는 자연을 있는 그대로 보지 못하게 하는 큰 장애물인 것이니 역지사지(易地思之)의 정신으로, 즉 거울 속의 나를 보는 듯한 사고방식을 가질 때 자연을 이해하고 그 일부가 될 수 있다. 이 '자연의 일부'란 말이 멋있는 말이다. 몰입한 삼매(三昧)의 경지에서 객관적으로 자연, 곧 생물의 세계를 관조할 때라야 있는 그대로 모든 게 제대로 보이고, 결국은 '나'를 알고 볼 수 있다.

"아무리 비누로 씻어봐도 소용이 없다네."

사실 우리 인간도 자연 속에서는 여러 기생물(寄生物)의 먹잇감에 지나지 않는다. 그것들 중에는 큰 문제를 일으키지 않는 것도 있지만 악질도 많다. 모기에 물려 말라리아에 걸려 죽는 사람이 얼마나 많으며, 이가 옮긴 발진티푸스 등 여러 병에 의해서 죽는 사람이 또 얼마나 많은가.

말이 나온 김에 '이' 보따리부터 풀어보자. 이도 보호색을 띠어서 몸에 기생하느라 피부색을 띠는 '몸니'와 검은 머리카락 빛깔을 닮은 '머릿니' 이렇게 둘로 나뉘는데 몸니가 조금 더 크다. 이 둘은 같은 종이라 서로 짝짓기가 가능하다.

몸니는 암놈이 3.2밀리미터로 2.2밀리미터인 수컷보다 크다. 암놈은 '서캐'라고 부르는 알을 하루에 다섯 개에서 열 개씩 낳아 포슬포슬한 내복 이음새에 찰싹 붙이는데, 이 말은 일주일 뒤 부화하고 열흘 뒤면 벌써 성충으로 자란다. 이자식들이 기생충인 주제에 그래도 암수가 있어서 사랑을 즐긴다? 딴에는 자기도 곤충이라고 새끼들은 세 번 탈피(脫皮)하여 덩치를 키운다. 그 쌔고 쌨던 놈들이 요새는 자주 옷을 빨고 독한 세제가 보급되는 바람에 애석하게도(?) 조금 잘산다는 나라에서는 사라지고 말았다. 표현이 조금 뭣하지만 필자가 어릴 때만 해도 이와 빈대, 벼룩은 가정의 '필수품'이 아니었던가. 몸니는 온도에 민감해서 몸에서도 가장 따뜻한 겨드랑이나 사타구니 부근에 모여서 피를 빨아먹는다. 물린 자리는 무척 가려워 한참 긁고 나면 헌데가 나고 잘못하면 피부병으로 번진다. 어느 때는 속옷을 벗어 숫제 이빨로 이음새를 자근자근 씹어 나갔고, 시간이 나면 새하얀 서캐를 두 엄지손톱으로 눌러 터뜨려 죽였다. 말 그대로 '이 잡듯, 서캐 훑듯' 샅샅이 뒤져 잡는데, 심하다 싶으면 쇠죽 끓이는 솥에다 내복을 넣어 찌기까지 했다. 전방의 군인들은 미군이 준 디디티(DDT)를 작은 봉지에 담아서 겨드랑이에 차고 다녔으니 그놈들이 얼마나 무서운 기생충이었는지 짐작이 간다. 그 디디티도 지금은 발암물질로 낙인 찍혀 생산이 금지되고 말았다.

사람 눈으로 볼 수 있는 한계가 0.1밀리미터라고 했을 때 서캐는 눈에 겨우 보일 정도였으니 0.2밀리미터는 너끈히 됐으리라. 지금 같으면 훑어 와서 길이를 재어보겠는데, 그놈도 이미 우리 주변을 떠나 버렸다.

그러나 몸니의 사촌격인 머릿니는 지독한 놈이라 아직도 살아남아서, 미국에서도 갑자기 늘어난 이놈들 때문에 골머리를 앓고 있다고 한다. 미국에서 머릿니 퇴치법 강의에 50달러나 받는다는 기사를 읽은 적이 있다. 비누나 샴푸에 저항력이 있는 놈들이 새로 생겨난 것인데, 옛날에는 머리의 서캐훑이로 빗살이 촘촘한 참빗을 썼으니 그것을 수출하면 좋지 않을까 싶다.

이 이는 여기저기 기어다니며 피를 빨지만 살갗을 파고 들어가서 사는 녀석도 있다.

그리고 눈에 보이지 않는 아주 작은 진드기도 사람의 머리나 이마, 눈썹의 털구멍 아래 털주머니와 코 둘레 땀구멍의 지방샘에 틀어박혀 살고 있다고 한다. 아무리 비누로 씻고 화장품을 발라도 소용이 없다. 거기가 그들의 살터이니 쫓아낼 방법이 없다. 놈들이 우리의 살아 있는 상피세포를 파먹고 산다니 정말 기막힐 뿐이다.

녀석들의 크기는 현미경적인 0.025밀리미터 정도여서 살 안에서 꼼지락거려도 우리는 느끼지 못한다. 작은 발톱으로 살갗을 꽉 붙잡고 화살처럼 생긴 알을 낳는데, 알이 깨어 부화하여 유충이 되고 성충이 된다. 흔히 '모낭진드기(follicle mite)'라고 하는 이놈은 바늘 모양의 입으로 세포를 찔러 먹으며 보통 털구멍 하나에 열 마리가 산다고 한다. 이놈은 앞으로만 기어가기 때문에 한 번 지나가면 다시는 그 자리에 돌아가지 못한다. 그 작은 놈이 긴다고는 하지만 그들에게는 눈썹 사이만 해도 태평양 건너편만큼이나 먼 거리다. 그런데 처음에는 암놈 혼자서 알을 낳는 처녀생식을 하지만 다음에는 새끼 수컷과 짝짓기를 한다니, 이놈들의 오이디푸스(Oidipus) 때문에 우리 눈썹만 다 빠질 판이다. 이런 해괴망측한 일이 우리 낯에서 밤낮으로 벌어지고 있건만 우리는 전혀 모르고 산다. 그런데 이 사실을 알아버린 독자들은 갑자기 온 얼굴이 가려워지고 그놈들의 고무락거림에 신경이 예민해질지 모르겠다.

사람이 임신하면 입덧을 하는 원리

사람의 체표면적은 평균 1.83제곱미터에 지나지 않지만 여기에 다음과 같은 복잡한 생태계가 있다니 놀라운 일이다. 우리나라에는 천만다행으로 그런 일이 벌어지지 않지만 아메리카 대륙 중남 지역에서는 사람 살갗에 구더기가 생기고 번데기가 되어 파리로 성장해 날아가는, 상상을 불허하는 엄청난 일이 일어난다. 그런 세상에 나지 않은 것만도 복 받았지 싶다.

위에서 말한 징그러운 놈들은 바로 쌍시류(雙翅類)에 속하는 말파리다. 쌍시류는 파리나 모기처럼 날개가 두 장인 곤충을 뜻하는 말이다. 원래는 날개가 네 장이었으나 두 장이 퇴화되어 없어졌다. 말파리는 암놈 모기를 포로로 잡아서 모기 배에다 제 알을 낳아 붙여두는 이상한 짓을 한다. 파리가 쉬 슨 이 모기는 다른 놈과 마찬가지로 사람 피를 빨려고 피부에 달라붙는다. 그러면 사람 피부의 따뜻한 열을 받은 파리 알은 재빨리 부화하고 유생이 되어 모기에서 떨어져 나와 사람의 살갗에 내려앉는다. 이 꼬마 구더기는 모기가 피를 빤 상처로 기어가 쏙 들어가서 다리에 붙은 갈고리를 이용해 피부에 대가리를 처박고, 호흡기관이 있는 꼬리 끝을 피부 밖으로 내놓는다. 사람의 살을 파먹으며 한 달 보름 동안 자라서 번데기가 되었다가 다 자라면 파리가 되어서 날아가버린다.

다른 동물에 기생하는 파리들 중에 이와 비슷하게 번식하는 것들이 있기는 하지만, 사람 몸에 알을 낳는 파리가 있다니 놀라운 일이다. 그것도 모기라는 매개체를 이용해 '지능적인' 산란을 한다니 어찌 이놈을 그냥 '날파리'라 하겠는가.

그런데 여기에 하나 덧붙여 얘기할 것이 있다. 보통 모기는 야행성이어서 밤에 사람 피를 빠는데, 배에 말파리 알을 단 이 모기 놈은 성질이 변해서 파리처럼 대낮에 날아가 피를 빨아대니, 이는 "기생충이 숙주의 행동을 바꾸게 한다."는 아주 좋은 예다. 사람이 임신하면 입덧이 생기는 것도 이와 같은 원리다.

이렇게 기생하는 것들은 모두 살갗을 뚫는 '톱'이나 '메스'를 다 갖추었으며, 피를 빠는 데 쓰는 빨대, 몰래 피를 훔치는 데 쓰는 마취제와 피가 굳는 걸 막는 항(抗)응고제가 침에 들어 있어서 들키지 않고 목적을 달성한다. 이 '마취제' 때문에 모기가 피를 빨고 날아간 지 1분 뒤에야 사람은 가려움을 느끼게 된다. 엄청난 놈들이다.

벼룩만 해도 한살이가 그렇게 단순하지만은 않다. 빈대의 몸이 아래위로 납작하다면 적갈색을 띤 벼룩은 좌우로 납작한데, 다리 근육이 발달하여 제 몸크기인 2~3밀리미터의 200배나 뛰는 뜀뛰기 선수다. 암놈이 사람 살갗의 상피세포에 알을 낳으면 그것이 깨어서 살비늘을 먹고 자라 몇 번 탈피한 뒤 번데기가 되었다가 성충이 된다. 2억 년 전 화석에서도 벼룩이 나온다니 사람보다 한참 먼저 이 지구에 온 큰형님이다. 이제 사람의 피를 빠는 벼룩은 아주 줄어버렸지만 개벼룩이나 쥐벼룩은 아직도 성성하게 잘 살고 있다.

더 무시무시한 기생충을 보자. 사람은 기생충투성이다. 성관계 때 옮아 거웃 뿌리 사이에 대가리로 파고 들어가 살면서 심한 가려움증을 일으키는, 흔히 '사면발이'라고 부르는 놈이 있는데, 정확한 우리말 이름은 '털이'이다. 심한 경우에는 겨드랑이와 수염, 눈썹털에도 파고든다는데, 서양 사람들은 이놈을 '게 이(crab louse)'라고 한다. 실제로 게를 닮아서 털 사이를 기어다니기 좋도록 게 발과 같은 발톱을 지녔다. 필자가 대학생 때만 해도 이놈에 감염된 친구들이 그 중요한 자리에다 농약을 뿌리고 또 거웃을 모두 깎거나 핀셋으로 하나하나 뽑아내는 것을 봤는데, 인과응보요 자업자득이지……. 지금은 물파스 정도로 퇴치가 된다.

사람에 기생하는 또다른 곤충으로 손가락과 발가락 사이 얇은 살을 파고드는 옴벌레(옴진드기)라는 놈이 있다. 파고든다고 표현했지만 실은 이놈도 살갗을 녹이는 효소가 있어서 주둥이를 대고 침을 조금만 분비하면 살갗이 스르르 녹아 구멍이 뚫리는 것인데, 모기도 이 원리로 '깨무는' 것이다. 그런데 오죽하면 "재수 옴 붙었다."는 말이 생겨났겠는가. 나도 경험해 봤지만 하도 가려워 피부에 피가 나도록 문지르고 긁어도 또 긁게 된다. 이는 그것들이 우리의 산(生) 세포를 먹고 나서 싸는 똥이나 알 때문에 일어나는 일종의 알레르기 반응으로, 바로 그 지독한 소양증(搔癢症)이다.

사람 몸에 직접 붙어 살지는 않지만 방바닥이나 이불에는 먼지진드기가 엄청나게 많이 살고 있다. 이놈들은 사람 피부에서 떨어져 나가는 때(비늘)를 먹고 사는데, 상피세포는 끊임없이 죽어나가니 이 진드기는 먹을거리 걱정은 하지 않아도 되는 재수 좋은 생물이다. 매일 쓸고 닦아도 방바닥에선 먼지가 나오니 무슨 먼지가 이렇게 나오느냐고 불평을 할 텐데, 그것이 바로 늙어 몸에서 떨어져 나온 살갗세포다. 녀석들이 공기에 쓸려 숨관으로 들어가서 천식을 일으키기도 하는데 이것에 과민 반응을 일으키는 사람이 많다.

무더운 여름밤, 모기향을 어떻게 놓아야 할까?

곰팡이도 제법 우리를 괴롭힌다. 비강진(粃糠疹)이라는 피부병을 일으키는 놈도 있고, 습기를 좋아하는 무좀균도 있으며, 살갗이나 머리에 백선(白癬)을 일으키는 균도 있으니 곰팡이성 질병도 그 수를 헤아리기 어렵다.

여기에다 세균과 바이러스 이야기를 더하면 정말로 기생충은 한도 끝도 없다. 그런데 세균이라 하면 모두 병원균으로 생각하기 쉬우나 우리 피부에 붙어 사는 대부분의 세균은 다른 병원성 세균의 침입을 막아주는 유익한 공생 세균이다. 유해한 세균이나 곰팡이가 피부에 달라붙으면 단박에 항생제를 분비하여 죽이거나 쫓아버린다. 그러니 때를 심하게 벗기는 것은 물론이고 비누를 너무 많이 쓰는 것 또한 유익한 세균을 몰아내는 우매한 짓임을 알아야겠다. 샤워도 너무 자주 하는 것은 피부에 해롭고 특히 비누를 쓰지 않는 게 좋다. 애석하게도 필자의 말을 믿지 않는 독자들이 태반이겠지만, 사실은 사실이다.

한마디로 인간의 피부 생태계가 그리 간단하지 않다는 말이다. 산 사람에게도 이렇게 달려드는데 죽은 시체에는 어떠하겠는가. 대변에 악머구리 끓듯 꼬인다. 아무튼 사람 몸의 방어력은 알아줘야 한다.

기생충 이야기를 한 김에, 직접 몸에 붙어 살지는 않지만 가끔씩 들러서 우리를 괴롭히는 곤충 하나만 더 예를 들어보겠다. 여름이 오면 우리는 모기와 일대 결전을 벌여야 한다. 그런데 이놈의 모기가 사람을 차별해 같이 자는 집사람한테는 가지 않고 나만 물어대니 이건 웬일인가. 집사람이 말하기를, "당신 몸에 열이 많아서." 그렇단다. 맞는 말이다.

모기가 '피 냄새'를 맡고 온다는 말은 멀쩡한 거짓말이고 '사람 냄새'를 알고 온다면 말이 된다. 사람 냄새에는 여러 가지가 있는데 이 냄새는 땀에 들어 있는 유기산과 지방산, 요소, 숨 쉴 때 나오는 습기와 이산화탄소, 술 냄새, 체온열 등으로 구성되어 있으며 이것들이 모기를 끌어온다. 이런 화학물질 쪽으로 동물이 이동하는 현상을 '양성 주화성'이라 하는데, 얼굴에 바른 화장품 냄새도 좋은 자극이다.

그건 그렇다 치고, 여름밤에 모기향을 어디에 어떻게 놓으면 모기만 쫓고 사람은 그 해로운 연기에서 무사할 수 있을까. 모기향에 든 성분은 모두 국화과 식물인 제충국(除蟲菊) 무리에서 뽑은 물질로, 사람의 신경을 마비시키니 아주 해롭다. 그 독한 모기가 도망을 가고 죽기까지 하는 물질이 어찌 사람에겐 무해할 수 있겠는가. 특히 어린 아이들은 조심해야 하고, 분무기 깡통에 든 '약'이라는 게 더 해로운 것임은 설명할 필요도 없다. 곧바로 모기나 파리가 죽어 나자빠지는 겁나는 '독'임을 독자들은 잘 알고 있으리라.

모기향을 피울 때는 불이 나지 않게끔 큰 그릇에 꽂아 세워서, 책상 밑에 놓지 말고 위쪽 책장이나 장롱 위에 얹어두면 된다. 모기는 절대로 문 아래로 들어오지 않고 위로 날아든다. 데워져 가벼워진 연기처럼 열 받은 사람 냄새도 대류의 원리에 의해 방문과 창문 위로 솔솔 흘러나가면 모기는 그 냄새를 맡고 들어오기 때문이다. 모기의 생태를 알면 이렇게 쉽게 막을 수 있다. 이런 것이 곧 과학의 생활화 아니겠는가.

2. 드넓은 어머니 품, 바다

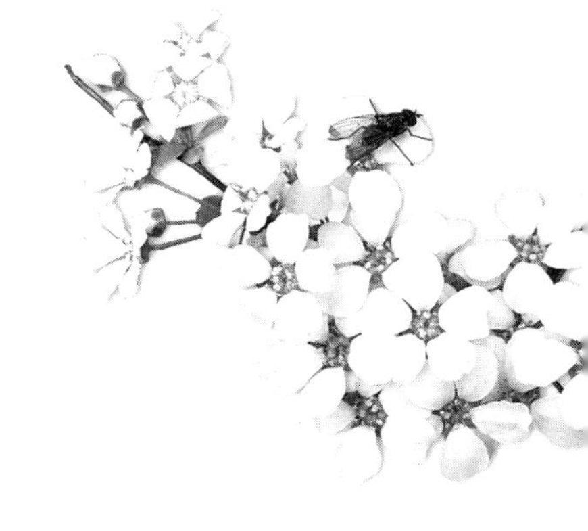

모든 것을 버리고 공심(空心)으로 살고 싶다. 사실 '공'은 빈 것이 아니라 꽉 찬 것임을 우리는 잘 모르고 산다. 어느 것이나 '버림'이라는 빛의 반사를 많이 할수록 흰색을 띠고, 탐욕스럽게 빛을 깡그리 흡수하면 검은색을 띠게 된다. 거침없이 떠다니는 뜬구름이 그렇고, 썩음을 모르는 소금 또한 빛을 반사하기에 흰색을 띠는 것이니 사람의 심성(心性)과 빛의 물리적 성질이 어쩌면 이렇게 똑같단 말인가. 바다와 하늘이 푸른 것도 잡물(雜物)이 떠 있어 빨강 · 노랑 등의 긴 파장은 흡수하고, 짧은 파장인 푸름을 버리기에 그렇다고 하니 사람의 색깔도 비움에 따라 다 다르다 하겠다.

공기나 물도 너무 순수하면 색을 잃어 무색(無色)으로 변한다. 저 하늘에는 먼지가, 또 바다에는 흙 알갱이나 플랑크톤, 석회 성분이 녹아 있기에 다들 푸른 것이다. 석회 성분이 지나치게 많은 강물은 희뿌옇고 좀 덜하면 짙푸른 코발트색을 띠는 것이니 아주 푸르다고 좋은 것도 아니다. 우리나라 여름 강물이 녹조(綠藻)를 띠어서 조금은 제 색을 잃는 수가 있지만 그래도 다른 나라의 석회 섞인 짙푸른 호수나 희뿌연 강물에 비하면 아직도 감로수라 해도 과언이 아니리라.

"수면이 고요하다고 물속까지 조용할소냐."

플랑크톤 이야기가 나왔으니 말인데, 강물이나 바닷물에는 언제 어디서나 이것이 있어야 하는 것이며 이 부유물을 물고기가 먹고 산다. "물이 너무 맑으면 고기가 없다〔水至淸無魚〕."는 말은 곧 이 플랑크톤이 먹을 질소나 인 등 무기 양분이 없으므로 그것을 먹고 사는 물벌레가 못 살고, 따라서 물고기도 살지 못한다는 원리를 말한다. 사람도 너무 맑게 살면 친구가 없다고 하니 어느 장단에 춤을 추어야 할지 조금은 헷갈린다.

아무튼 플랑크톤이 없는 강과 바다는 상상하기가 힘들다. 가장 먼저 무기질을 먹어서 광합성을 하는 식물 플랑크톤이 생겨나고 다음에는 그것을 잡아먹는 동물 플랑크톤이 자라고, 다시 그것을 먹는 작은 물고기, 큰 물고기, 더 큰 물고기……. 이런 식으로 먹고 먹히는 순서를 이어보면 하나의 사슬이 만들어지는데, 이것이 '먹이사슬'임은 독자 모두 알 것이다. 또 생태계 전체의 사슬은 따로 떨어져 있지 않고 복잡하게 서로 그물을 만들고 있으니 이를 '먹이그물'이라고 부른다.

먹이그물은 복잡하고 어지럽게 여러 코로 얽혀 있을수록 좋다. 몇 코가 빠지더라도 그물 행세를 할 수 있으니 말이다. 쉽게 말해 생태계에서 몇 종이 멸종하더라도 큰 충격을 받지 않는다는 뜻이다. 그러므로 사람도 인간 관계가 "이런들 어떠하리 저런들 어떠하리 만수산 드렁칡이 얽히듯" 한 사람은 '튼튼한 인간 사슬'을 보유한 사람이다.

그러나 미주알고주알 요모조모 따지는 사람은 몇 코 안 되는 그물을 가진 셈이라 그 그물은 쓰지도 못하고 버려질 가능성이 높다. 이는 외톨박이를 말하는 것으로 그런 이는 하나같이 욕심이 많은 사람이다. 전부를 가지려다 하나도 건지지 못하기 쉽다. "고독은 욕심 많은 사람을 먹고산다."고 하듯이 그런 사람은 외로움에 고통을 받기 일쑤다.

그런데 "수면이 고요하다고 물속까지 조용할소냐."라는 말이 있듯 그 평화로움 속에서도 이렇게 쌍심지 올리는 약육강식의 피비린내가 진동을 하고 있으니 산과 들판의 생태계와 하나도 다를 게 없다. 물속에서도 땀 난다고 하던가. 여기에서 그놈들 중 오징어라는 놈을 골라 수중에서 어떻게 쫓고 쫓기며 살아가는지 살짝 들여다보자.

오징어는 물에 살기에 '물고기'라고 하지만 그냥 물에 사는 동물이란 뜻일 뿐 분류학상 어류는 아니다. 오징어는 '몸이 부드럽다'라는 의미를 지닌 연체동물이고, 그 중에서 머리와 발이 한쪽으로 몰려 붙어 있는 괴이한 동물이기에 '두족류(頭足類)'라 부른다. 사람의 모습과 오징어 · 낙지의 꼴을 비교해보면 얼마나 그것들이 웃기는 동물인가. 허나, 실은 오징어가 우리 몰골을 생각하면 먹통이 터질 만큼 배꼽(?)을 쥐고 웃을지도 모른다. 머리에 몸통이 붙어 있고 거기 아래위로 네 다리가 붙어 있는 괴물로 보일 테니까 말이다. 세상에는 꼴이 각각인 여러 동물이 살고 있으니 굳이 사람을 기준으로 해석하거나 관찰함은 그리 옳지 못하다는 말을 하고 싶다.

두족류를 다리가 열 개인 십완목(十腕目)과 여덟 개인 팔완목(八腕目)으로 나누는데, 앞의 범주에 드는 것이 오징어 · 갑오징어 · 앵무조개 · 한치 등이고, 뒤의 것은 낙지 · 주꾸미 · 문어 · 집낙지 · 꼴뚜기 등이다. 그녀석들, 엇비슷한 녀석들이 그래도 다리 숫자는 다르다니!

오징어 '다리' 일까, 오징어 '팔' 일까?

"꼴뚜기〔骨獨魚〕가 어물전 망신시킨다."는 말은 뭐니 뭐니 해도 뱃속에 먹통이 달려 있어 먹물을 쏟아내기에 나온 말이고, "어물전 털어먹고 꼴뚜기 장사한다."는 속담은 아마도 그놈을 비하한 말이리라. 여하튼 이들 두족류가 유일하게 지니고 있는 훌륭한 무기는 먹물이다. 위험하다 싶으면 애써 모아둔 먹물을 확 뿌려버리니 그놈을 잡아먹으러 온 포식자가 먹물 냄새를 맡으면서 둘레를 헤매는 사이에 이들은 멀찌감치 줄행랑을 친다. 먹물로 연막 전술을 쓰는 것이 절대로 아니다. 냄새를 사방에 풍겨버리는 혼란 작전이다. 오징어나 물고기나 모두 눈으로 보지 않고 주로 냄새로 알아채 먹이를 잡는다는 사실을 알면 이해가 더 빠를 것이다.

그런데 하나 재미나는 현상은 동양 사람과 서양 사람이 오징어 한 마리의 부위를 놓고도 서로 다르게 보고 있다는 것이다. 우리는 오징어 다리를 '다리'로 보는데 서양인들은 놀랍게도 '팔'로 본다는 것이니, 어느 것이 더 합리적인지를 독자들도 한번 헤아려보기 바란다.

그건 그렇다 치고, 오징어 살은 다른 물고기에 비해서 상당히 질긴 편이다. 말린 것은 말할 필요도 없고 송송 썬 오징어회를 먹어봐도 쫄깃해서 나처럼 틀니를 끼운 사람은 젓가락 대기를 꺼리게 된다. 이들 두족류들에는 단백질 중에서도 콜라겐(collagen) 단백질이 많이 들어 있기 때문인데, 육류의 힘줄이나 인대가 질긴 것도 바로 이 단백질이 많아서 그렇다. 오징어를 말리면 콜라겐의 농도가 0.5퍼센트까지 올라가 생오징어보다 천 배 더 질겨진다고 한다.

그래도 치아 좋은 우리나라 사람들은 잘도 씹어먹는데, 오징어를 찢어보면 세로로는 안 되고 가로로만 찢어진다. 왜 그럴까? 근육이란 한 방향으로만 붙어 있지 않고 반드시 반대로 작용하는 길항근(拮抗筋)이 있게 마련인데, 오징어의 몸통도 둥글게 가로로 발달한 환상근(環狀筋)이 길게 세로로 뻗은 종주근(縱走筋)에 비해 90퍼센트 이상 발달했으므로 가로로 잘 찢어지는 것이다. 단백질은 열을 받으면 오그라드는지라 불판에 올려진 오징어는 살아 움직이듯 감겨든다. 지금 막 오징어 굽는 냄새가 책 속에서 흘러나오고 있지 않는가. 파블로프의 조건반사가 일어나서 침샘이 열리는 것이니, 이것도 일종의 환각이다. 안 보여도 보는 듯하여 침을 흘리니 귀신에 홀린 듯, 웃기는 일이 아닌가.

왜 오징어는 환상근이 더 발달하였을까? 수조에서 오징어가 노니는 모양을 잘 봐보자. 헤엄치는 방향 쪽에 귀 모양의, 몸의 평형을 조절하는 지느러미가 팔랑거리면서 정지 상태에서도 앞뒤로 조금씩 움직이다가, 갑자기 다리를 모으고 뻗으며 이 지느러미를 몸통에 찰싹 붙여 앞으로 요동치며 내닫는 것을 볼 수 있을 것이다. 이때는 몸 속에 넣어둔 물을, 좁게 입구를 닫은 깔때기로 분사(噴射)하면서 그 반동의 힘으로 달리는 것이니, 이것이 바로 제트기의 원리가 아닌가. 게다가 이 깔때기를 뒤로 옆으로 앞으로도 조절하니, 오징어는 비행기처럼 긴 활주로가 없어도 전후좌우를 자유자재로 달린다.

물리학에서 말하는 $mv=m'v'$라는 공식을 보자. 여기에서 m이 바닷물의 양을 말하고 v가 속도를 의미한다면, m'는 오징어의 질량이고 v'는 오징어의 속도다. 결국 오징어의 질량이 바닷물에 비하면 하찮으니 내뻬는 속도가 빨라진다. 오징어가 그 망망한 바다를 튕기고 달려가니 저렇듯 파도가 이는 것일까. 나비 한 마리의 날갯짓이 먼 곳에 이르러 태풍을 몰고 온다고 하듯이 말이다. 하여튼 오징어는 쉬지 않고 움직여야 한다. 도망도 쳐야 하며, 육식성이어서 새우나 작은 물고기를 잡아야 하니 끊임없이 제트 운동을 해야 한다. 몸통을 오므렸다 펴기를 반복해야 하니 환상근이 종주근보다 훨씬 발달했다고 하겠다.

고기잡이의 꽃으로 가득한 여름밤 불바다!

아무튼 한 마리 물고기의 헤엄도 다 물리 법칙을 따른다. 생물학에는 화학도 들어 있으니 콜레스테롤의 성질과 구조식을 논하면 그것이 바로 화학이다. 모든 학문은 따로 떨어져 있지 않고 모두 얽히고 연계된 종합 학문이다. 아무튼 마른오징어에 있는 지방 성분이 약 20퍼센트에 이른다고 하니 꽤나 많은 편에 속한다고 하겠다.

그런데 어느 생물이라도 다 제자리에서 생태계에 중요한 몫을 하기 때문에 오징어 무리도 먹이그물에서 없어서는 안 되는 존재다. 한 해에 고래가 잡아먹는 두족류만도 1억 톤이 되고 사람의 입으로 들어가는 것만도 7천만 톤이 된다고 한다. 서양 사람들은 '비늘 없는 고기'라 하여 먹지 않는다는데도 이렇게 많은 양이 소비되고 있다. 우리의 식생활에서 조개나 고둥 무리는 물론이고 같은 연체동물인 두족류를 빼고는 말이 안 통한다. 연체동물은 땅에 사는 달팽이, 강에 자리를 튼 다슬기, 바다의 소라 등 종류도 많아서 절지동물 다음으로 번성한 동물들이다.

오늘밤도 저 동쪽 울릉도 앞바다에는 오징어잡이 배들이 떼 지어 대낮같이 불을 켜고 있을 것이다. 사람 눈을 부시게 하는 집어등(集魚

燈)의 불빛을 '어화(漁火)'라 하는데, 좀 낭만적으로 '고기잡이의 꽃〔漁花〕'이라 부르기도 한다. 멀리서 그 휘황찬란한 모습을 한 번이라도 본 사람은 그 광경이 망막에 영원히 서려 있게 된다. 눈을 돌려 떼기가 아쉬운 여름밤 불바다!

그런데 왜 오징어는 밝은 빛 쪽으로 몰려오는 것일까. 여름밤 가로등으로 달려드는 불나방 떼처럼 말이다. 얼마나 촘촘하고 빽빽하게 모여들었던지 이놈들은 미끼도 없이 흐르는 바늘에 배, 다리, 등짝이 꿰여 나와 차디찬 바닷바람을 쐬게 된다. '물 반 고기 반'이라……. 환호작약(歡呼雀躍), 숨이 턱에 닿도록 줄을 끌어올리는 어부의 마음은 벌써 아내와 자식들이 잠들어 있는 갯마을집 안방으로 달려간다. "얘들아, 기다려라. 만선(滿船)이다. 아버지 고기 가득 잡아간닷!" 실은 오징어가 빛이 좋아서 몰려드는 게 아니다. 밤이면 보통 때도 플랑크톤이 수면으로 올라오고 그것을 먹으려고 작은 물고기나 새우들이 몰려오는 것인데 불까지 켜놨으니 더 많이 모여드는 것이다. 그 먹잇감을 잡아먹으려고 나섰다가 오징어 씨(氏)는 처참하고 비통하게도 그렇게 쇠갈고리에 꿰인다.

잡혀 올라온 오징어를 횟감으로 수조에 살려두어 가져오기도 하지만 그것은 아주 일부분에 지나지 않는다. 대부분은 바닷가 정해진 장소에다 산더미처럼 쌓아놓는다. 그 오징어는 아녀자들의 칼에 배가 잘려나가고, 내장과 눈알은 뜯겨져서 바다에 내동댕이쳐지는데, 그것은 허섭스레기가 아닌, 바다친구들 물고기의 밥이 된다. 살신성인(殺身成仁)이라 할까? 곱게 다시 헹궈진 살점은 나긋한 꼬챙이에 꿰여 덕장에 매달리고, 꾸덕꾸덕 마를라치면 한 놈씩 내려져 바닥에서 다리를 꽉 밟히고 몸통이 잡아당겨져 길쭉하게 늘어난다. 옆으로도 늘어나 균형이 잡히면 반듯하고 납작하게 꼴이 만들어진다. 이렇듯 발꿈치로 밟고 늘이는 일은 거개가 아낙네들의 일로, 남자들은 언제나 바다에 살기에 이런 잡일을 할 틈이 없다. 그러니 그 아낙네들의 발바닥 덕에 고맙게도 그 맛있는 오징어를 우리는 먹을 수 있다. 또 한 가지 소개해둘 것은 마른오징어에 달랑 하나 붙어 있는 동그란 혹 덩어리는 눈이 아니라 '입'이라는 사실이다. 아마도 적이 놀랄 사람이 더러 있으리라.

우리들 마음의 고향, 푸르고 싱그럽고 끝간 데 없는 망망대해, 오징어가 뛰노는 저 푸른 바닷속도 썩 평화롭지는 않은 모양이다. 언제 어디서든 누구에게나 모두 다사다난한 삶이기는 마찬가지인 것. 그러나 힘껏 달려가 어머니의 물이 넘실거리는 바닷물에 이 더러운 몸을 훌렁 던져버려 오징어 헤엄이나 한번 쳐봤으면 좋겠다.

산호 기둥에 호박 주추

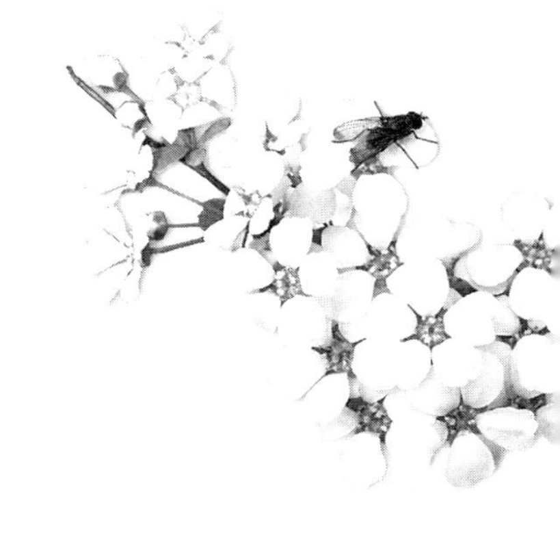

"산호(珊瑚) 기둥에 호박(琥珀) 주추."라는 말이 있다. 바다의 커다란 산호를 깎아서 기둥을 세우고 그 비싼 호박을 주춧돌로 썼으니 그 건물은 호화로움의 극치를 뽐낸다. 그런데 알고보면 산호와 호박이라는 것이 별 게 아니다. 산호는 바다 밑 강장동물 산호충이 분비한 탄산칼슘인 석회 덩어리요, 호박은 그 옛날, 소나무 같은 침엽수가 분비한 수지(樹脂)가 쌓여 화석처럼 굳은 송진덩이가 아닌가. 가끔은 그 속에 벌레가 든 것도 있다.

다른 동물은 눈도 돌리지 않건만 유독 사람들만 그것을 보석으로, 또 장식으로 취급하여 서로 손에 넣으려고 눈들이 벌겋다. 진주 역시 탄산칼슘이 켜켜이 쌓인 것이고, 다이아몬드는 숯덩이보다 좀 딱딱한 탄소 결정이 아니던가. 아무튼 귀하다는 희소가치가 그 값을 천정부지로 치솟게 한다.

지금부터 산호의 세계를 찾아 들어가 보자.

아름답고 장엄한 남녘의 산호초

우리는 길을 가다가 귀금속 가게 앞을 지나칠 때 진열

장에 놓인 새하얗고 커다란 돌 덩어리를 닮은 백(白)산호 덩어리를 흔히 본다. 잘 들여다보면 수없이 많은 꼬마 산호가 모인 것임을 알 수 있는데, 물론 살은 다 녹아 썩어 없어지고 뼈대만 남은 것이다. 이렇게 여러 개체가 모여 한 생물체같이 함께 사는 집단을 '군체(群體)'라고 한다.

산호는 이 백산호 말고도 나무 꼴로 생긴 흑(黑)산호, 부채 모양의 산호 등 전 세계에 무려 100만 종이 넘게 있다고 한다. 보통 온혈동물은 북극으로 갈수록 덩치가 커지고 변온동물은 열대 지역으로 갈수록 커지는데, 산호도 변온동물이라서 아열대 · 열대 지방의 것이 크고 색깔도 현란하다. 우리나라에서는 제주도 앞바다에서 제법 쓸 만한 것이 나기 때문에 태풍 경보가 내려 감시가 허술하면 죽음을 무릅쓰고 바다로 기어드는 사람들이 있다고 한다.

산호는 2~4억 년 전부터 지구에 살아왔다는데 세월이 지나면서 죽은 유해가 바닥에 쌓이면 그 위에 새로 생기고 또 죽기를 반복해 커다란 바위나 큰 섬을 이루었으니 이것이 '산호초'다. 바다 밑 산호초에 배가 부딪혀 박살이 나는가 하면 그 섬 가운데서 핵 실험을 하기도 한다. 산호초도 모양에 따라 크게 세 형태로 나뉘는데, 작은 섬 둘레를 뺑 둘러싼 거초(裾礁), 육지의 해안을 따라 쭉 퍼져 있는 보초(堡礁), 말굽 모양의 환초(環礁)가 있다. 오스트레일리아 동부에 뻗어 있는 대보초(Great Barrier Reef)는 한반도보다 더 길어서 무려 2천 킬로미터나 된다고 하니 장엄하다는 말이 나오지 않을 수 없다. 태국의 푸케트 섬에 있는 환초 또한 그 아름다움에 세계의 관광객이 넋을 잃는다 하지 않는가.

산호가 죽으면 모양을 갖춘 석회 덩어리에 지나지 않지만 살아 있을 때는 하나하나의 개체가 먹이를 잡기 위해 여러 색깔을 띤 촉수를 내밀고 물에 흔들리므로 무척 아름답다. 그런데 이 동물의 몸 안에는 작은 조류(藻類)가 들어 있어 서로 도우며 살아가니〔共生〕, 산호는 조류에게 살터와 이산화탄소와 무기염류를 제공하고, 조류는 그것을 받아 자기에게 있는 엽록체로 광합성을 하여 양분의 일부를 산호에게 되돌려주는 한편 이때 생기는 부산물인 산소도 공급한다. 양쪽이 다 떼려야 뗄 수 없는 운명적인 인연을 맺고 함께 살아가는 것이다. 사실 이 지구에는 '무용지물'이란 존재하지 않는다. 이들 산호와 조류처럼 직접 서로 돕고 살기도 하고, 멀게는 먹이그물 속에서 서로 도우며 상생(相生)하는 셈이다.

생태계의 개념을 이해하고자 할 때 고기 잡는 그물을 떠올리면 이해하기 쉽다. 그물 코 하나하나를 생물 한 종으로 볼 때 한 생물이 멸종한다는 것은 바로 그물코 하나가 떨어져 나가는 것과 같다. 한 코가 망가지면 옆의 그물코도 닳아빠져 결국 연쇄적으로 그물코가 허물어지니 고기를 잡지 못하게 된다. 그물코 중 더 중요하고 덜 중요한 것이 없듯이 지구에 사는 풀 한 포기도 그때 그 자리에 있어야 할 이유가 있는 것이다. 그래서 옛 어른들도 '만물은 다 제자리가 있고〔萬物皆有位〕 모든 것은 이름이 있다〔萬物皆有名〕'고 하지 않았겠는가.

그렇지만 이미 바다 환경도 성치 못하다. 산호초의 10퍼센트는 이미 절멸해 버렸고, 30퍼센트는 위기에 처한 상태여서 이대로 두다가는 40년 안에 30퍼센트밖에 살아남지 못할 것이라고 해양학자들은 크게 걱정하고 있다. 바다 산호가 뭐 대수라고 그렇게 걱정하는 것일까?

뭍에서는 열대우림 지대가 생태계의 보고이듯이 '바다의 정글'에서는 바로 이 산호초가 그러한지라, 이곳에는 생물의 다양성이 뛰어나다. 오스트레일리아의 대보초에만도 산호 400여 종, 물고기 1,500여 종, 조개와 고둥 등 연체동물이 4,000여 종, 해면 400여 종 등 수많은 생물이 서로 먹이그물을 일궈 살고 있다. 그래서 산호초를 '바다의 숲'이라고도 부른다.

'산호초 살리기 운동'에 희망을 건다

예를 들어보자. 해면을 '산호의 허파'라고 일컫는데, 이것은 바닷물을 걸러 깨끗하게 하고 물의 흐름을 일으켜 맑은 물을 산호에 공급한다. 극피동물(棘皮動物)인 성게도 조류를 먹어치워 산호가 조류에 덮여 죽는 것을 막아준다. 어쨌거나 서로 필요에 의해 더불어 산다고 해석할 수 있다.

하지만 천적 없는 생물은 없는지라 석회질의 든든한 철옹성을 쌓고 사는 산호도 예외 없이 공격을 받는다. 바다 밑바닥의 우점종(優占種)이자 무법자인 불가사리가 유일한 천적인데, 이놈들은 산호의 입에 아가리를 집어넣어 강한 독액을 쏟아 부어 죽이고는 체액을 빨아먹는다. 바다 밑 깊숙이 들어가면 바닥을 가득 덮고 있는 게 있는데, 이것이 바로 '바다의 선인장'이라 하는 불가사리다. 오죽하면 워낙 지독한 놈이라 죽이기 어렵다는 뜻으로 '불가살이(不可殺伊)'란 말로 표현할까. 말 그대로 정글의 법칙이 지배하는 한 단면을 볼 수 있다. 사실 자본주의라는 것도 바로 이런 약육강식의 법칙에 뿌리를 둔 체제라서 개인이든 국가든 약한 놈은 짓밟히고 먹히는 것이니……. '힘'을 키워야 세상에 살아남는다.

하여튼 산호초에는 특히 물고기와 조개가 많이 산다. 조개가 10억

인구를 먹여 살린다는 통계를 접하면 이들이 식량 자원으로 얼마나 중요한지 알 수 있다. 그뿐 아니라 산호초에 사는 생물에서 항생제, 혈액 응고제, 심장 박동 촉진제, 항암제 등 귀한 의약품도 얻는다니 산호의 존재 가치가 무척이나 돋보인다. 산호는 귀금속으로도 사랑받는다. 산호 브로치도 만들고, 동글동글하게 다듬고 구멍을 뚫어 목걸이도 만든다. 물론 덩어리 전체를 두고 감상하기도 한다.

그러나 사람들은 무지막지하게 산호초를 파내어 시멘트를 만들고, 토막 내어 길을 쌓고, 방파제 만드는 데도 쓰는데 그래도 그 정도면 약과다. 다이너마이트를 터뜨려 물고기를 잡고, 한술 더 떠서 청산칼리를 뿌려 물고기 씨를 말리는 것은 물론 산호도 몰살한다. 게다가 도시에선 폐수가 흘러들어 산호와 공생하는 조류를 죽이고, 따라서 산호도 씨가 말라간다. 단세포 생물인 조류도 종류가 여럿이고 색깔도 다양해서 만화경(萬華鏡) 같은 신비로운 세계를 만드는데 이것들이 죽어 희뿌연 침전물로 변하고 만다. 산호가 이렇게 죽어가는 것은 정글의 나무가 베이고 불타서 나자빠지는 것과 다를 게 없다. '바다의 사막화'를 막는 일은 당장 우리가 해야 할 일이다. 후손에게 아름답고 건강한 바다를 남겨주는 일은 우리의 사명인 것이다.

다행스럽게도 근래 40여 나라의 대표들이 모여 산호초 살리기 운동을 시작했다는 소식이 들린다. "늦었다고 생각할 때가 빠른 것."이라고, 다 죽어가던 태국의 푸케트 섬도 보호 정책 덕에 다시 소생하기 시작했다고 한다. 그곳의 산호가 관광자원으로 황금알을 낳는 거위라는 사실을 뒤늦게 깨달은 것이다.

아무튼 지구의 생물들은 사람만 나타나면 무서워 벌벌 떤다. 그들이 다 떠난 황량한 사막에 제 혼자서 살 수 있다고 착각하는 못난 동물이 사람이다. 산호초만이 아니다. 주변을 살펴보면 그 흔하던 까마귀조차 자취를 감추기 시작하였다. 정력에 좋다는 소문만 나면 그 동물은 흔적이 없어진다. 도대체 정력이라는 것이 무엇이기에…….

'무위자연'이라고, 자연은 그대로 두는 게 장땡이다. 우리는 이상하게 남 얘기 하기를 좋아하는데 이렇듯 자연에 대한 간섭도 도가 지나치다. 송장 눈알 파먹는 까마귀를 잡아먹을 정도니 알아줘야 하는 것일까. 태국 이야기가 나오니 언뜻 생각나는데, 그곳에서는 매미만 한 바퀴벌레를 튀겨 먹는단다. 우리도 바퀴벌레가 정력에 최고라는 소문을 내어 그놈들 퇴치법으로 삼으면 어떨까 싶다. 일거양득이라는 것이 바로 이런 것일 터인데.

아무튼 바다에는 산호가 살아야 한다. 그래야 물고기가 살고 따라서 사람도 살아남는다.

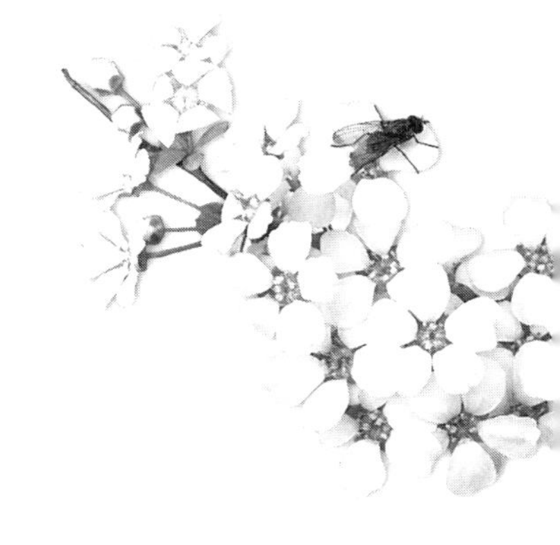

잘 믿어지지 않는 일이지만, 지구 생물의 조상은 바다에서 태어났고 긴 시간에 걸쳐 바뀜이 일어나 결국 사람이 태어났다. 그래서 사람들은 바다를 동경하고, 여름이면 달려가 '조상'의 품에 안기고 싶어하는 것일까. 젖먹이 아이들이 목욕을 그렇게 좋아하는 것도 이해가 간다. 얼마 전까지만 해도 어머니의 아기집(자궁) 속 뜨뜻한 양수(羊水)에서 팔다리 벌려 마음대로 헤엄치고 있었으니 아마 착각을 일으켜 그러는 것이리라.

바다에서 탄생한 생물은 크게 강을 거쳐 땅으로 올라온 것과 바다에서 직접 땅으로 '침입'한 것으로 나누어서 보는데, 흥미로운 점은 뭍에서 긴 세월을 살다가 뚱딴지같이 다시 바다로 돌아간 생물이 있다는 것이다. 이런 생물들의 행동을 '재적응'이라고 한다. 강물에 사는 벌레인 수서곤충이 그렇고, 곧 이야기하려는 물개와 해달 외에도 바다사자와 고래 등이 그렇다.

그런데 왜 이 동물들은 뭍에 살다가 물로 회귀하게 되었을까? 아마 다른 동물과 먹이를 두고 경쟁하는 동안에 먹잇감이 더 많고 풍부해 경쟁이 덜한 물, 강이나 바다를 택한 게 아닌가 싶다. 이런 생물학적 사건은 하루 아침에 일어난 것이 절대로 아니니 몇억 년이라는 길고 긴 시간이 걸렸다는 사실을 알아야 한다. 세상에는 잘 이해할 수 없는 일들이 많은 게 사실이다.

민물에는 수달이, 짠물에는 해달이

먼저 물개 이야기를 간단히 하자. 물개는 다른 해산(海産) 포유류가 다 그렇듯 무리를 지어 생활하면서 수컷 한 마리가 20～40마리의 암놈을 거느리고 사는 특징을 보인다. 북쪽 알래스카에 많이 사는데 한겨울에는 우리나라 해안으로도 내려왔다가 날씨가 풀리면 다시 북상한다.

새끼는 보통 한 마리를 낳으며 수컷 큰 놈은 225킬로그램이나 된다. 이놈을 잡아서 고기는 먹고 기름은 등유로, 수놈의 자지는 '해구신(海狗腎)'이라 하여 보신 · 강장제로 쓴다. 여기서 '신(腎)'이라는 글자는 현대 의학에서는 신장(콩팥)을 뜻하나 한의학에서는 넓은 의미로 콩팥과 음경(陰莖)을 다 포함하는 말이다.

실제 그것이 그런 효과가 있는가는 차치하고, 어째서 그 물건에는 뼈가 들어 있는 것일까? 하기야 개의 자지에도 뼈가 있으니, 이런 뼈를 의학에서는 '딴 곳에 있는 뼈'라는 뜻으로 '이소골(異所骨)'이라고 한다. 사람을 뺀 다른 포유류의 음경과 암놈의 음핵에는 모두 뼈가 있는데, 소는 심장판막에도 뼈가 있다. 수컷의 음경이 고등한 동물에만 있는 것은 아니다. 하등한 것들에도 교미기가 있어서 씨(정자)를 암놈의 몸속 깊숙이, 난자 가까이 운반하는 데 쓰인다. 교미기를 집어넣고 사정하는 메커니즘이 수정 가능성을 높인다.

따지고 보면 수놈의 존재 가치는 암놈과 새끼를 보호하고 먹이를 날라준다는 것보다는 정자, 즉 유전자를 전달하는 것일진대 무리 생활을 하는 동물에게는 수컷이 많을 필요가 없다. 물개도 이미 그것을 잘 알고 유전자가 가장 튼튼한 수놈 한 마리가 암컷 여러 마리와 산다. 생물이 살아가는 데는 먹이가 가장 중요한 것이니, 수컷이 여럿 있으면 괜스레 먹이만 축내 집단에 되레 해를 끼치기만 할 뿐이다. 물론 수컷이 여럿 있다면 유전자가 다양하여 집단에 유리하다는 점은 무시할 수 없다.

그런데 사람은 어떻게 이소골이 없이도 음경이 빳빳하게 일어설〔발기(勃起)〕 수 있을까? 여기서 잠시 이 이야기를 하고 넘어가자.

유일하게 발정기가 아닌데도 성교하는 동물이 사람이 아닌가. 아마도 다른 동물보다 섭생이 좋아서 그런 게 아닐까. 아니면 시도 때도 없이 젖을 내는 젖소나 일 년 내내 알을 낳는 닭처럼 돌연변이가 일어난 때문인지도 모를 일이다. 사람 대뇌의 성(性) 중추신경의 신호에 따라 음경으로 들어오는 동맥은 열리고 나가는 정맥은 닫혀 결국에는 음경에 혈액이 쌓여서 단단해지는 게 발기이니, 알고 보면 혈액이 가득 차서 생긴 '물 뼈'인 셈이다. 해파리나 지렁이가 일정한 모양을 갖추고 있는 것이 물의 압력 때문이듯 말이다. 이 물 뼈가 만들어지지 않는 '고개 숙인 사람들'은 심리적으로 커다란 고통을 받아왔으나 근래에는 비아그라(Viagra)라는, 음경 동맥을 열고 정맥을 수축시키는 약이 나와서 성생활을 정상으로 할 수 있게 되었다. 그게 뭐 그리 중요하냐고 생각할 수도 있지만, 남성이 제 본분인 '씨 뿌리기'를 못 한다는 것은 생존의 가치와 의미를 잃는 일이라고 생각하는 게, 임신을 못 하는 여성의 심리와 같다는 말이다.

그리고 다른 동물과는 달리 남녀 간에 나누는 인간 끈이라 할 수 있는 육정(肉情)은 모든 정을 초월한다는 것을 인정한다면 수긍할 수 밖에 없다.

자, 이제 본격적으로 주인공 해달의 세계를 엿보도록 하자. 해달은 강에 사는 수달과 비슷해 같은 족제비과(科)에 속하며 아직 생태가 환히 밝혀지지는 않았다. 사실 바닷생물 연구는 어렵고도 긴 시간이 걸리며 그 미지의 세계는 바다 밑바닥만큼이나 깊고 어둡다.

성게, 조개는 아깝지만……

바다에 사는 물개나 해달은 물고기를 닮아서 유선형 몸통에, 다리가 변한 지느러미가 있다. 공중에서 사는 박쥐에 날개가 있고, 사막에 사는 식물은 선인장과(科)에 속하지 않더라도 모두 잎이 작아지거나 가시로 변하니, 이를 쉽게는 '적응 현상'이라 부르지만 다른 말로는 근원은 달라도 환경에 알맞게 변하여 서로 비슷해진다는 뜻으로 '상사(相似)'라고 한다. 그래서 물개인지 해달인지 바다사자인지 보통 사람은 쉽게 구별하지 못한다. '로마에 가면 로마 사람이 되어야 하듯이' 무서운 적응력을 발휘하는 것이 생물이다. 적응하지 못하면 너나나나 도태한다. 우리는 재빠르게 변태(變態)하는 저 높은 적응가(適應價)를 본받아야 한다.

적응값이 크다는 것은 곧 적응력이 높다는 말이요, 적응하면 살아남고 그렇지 못하면 도태하니 적응의 의미를 재평가하고 재음미할 필요가 있다.

해달은 알래스카, 캄차카 반도, 알류샨 열도를 따라 내려와 미국의 서해안까지 분포하는 동물로, 고래나 물개와 마찬가지로 새끼를 젖으로 키우는 포유동물이다. 그리고 그들 중에서 가장 최근에 바다로 되돌아간 동물이라고 한다. 그리고 300만 년 전에 지구에 태어났다니 '어제 도착한' 우리에게는 큰형님이 아닌가.

미국의 캘리포니아 해안에선 사라진 것으로 알려져 있었는데 근래 개체 수가 많이 늘어났다고 한다. 알래스카에서는 오래 전 기름 유출 사고로 떼죽음을 당했으나 독한 '생명'이라 씨는 남아 있다. 아무튼 부드럽고 예쁜 털가죽 때문에 작살 세례를 받아왔던 해달을 보호하자는 운동이 늦게나마 일고 있다니 다행한 일이지만, 미국 어부들은 이놈들이 성게를 다 먹어치워 미워한다고 한다.

이게 무슨 이야긴가 하면 성게 알을 일본인들이 잘 먹어 비싸게 사가니 미국 어부들은 성게를 잡아 파는 게 연어 농사보다 낫다고 한다. 그러니 성게, 전복, 새우, 게, 조개를 주로 먹는 해달이 눈엣가시일 수밖에.

사람 눈 밖에 나면 살아남지 못한다는 것을 해달님은 모르셨나요. 인간과 대적할 생각은 꿈에설랑도 하지 마십시오, 해달님이여.

녀석들은 우리가 보기에 괴이한 행태를 하나 보여준다. 영리하게도 배를 내놓고 물에 떠서 납작한 돌을 가슴팍에 올려놓고는 거기에 먹잇감을 놓는다. 그런 다음 앞발로 작은 돌을 잡아 두들겨 조개 껍질을 깨고 성게의 가시를 분질러 살을 빼 먹는다. 새끼를 어를 때도 그런 자세로 한다. 바다 밑에 내려가 돌까지 들춰 먹이를 잡는데, 차가운 물에 사는 동물이라 에너지 소비가 많다. 그래서 하루에 자기 몸무게 25퍼센트 가량의 먹이를 먹어야 한다는데, 떼를 지어 사는 이놈들이 나타나 성게 · 전복 씨를 말릴 것은 불 보듯 뻔하다. 어부들이 아우성을 칠 만도 하다.

해달은 최고급 외투를 장만했다

헌데 그리 길지도 않은 털〔綿毛〕로 몸을 감싼 그놈들이 그 차디찬 물에서 어떻게 견디는 것일까? 사람의 머리털은 기껏해야 10만 개에 불과한데 이 해달은 2.5제곱센티미터 넓이에 무려 100만 개의 짧은 털이 나 있다. 개〔犬〕는 그 넓이에 6만 개 정도의 털밖에 나 있지 않다. 한 마디로 수많은 작은 털과 그 사이에 든 공기방울이 절연체 구실을 하는 것이다. 고래가 두꺼운 피하지방으로 열 손실을 막는 것을 생각하면 해달은 공기가 지방을 대신하는 셈이다. 그래서 기름에는 무척 약한데, 기름이 묻으면 공기가 다 빠져나가고 물이 들어오니 추위를 견디지 못해 죽고 마는 것이다. 어느 동물이든 털 자체보다는 그것이 품는 공기가 중요한 구실을 한다. 사람도 겨울에 얇은 내복을 여러 벌 껴입는 것이 보온에 효과적이라고 하지 않던가. 공기가 어느 정도 열을 차단하기 때문이다.

해달 수놈은 발정기에 암놈을 꽤나 괴롭힌다. 수놈이 암놈 콧등을 깨물어서 유혈이 낭자하고, 다리가 변한 뒷지느러미로 암놈의 얼굴을 문지르고 박치기도 계속한다고 한다. 하지만 사람이 보기에 낯설다 뿐이지 해달 세계에서는 아주 정상적인 일이다. 실은 그 정도로 농도 짙은 자극을 받아야 암놈이 배란을 한다고 하니, 수컷은 힘이 들어도 그 짓을 해야 한다. 수컷은 5년이 지나야 성적으로 성숙하는데, 짝짓기를 끝낸 수컷은 딴 수놈이 씨 도둑질하러 오는 것 막기를 게을리 하지 않는다. 짝짓기 뒤 6개월 만에 새끼 한 마리를 낳는데, 특히 어미의 젖은 열량이 엄청 높아서 지방이 사람 젖의 여섯 배에 이른다.

해달은 새끼를 가르치는 게 특이하다고 한다. 바위 들추기부터 시작해 조개 깨기 등 사소한 것까지 가르치는데, 어미가 콜라병을 주워 들고 조개 껍질을 깨뜨리면 새끼도 그것을 곧 따라할 만큼 영리하다고 한다. 지금까지 소개한 이야기는 미국에 사는 해달 애호가들이 어미 잃은 새끼를 잡아와 수조에서 키워 바다로 되돌려 보내는 일을 하면서 관찰해 적은 기록을 일부 옮긴 것이다. 그들의 주장이 마음에 와닿는다. "해달이 행복해야 우리도 행복해진다."

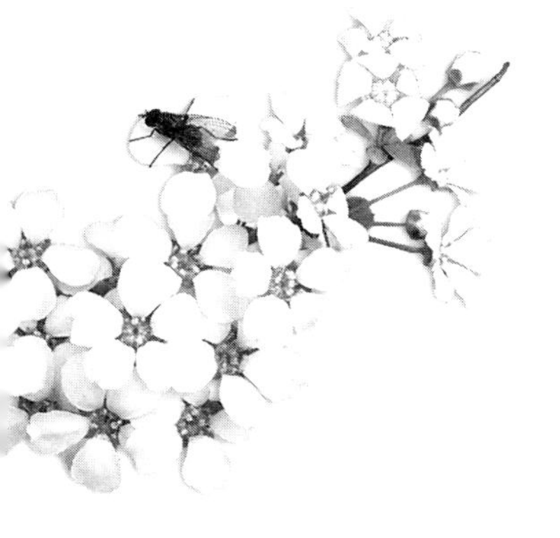

항도(港都) 부산을 찾을라치면 자기도 모르게 발길이 닿는 곳이 있다. 그곳에 가면 우선 여기저기 산더미처럼 쌓인, 바다 냄새 가득 밴 멍게, 개조개, 꼬막, 갈치, 돔 등 해물이 나를 유혹한다. 그렇지만 해물이니 뭐니 해도 뼈빠지게 고생하며 살아가면서도 투박한 사투리에 해맑은 웃음을 잃지 않는 '풀뿌리 인간'의 본성을 발견할 수 있어 좋은 곳, 자갈치 시장이 바로 거기다.

옛날에는 그곳에 자갈을 쌓아놓았던 것일까? 이름이 '자갈'에다 비어(卑語)인 '치'를 붙인 것 같은데 필자가 과문하여 그 정확한 뜻을 몰라서 하는 말이다. 어쨌거나 언제 가도 푹푹한 사람 향기가 넘쳐흐르는 곳, 자갈치 시장이 좋다.

노점을 따라 걷다가 건물 안으로 들어가면 순간 발을 멈추게 되고 재빠르게 움직이는 아주머니의 손놀림에 멍하니 눈이 붙박힌다. 그런가 하면 껍질 벗겨진 채 피 흘리며 대야 속에서 꿈틀거리는 꼼장어들의 몸부림에 화드득 놀라 오만상이 찌푸려지기도 하고, 뾰족한 못 끝에 대가리를 찍힌 그놈을 보면 내 사지가 오그라든다.

머리 끝에 칼집을 내고 껍데기를 꼬리까지 쫙쫙 벗기는 아주머니의 능숙한 솜씨에는 혀를 내두를 수밖에 없다.

'꼼장어'란 단어는 국어사전에도 없더군

그것이 겨울날 길가의 포장마차나 대폿집에서 신사 숙녀가 어울려 즐겨 먹는 꼼장어가 아닌가. 자갈치 시장에도 그놈들만을 구워 파는 가게들이 즐비하다. 아무튼 그놈의 껍질을 산 채로 벗기는 아주머니들의 기분이 좋을 리가 있겠냐마는, 목구멍이 포도청인데다가 입가 노란 새 새끼 같은 자식들을 먹여살려야 하고 놈들 머리에 먹물 몇 방울이라도 넣어주려 하니 "살생하지 말라."는 부처님 말씀도 귀 밖으로 흘려버리지 않을 수 없고, '배운 게 도둑질'이라고 마냥 그렇게 살아간다.

꼼장어라는 말은 정식 우리말 이름이 아니니, 아마도 '먹장어'라 부르면 큰 잘못은 없을 것이다. 참고로 영어로는 '해그 피시(hag fish)'라고 부르는데, '해그(hag)'는 '보기 흉한 노파'를 뜻한다. 먹장어 무리는 세계적으로 60여 종이 있다고 알려져 있는데 우리가 먹는 것은 30센티미터 정도의 것이지만 큰 종류는 몸길이가 무려 1.4미터나 되는 것이 있다고 한다.

춘천에만도 꼼장어 집이 몇 군데나 있어 나도 여러 번 들러보았다. 껍질을 홀딱 벗겨 핏기 흐르는 그놈을 석쇠에 얹어 굽는데, 열기를 받아 몸뚱이가 익을라치면 살아 요동치듯 꿈틀거리기 시작하니, 비위가 약한 사람은 그 모습에 기절초풍을 한다. 사실은 살아 움직이는 게 아니라 마른오징어를 구울 때 그렇듯 단백질이 굳으면서 일어나는 뒤틀림이다.

아무튼 이 물고기는 남북극 지방만 빼고 어디에서든 사는 놈이다. 추운 지방에서는 수심 5미터 근방에, 더운 곳에서는 저 깊은 600미터 아래에까지 내려가 사는데, 어디에 살든지 언제나 바다 밑바닥에서 '바다의 청소부' 역할을 한다. 작은 벌레를 잡아먹기도 하지만 주로 죽어 가라앉는 물고기 시체를 뜯어먹고 살기에 '청소부'란 별명이 붙었다.

먹장어는 분류상으로는 당연히 어류이고 그 중에서도 가장 하등한 놈이다. 입이 동그랗다고 해서 원구류(圓口類)로 분류하는데, 이는 다시 먹장어와 우리나라 동해안에도 올라오는 칠성장어 두 무리로 나뉜다.

먹장어는 오래 전, 우리 인간이 원숭이 꼴에도 이르지 못하고 있을 그 먼 옛날인 3억 3천만 년 전에 지구에 나타났다고 추정되며, 다른 고등한 어류와는 단연코 몇 가지가 다르다. 입이 둥근 것은 곧 턱이 없기 때문이니 '무악류(無顎類)'라고도 부르는데, 무엇보다 뼈가 물렁한 연골이라 불에 구웠을 때 통째로 아작아작 씹어먹을 수 있어서 좋다. 연골어류라는 점에서 흔히 우리가 말하는 '장어'들과는 영판 다른 것이다. 몸에 커다란 분비샘이 200여 개나 있어서 끈끈하면서도 미끄러운 점액을 많이 분비하는데, 특히 힘센 다른 물고기의 공격을 받으면 더 많이 분비해 큰 놈은 1분에 무려 7리터나 쏟아 붓는다고 하니 실로 믿기질 않는다. 때에 따라서는 점액 덩어리를 공같이 만들어서 포식자의 아가미를 덮어 질식시킨다고 한다. 컴컴한 바다 바닥에 산다고 얕볼 녀석이 아니다. 어느 생물이나 제 살아남을 궁리는 다 하고 있다.

블랙박스에 담겨 있는 먹장어의 삶

이 외에도 먹장어에는 남다른 생태와 생리적 특성이 있다. 태양빛이 바닷속 500미터 아래로는 투과할 수 없으니 심해에 사는 먹장어는 눈이 퇴화해 흔적만 남은 안점(眼點)을 갖고 있으며, 비늘은 숫제 없고, 지느러미도 꼬리와 등에 붙은 것이 고작이다. 아가미에도 뚜껑이 없이 노출된 아가미 구멍이 있으며, 뜨고 가라앉는 데 관여하는 부레까지 퇴화해 없다고 한다.

여기까지의 설명만으로도 먹장어는 경골어류인 바닷장어나 민물장어와는 완연히 다른 물고기라는 것을 짐작할 수 있으리라. 또 이 글을 읽는 사람은 한겨울 포장마차에서 맛나는 꼼장어를 먹으며 담소를 나눌 이야깃거리를 얻은 셈이다. 교양인이라면 어느 사물이나 사건을 두고 30분은 대화를 나눌 수 있어야 한다. 포장마차 좌판에 놓인 닭똥집은 그렇다 치고, 흔히들 홍합으로 잘못 알고 있는 진주담치와 멍게라고 부르기도 하는 우렁쉥이를 놓고도 이야기를 만들면 구수한 말거리가 쏟아져 나오리라.

먹장어는 암수 따로인 암수딴몸[자웅이체(雌雄異體)]인데, 성비가 무려 0.01이다. 수컷이 암놈 100마리당 하나일 정도로 매우 희소하다는 말이다. 이는 집단의 에너지를 최대한 절약하려는 작전으로 보인다. 수놈이 정자만 잔뜩 공급하여 개체 수가 늘어나면 먹이가 모자라게 되는데 이런 상황을 막아보려는 전략 말이다. 이놈들은 보통 한 번에 20~30개의 알을 낳는데 아직도 수정 방법과 시기 등이 '신비의 블랙박스'에 들어 있다고 한다. 아주 깊은 바다에 사는 놈이라 잡는 것도 어렵고, 또 잡아도 수족관에 가져오면 기압 차로 모두 배가 터져 죽어버리기 때문에 관찰을 할 수가 없다. 그래서 얼마나 빨리 자라고,

언제 성적 성숙이 되는지도 아직 모른다. 100년을 넘게 연구한 결과가 여기 설명한 정도밖에 안 된다고 하는 것은 무엇보다 사육이 불가능한 데 그 까닭이 있다. 하기야 신비에 가려 있는 생물이 비단 이것뿐이겠는가.

한국으로 몰려드는 먹장어들

먹장어라는 말은 깊은 바다에 살다보니 "눈이 멀었다."고 해서 붙은 이름일 터이다. 먹장어의 눈만이 아니라 사람의 머리도 쓰지 않으면 먹통이 되고 마니 언제나 쉼 없이 굴려야 한다.

먹장어와 같은 무리에 드는 칠성장어를 간단히 보자. 이놈은 바다에 살다가 산란철이 되면 강으로 거슬러 올라오는데, 부화한 뒤 몇 년을 강에 살다가 바다로 다시 내려간다. 이놈의 생태도 미궁 속에 있어서 상세하게 소개하지 못한 점이 미안할 따름이다. 우리나라 동해안 지방, 양양 남대천에서도 볼 수 있으며, 옛날에는 생김새가 징그러워 거들떠보지도 않았다는데 요새는 한 마리에 3만 원을 넘게 부른다. 눈먼 데 약이 된다고 했다지만 사실인지는 모르겠다.

이녀석들은 다른 물고기에 달라붙어 피를 빨아먹고 사는 기생 물고기로, 둥근 입 안에 예리한 이빨이 있어서 잘 달라붙을 수 있다. 목에 아가미 구멍 일곱 개가 별 모양으로 뻥 뚫려 있어서 칠성장어라는 이름이 붙었는데, 이놈도 먹장어처럼 등지느러미와 꼬리지느러미만 있는 모양이 옛날 그대로인, 일종의 '살아 있는 화석〔生化石〕'이다.

하등한 척추동물인 먹장어는 저 깊은 바다에서 혼자 판을 치는 '왕'이라 많이 사는 곳에는 1제곱킬로미터에 무려 50만 마리가 득실거린다고 한다. 그래서 고등어 미끼를 넣은 통발을 깊은 물속으로 늘어뜨리면 억수로 걸려드니, 살코기는 포장마차로 팔려 나가고, 껍질은 생각보다 질긴 콜라겐을 많이 품고 있어 뱀장어 껍질과 함께 핸드백, 구두, 가방, 지갑 등을 만드는 피혁 공장으로 실려간다. 앞서 말했듯이 자갈치 시장의 그 아주머니들이 왜 피 튀기면서 먹장어 껍질을 벗겨 모았는지 감이 잡히는가. 흥미로운 것은 이 '장어 껍질 가공 기술'은 우리나라가 제일이라, 이 분야를 다룬 외국의 보도 기사나 보고서에는 빠짐없이 '코리아(Korea)'가 등장한다. 그래서 다른 나라에서 잡은 먹장어도 죄다 얼려서 우리나라로 가져온다. 그런데 이 물고기도 남획으로 인해 벌써 그 수가 줄어들고 있다며 전 세계 학자들은 걱정을 태산같이 하고 있다.

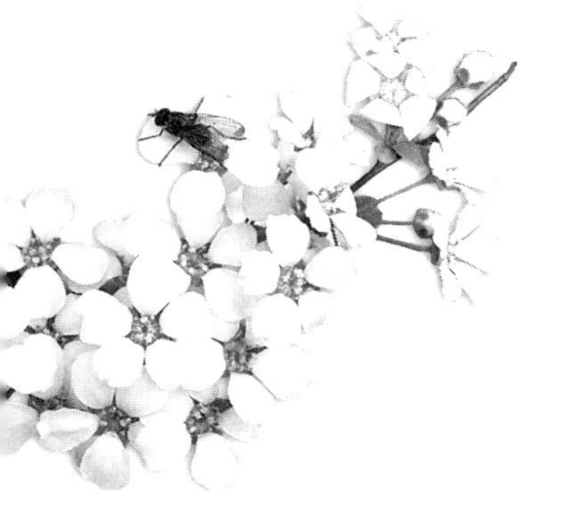

결론부터 말하자. 바다에 살던 송어가 강으로 올라와서 알을 낳는다. 그후 알에서 깨어난 놈이 바다로 되돌아가지 않고 거꾸로 산골짜기로 기어 올라가 민물에 붙박고 살아간다. 이놈이 '산골 냇물에서 사는 물고기'를 뜻하는 '산천어(山川魚)'라는 별종 물고기다.

산천어는 냉수성 어종이라 섭씨 20도 이하 찬물에서만 사는 놈이다. 우리나라에서는 남방 한계선인 강원도 동해안이나 숲이 우거진 계류에서만 살고 있으며, 외국에서는 일본, 러시아, 알래스카 등지에서 자생하고 있다. 바닷물고기가 엉뚱하게 강으로 올라가서 거기에 머물러 사는 놈을 '육봉종(陸封種)'이라 하는데, 이 산천어가 가장 대표적이다. 미국에서 들여와 대량으로 키워서 잡아먹는 무지개송어도 민물에서만 사는 육봉종인데, 양식장에서 강물로 흘러 들어가 적응하여 사는 것들을 채집 과정에서 자주 본다고 한다.

백두산 천지에도 산천어가 산다더라

그러므로 산천어를 설명하기 위해서는 먼저 그 조상

에 해당하는 송어를 설명해야 한다. 송어(松魚)는 분류학상 연어과(科)에 속하는데, 연어의 학명은 '*Oncorhynchus keta*'이고 무지개송어는 '*Oncorhynchus mykiss*', 송어와 산천어는 둘 다 '*Oncorhynchus masou masou*'로, 셋 모두 속명(屬名)이 '*Oncorhynchus*'이다. 다시 말하면 연어와 송어, 그리고 산천어는 형태적으로 아주 비슷하다는 뜻이다.

또 송어와 산천어의 학명이 같다는 것은 곧 같은 종(種)이라는 뜻으로 송어는 바다와 강을 오르내리지만 산천어는 강에서만 살기 때문에 단지 서식처가 다를 뿐이다. 여기서 한 가지 예상할 수 있는 것은, 앞으로 긴긴 세월이 흐르면 송어와 산천어는 오랜 격리 결과 생리와 생태가 달라져서 다른 종으로 분화하리라는 점이다. 아무튼 송어와 산천어가 동일 종이니 자연 상태에서도 산천어의 수컷과 송어 암컷 사이에 새끼가 태어난다. 동물계에서 서로 교배가 가능하다는 것은 종을 정의하는 데 아주 중요한 열쇠이므로 동종(同種) 확인에 이 교배법을 쓴다.

허준의 『동의보감』과 서유구(徐有榘)의 『전어지(錢魚誌)』에 기술된 송어 설명을 묶어서 옮겨보겠다.

"송어는 맛이 달고 독이 없으며, 살이 많고 붉은색이 뚜렷이 드러나 소나무 마디의 색과 비슷한 까닭에 송어라는 이름이 붙었다. 동북 지방의 강과 바다에서 많이 잡히며 생김새가 연어와 비슷하고 알도 연어 알과 같아서 끈적끈적하고 기름기가 있으며 대단히 붉다."

그 옛날만 해도 강바닥에 송어가 수두룩하게 널려 있었기에 물고기 특징을 잘도 관찰하고 이해하여 이렇게 세세하게 기록할 수 있었다. 그러데 지금은 송어 보기가 하늘의 별 따기보다 어렵다고 하니 그저 애석할 뿐이다. 어찌 됐든 송어라는 이름은 그 살색이 불그스름하게 소나무를 닮았다고 해서 붙여진 이름임을 알았고, 그것의 특성이 연어와 무척 유사하다는 것도 옛사람의 연구를 통해 알게 되었다. 횟집에서 파는 송어를 먹어보면 붉은 살도 있지만 상당히 누르스름한 색을 띤 것도 있는데, 이는 먹이는 사료에 따라 다른 것으로 영양가에는 별로 차이가 없다. 하지만 원래의 송어 살점은 적송(赤松)의 색깔을 닮은 것이니 그래야 더 맛깔이 있는 것이 아니겠는가. 솔 향기 은은히 풍기는 미향(味香)을 겸비한 자연산 송어 고기는 먹어볼 수 없는 것일까.

송어는 연어에 비해 작고 몸통이 굵으며, 등은 짙은 청색을 띤다. 몸에는 작고 까만 반점이 흩어져 있는데 배는 은백색이다. 구시월이면 바다에 살던 송어가 무리 지어 강으로 거슬러 올라오는데, 알이 부화하여 크는 데 필요한 산소가 많은, 물살이 빠르고 자갈이 깔린 여울을 만나면 수컷들은 꼬부라진 주둥이나 지느러미로 연어 수놈이 하듯이 젖 먹던(?) 힘을 다해 대야만 한 깊은 웅덩이를 파대니, 이것이 바로 산란장이다. 거기에 암놈이 알을 쏟으면 뒤따라간 수놈이 희뿌연 씨를 뿌린 뒤 남은 힘을 다하여 함께 자갈을 덮고는 둘 다 기진맥진하여 삶을 마감하고 만다. 헌데 이 이야기의 주인공인 산천어는 산란·방정(放精)을 하고도 죽지 않아 다음해에 또 새끼를 친다고 한다. 어쨌거나 연어나 송어는 겉모습이 비슷한 것만큼이나 산란 행태도 유사하다는 것이 참 흥미를 끈다. 깜둥이, 흰둥이, 노랑이 모두 사람의 근본은 차이가 없는 것과 마찬가지리라. 사람도 인종은 달라도 생물학적인 '종'은 같으므로 그렇다.

그런데 무슨 까닭인지 송어 새끼 중에 한 떼는 바다를 버리고 곁길 강줄기를 타고 기어 올라가 진을 치고 대대로 살아간다. 아직까지 그 까닭을 아무도 모르니 이를 밝혀내면 노벨상은 너끈히 탈 수 있으리라.

그리고 산천어는 강의 최상류에 살기 때문에 먹이가 그리 많지 않아 몸길이가 25센티미터 정도밖에 안된다. 개체 수도 그리 많지 않아서 먹잇감이 풍부한 바다에서 자란 송어의 절반도 채 되지 않는다. 아마도 송어나 연어가 바다로 가는 이유는 억수로 널린 먹이를 쉽게 얻기 위함이리라. 산천어는 송어의 치어(稚魚) 시절 모습을 그대로 가지고 있어서 송어 새끼를 산천어라 우겨도 절대로 구별하지 못한다. 그래서 그 점을 악용하는 악덕 어부가 있어서는 안 되겠다는 경고를 여기에 던져둔다.

송어 엇나간 놈이 산천어다. 짠물이 싫어서 민물에 살겠다는 산천어가 송어나 연어보다 한결 더 친근하게 느껴지는 것은 왜인지 나도 모르겠다.

『동국여지승람』에도 등장하는 열목어

여기에 덧붙여서, 강원도에 주로 사는 열목어 얘기를 잠깐 해보자.

"봄이 되면 수백 수천의 열목어가 떼를 지어 올라온다. 이곳에 오면 빙빙 돌면서 물소리까지 내며 소란을 피운다. 가파른 낭떠러지를 오르려고 애를 쓴다. 어떤 것은 뛰어오르는 데 성공하지만 다른 것은 반쯤 올랐다가 폭포를 돌파하지 못하고 되돌아온다."

『우리 민물고기 백 가지』(최기철 지음, 현암사)에 열목어의 봄철 이동 광경을 이렇게 소개하고 있다. '이곳'이란 오대산 월정사의 '금강못'이다. 겨울에는 내〔川〕 아래 중류로 내려가 겨울을 나고, 봄이 오면 다시 상류로 거슬러 올라가는 열목어의 습성을 이 글에서 훔쳐볼 수 있다.

위의 글은 원래 1530년경 이행(李荇)이 편찬한 『동국여지승람(東國輿地勝覽)』에 적힌 것으로, 월정사 계곡이 말 그대로 '물 반 고기 반'이었던 모양이다. 100여 년 전만 해도 서울 인구가 21만 명에 불과했고 춘천에 3천 명, 가평에 4백 명이 살고 있었다니 그때 과연 몇 사람이나 월정사 계곡에 살았을 것인가. 흔해빠진 게 물고기라 천렵(川獵)이라도 할라치면 몽둥이 하나만 들고 나가도 쌔고 쌘 것이 물고기였으리라. 결국 인구가 많아지다보니 "굴러 온 돌이 박힌 돌 뽑는다."고 우리보다 훨씬 먼저 살기 시작한 붙박이 열목어까지도 사람 등쌀에 겨우 씨종자 정도만 남고 말았다.

기록에 보면 열목어는 김화, 양구, 영월, 정선, 홍천, 인제, 춘천, 평창, 횡성, 태백, 영춘, 봉화에 살았다는데 이제는 사람한테 쫓기고 밀려나 강원도 영동 일부의 산골에만 살고 있다. 그들이 사는 곳을 천연기념물 73호(강원도 정선군 정암사 계곡), 74호(경북 봉화군 석포면)로 정해서 보호하고 있고, 환경부에서도 열목어를 '야생 동식물 보호종'으로 지정하기에 이르렀다. 물론 이 물고기는 아직 북한 전역과 시베리아, 만주 등지에서도 서식하고 있을 것으로 본다. 앞으로 잘 보호하지 않으면 이 물고기도 '위기종'으로 전락하거나 아예 지구를 떠나는 일이 벌어질지 모른다. 이런 일이 일어나지 않도록 강원도 사람들은 책임지고 눈에 불을 켜서 지킴이 구실을 해야 할 것이다. 강원도가 좋아서 우리 곁에 살고 싶다는 열목어가 아닌가.

"장난 삼아 던진 돌에……"

열목어는 영어로 '맨추리안 트라우트(Manchurian trout)'라 부른다. 그대로 번역하면 '만주송어'가 되겠는데, 열목어나 송어 모두 연어과(科)에 속하며 더운 곳을 싫어하는 냉수성 어류다. 강원도 북쪽에만 사는 냉수성 민물고기에는 연준모치, 금강모치, 버들가지, 북방종개, 가시고기 등이 있고 역시 북한과 시베리아 등지에 분포한다.

흔히 열목어(熱目魚)의 한자를 잘못 이해해서 열목어는 눈에 열이 많아 붉은 것으로 알기 쉬운데 절대 그렇지 않다. 또 '눈에 열이 많아 찬 곳을 찾아가 열을 식힌다'고 해서 열목어라 불렀다고도 하나 역시 과학적 근거가 없다. 어쨌거나 "효자동(孝子洞)에 효자 없고 적선동(積善洞)에 적선하는 동전 한 닢 없다."고, 열목어 눈에는 특별히 열도 없고 붉지도 않다.

열목어는 수온이 낮고 물이 아주 맑은 곳에서 산다. 실은 강이 너무 맑으면 먹이가 없어 살지 못하니 '수지청무어(水至淸無魚)'라 했고, 사람도 너무 이것저것 따지면 친구가 없다고 '인지찰무도(人至察無徒)'라고 하는 게 아니겠는가. 아무튼 열목어는 수서곤충은 물론이고 작은 물고기 등을 닥치는 대로 잡아먹는데, 큰 놈은 몸길이가 1미터를 넘으니 어디 그 좁은 산골짜기에 여러 마리가 살 수 있겠는가.

열목어는 등은 암청색이고 배는 은백색이며 성체가 되면 4~5월에 알을 낳는다. 열목어의 산란 행위도 우리의 눈길을 끈다. 암수가 힘을 합쳐 폭 30센티미터에 깊이 15센티미터의 구덩이를 파고, 암놈이 산란하고 나면 수컷이 정자를 뿌려 정기(精氣)를 불어넣는다. 알 지름은 3.5~4밀리미터 정도로, 이것을 다른 놈들이 먹지 못하게끔 그 위에 모래와 자갈을 덮는데, 그 높이가 5센티미터 가량 된다. 잉엇과(科) 민물고기 어름치가 커다란 산란탑을 쌓는 것과 별로 다름이 없다. 붕어는 알을 수초에 붙이고 동사리는 바위 밑을 파내 밑바닥에다 알을 낳으니 물고기마다 알 낳기 작전도 다 다르다.

어쨌거나 물고기가 살지 못하는 그 물을 사람이 먹을 수 없고, 새가 살 수 없는 그 공기도 사람이 마실 수 없으니, 생물들은 우리가 살 수 있는지 없는지를 일러주는 일종의 리트머스요, 지표생물이다. 그러니 그들을 보호하고 가꾸기에 게으르지 말아야 한다. 모든 생물은 우리의 적이 아니고 귀하디 귀한 친구임을 잊지 말 것이다. “장난 삼아 던진 돌에 웅덩이에 쪼그리고 앉아 있는 개구리 머리가 깨진다.”는 말도 행동거지를 신중히 하라는 경고가 아니겠는가. 생물에 대한 원려(遠慮)가 있어야 할 때다. 더불어 살아야 한다는 말이다.

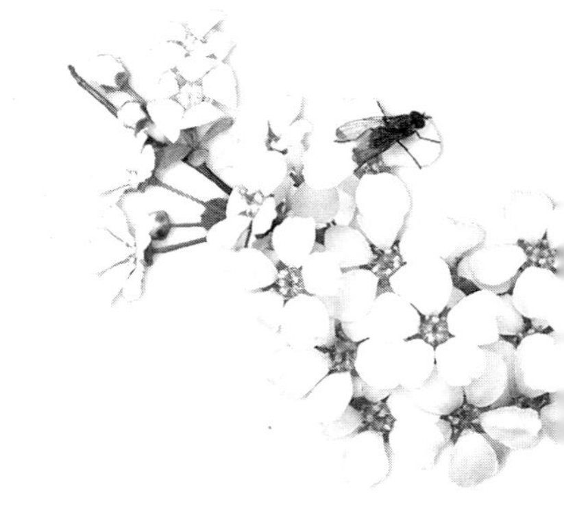

잘 삶은 게도 다리를 떼고 먹으랬다. 의심스런 일은 조심하고 위험한 일에는 안전하게 대비하라는 뜻일 게다. 또 "게 잡아먹은 흔적은 있어도 소 잡아먹은 흔적은 없다."고 하니, 게 껍질은 딱딱한 골격이어서 통째로 다 먹지 못한다는 말이다.

게는 겉이 뼈처럼 딱딱하지만 척추동물은 아니다. 척추동물은 등뼈가 있는 동물로 어류, 양서류, 파충류, 조류, 포유류만 이 범주에 든다.

게는 절지동물 중에서 갑각류에 드는데, 여기서 '갑각(甲殼)'이란 게딱지를 두고 말하는 것으로, 이것은 크고 야물게 생겨서 내장을 보호한다. 머리와 가슴이 그 속에 들어 있어 그 부분을 두흉부(頭胸部)라 하는데, 그 뒤에 아주 작은 꽁지가 붙어 있다. "가재는 게 편."이라는 말이 있는 것처럼 새우를 포함해 이들 모두 갑각류지만 특이하게도 유독 게만 꽁지를 도르르 감아서 등 밑에다 집어넣었다.

게의 암수를 구별할 때 겉으로 봐서는 잘 모르지만 이 꼬리 부위를 잘 보면 알아낼 수 있다. 암놈은 나중에 알을 붙이는 곳이기에 둥그스름하고 크나, 수놈의 것은 작고 길쭉하다. 사담(私談)이지만 필자가 신혼 초에 게 알이 먹고 싶어서 집사람에게 암케를 사달라고 했더니, 이게 웬일인가, 가져 온 게는 모두 살이 통통하게 박힌 수컷이었다. 그래서 동물도감을 끄집어내어 암수 구별법을 설명해 준 기억이 난다. 알 밴 암컷이 맛있고 비싸기 때문에 이놈을 구별할 줄 아는 사람을 게 장수도 함부로 얕보지 못한다. 아는 것은 힘만 되는 게 아니라 경제에도 도움이 된다.

노플리우스, 프로토조에아, 조에아, 유생 후기……

게는 주로 바다에 살지만 민물에도 살며, 열대 지방에서는 뭍에 사는 놈들도 많다. 민물과 뭍에 사는 갑각류가 전체의 약 10퍼센트를 차지한다는데, 땅에 사는 놈들도 반드시 알은 바다에서 낳는다. 그리고 그 알이 깨여 새끼가 되면 새끼는 다시 상륙해서 살아간다.

"게가 쥐구멍으로 들어가면 집안이 망한다."는 우리 속담이 있는 것을 보면 우리나라에도 해변의 집 가에 게들이 흔하게 살고 있음을 알 수 있다.

게나 새우는 복잡한 유생 시기를 거친다. 알이 깨어 노플리우스(nauplius), 프로토조에아(protozoea), 조에아(zoea), 유생 후기(postlarva) 등의 시기를 거쳐 성장하면서 모양이 조금씩 바뀌는데, 이 시기에는 물에 떠서 살기 때문에 동물 플랑크톤으로 취급한다. 그러니 그 많은 알이 부화해도 유생 시기에는 거의 다 물고기 먹이가 되고 남은 것 중 일부가 우리의 밥상에 오른다.

뭐니 뭐니 해도 게가 특이한 점은 옆으로 긴다는 것이다. 게는 옆걸음을, 가재는 뒷걸음을 잘 친다. "도둑놈의 가훈은 그래도 '정직'이다."라는 말이 있듯이 게도 제 새끼에게는 바로 가란다는 우스갯소리도 있다. 아무튼 땅에서는 벌벌 기던 게도 물에만 들면 제 세상을 만나서 노(櫓)를 닮은 다리로 유연하게 잘도 헤엄친다.

게 다리는 모두 5쌍인데〔十脚目〕, 앞다리는 집게발로 바뀌어 먹이를 잡기도 하고 방어 무기로도 쓴다. 방게는 수컷만이 집게다리가 아주 크고 색깔도 진해서 서로 성을 구분하는 데 쓰이기도 한다.

게는 전 세계에 걸쳐 4500여 종이 살고 있단다. 세상에서 가장 큰 게는 다리를 벌렸을 때 그 길이가 무려 4미터나 된다고 하는데, 일본 근해에서 사는 '키다리게[*Macrocheira kaempferi*]'가 바로 그놈이다.

또 무겁기로 따지면 남태평양 태즈메이니아 근방에 서식하는 '슈도카르키누스 기가스[*Pseudocarcinus gigas*]'가 게딱지만도 길이가 46센티미터에 무게는 9킬로그램이 넘는다고 한다. 우리 영덕대게도 제법 크다고 생각했는데 이것들을 따라잡기에는 족탈불급(足脫不及)인 셈이다.

게들은 살아가는 방법도 다양하다. 집게는 빈 고둥 껍질을 집으로 삼아 여기저기 끌고 다니면서 산다. 몸집이 커지면 더 큰 고둥 껍질로 옮겨가며 살아가는데 이놈은 껍질이 무척 부드럽다. 천적이 쳐들어오면 고둥 껍질 속으로 몸을 쏙 숨겨버리니 이 고둥 껍질이 집으로서는 안성맞춤이라 하겠다.

그런데 이 고둥 껍질에는 일반적으로 강장동물인 작은 말미잘이 많이 달라붙는다. 말미잘에는 쐐기세포가 있어 다른 동물이 접근을 못 하므로 집게가 공격을 받지 않게끔 도와주는 것인데, 집게가 이리저리 이동하니 결국 말미잘도 살터를 이리저리 옮겨다니며 먹이를 쉽게 많이 얻을 수 있다. 이렇게 집게와 말미잘은 서로 돕고 산다.

게도 구럭도 잃지는 말아야지

그런가 하면 살아 있는 조개 속에 사는 게들도 있다. 이를 모두 '속살이게'라 부르고 영어로는 콩을 닮았다고 '피 크래브(pea crab)'라 부른다. 우리가 조갯국을 끓여서 먹을 때 손톱만큼이나 작은 회백색이나 미색의 게를 흔히 발견하게 되는데 그놈이 바로 속살이게다.

남아메리카 어느 나라 사람들은 그 게만 모아서 튀겨 먹는다니, 더럽다고 버릴 것은 절대로 아니다. 이들은 들어가 살 조개를 특별히 따로 정해두고 있지는 않아 굴, 대합, 모시조개 등 좀 크다는 조개에는 거의 다 들어 있다.

어떤 문헌에서는 "먹이를 조개와 게가 나눈다."고 하여 이들의 생태를 '공생'이라고 하는데 잘 이해가 되지 않는다. 또 다른 문헌에는 "속살이게가 굴의 아가미에 상처를 내어 굴을 잡아먹는다."고 하는데, 나도 이 말에는 동의를 하면서도 의문 하나는 여전히 남는다. 그렇다면 숙주를 죽이는 기생충으로, 제 살터를 없애는 자살 행위가 아니냐는 생각 때문이다. 아마도 제 수명이 끝나 갈 무렵이거나 굴의 개체 수가 굉장히 많다 싶을 때 잡아먹는 것이 아닐까?

어쨌든 속살이게도 보통 게들처럼 암놈이 수놈보다 크다. 그리고 조개의 몸속, 즉 외투강(外套腔)에 사는지라 게의 알과 정자는 조개의 출수공을 통해 밖으로 나가서 수정한 뒤 자라다가 다시 조개 입수공으로 들어와서 정착하여 산다. 어쩌다가 그놈들이 그런 데서 살게 되었을까 싶지만 가장 안전한 곳에서 살아가는 셈이다. 두꺼운 두 장의 조개 껍질이 싸서 보호하지 않는가. 그보다 더 안전한 곳은 없으리라. 머리만 잘 쓰면 집을 짓거나 사지 않고 이렇게 사는 방법도 있는 것이다.

"게와 고둥도 집이 있다."고, 큰 딱지와 튼튼한 고둥 껍질, 조개 껍질을 집으로 삼아 주택부금을 넣지 않고도 살아가니, 어렵사리 살림을 꾸리는 사람들을 마냥 부럽게 만든다.

그런데 게를 포함하는 갑각류나 곤충 무리는 껍질이 딱딱하므로 몸집이 자라려면 껍질을 벗어야 한다〔脫皮〕. 어디에선가는 게가 껍질을 벗는 때를 택하여 먹는다고 하는데 껍질을 벗은 게는 게딱지가 무척이나 말랑말랑해서 통째로 먹을 수 있다. 하지만 곧바로 딱딱해지기 때문에 그 기간이 한정되어 있다.

그럼 어째서 게 껍데기는 먹지 못할 정도로 야무진 것일까. 나무껍질이 단단한 것은 세포벽에 섬유소와 리그닌, 펙틴 등이 있기 때문인데, 동물 중에서 세포막에 섬유소가 있는 동물로는 흔히 '멍게'로 불리는 우렁쉥이가 있다.

그런데 섬유소와 비슷하게 딱딱한 것이 키토산(chitosan)이라는 물질로, 키틴질과는 아주 비슷한데 버섯의 균사에도 키토산과 키틴질이 들어 있고 곤충의 외골격에도 바로 이런 물질이 들어 있다. 근래에는 게 껍질의 이 키토산이 몸에 좋다고 해서 건강식품으로 개발하기도 했고, 게 껍질을 닭에 먹여서 낳은 '키토산 달걀'도 팔고 있는 실정이다. 한 마디로 게는 사람에게 살 주고 껍질까지 제공하는 신세가 되고 말았다.

속살이게의 껍질은 아주 연하고 부드러우니 소화 흡수도 잘 돼 돈벌이꾼들에게는 관심의 대상이 될 수도 있겠다.

그러나 생물을 키운다는 것은 그리 쉬운 일이 아니다. 이 글을 읽고 덥석 그 사업에 달려들지는 말길 바란다. 시간 버리고 돈 잃어 '게도 구럭도 잃는' 어리석음을 범하기 쉬우니 하는 말이다. 세상에 도전과 모험이라는 투자 없는 사업은 없다지만.

오늘도 저 서해안에 탐스런 꽃게들이 힘차게 자맥질하고 있으리라.

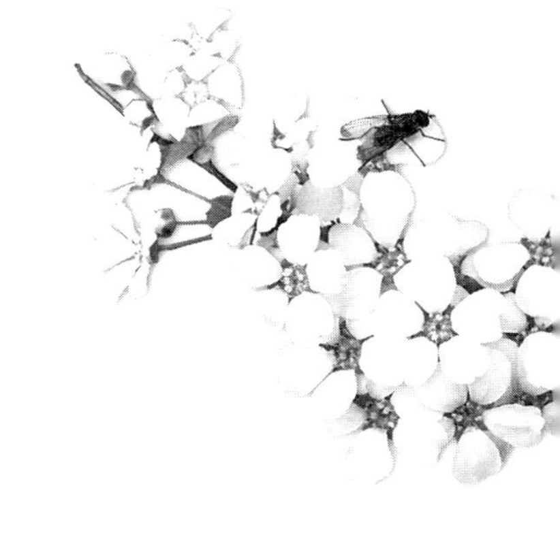

미리 말하지만 '용(龍)'은 상상의 동물이다. 하지만 여기서 말하는 '해룡'은 실제 바다에서 사는 물고기다.

먼저 용의 모습(?)을 생각해 보자. 거대한 파충류로 몸통은 뱀과 비슷하여 비늘이 있고, 네 개의 발이 있다. 뿔은 사슴, 눈은 귀신, 귀는 소에 가깝다고 하며 깊은 못이나 바다에 산다. 때로는 자유로이 공중을 날면서 구름과 비를 몰아 풍운조화를 부린다는데, 중국에서는 기린 · 거북 · 봉황과 함께 사령(四靈)으로 친다. 의리나 인정은 도무지 없고 심술만 남은 걸 보고 "용이 못 된 이무기." 라고 하는데, 저주받은 큰 구렁이 이무기는 천 년을 잘 참고 기다리면 용이 될 기회를 맞이한다고 하니 희망이라도 남아 있는 셈이다.

해마의 친척뻘인 해룡

오스트레일리아 연안에 사는, 해마(海馬)를 꼭 닮은 이 해룡에 관한 연구가 아직까지는 아주 미미하다. 영어로 '시 드래건(sea dragon)'이라 하기에 '해룡(海龍)'으로 번역했는데, 큰 무리는 없으리라. 우리나라에는 이 동물이 살지 않아 관심이 덜하나 우리의 생각은 언제나 '우물' 한반도에 머무르지 말고 '세계'의 넓은 공간으로 뻗어야 하니, 지구 저쪽에 누워 있는 오스트레일리아의 동해안을 찾아가보자.

해룡은 해마와 아주 가까운 동물로 실고기과(科)에 속한다. 우리나라 근해에도 해마와 실고기는 살고 있는데, 해마의 여러 생태는 내가 쓴 『생물의 죽살이』에 상세히 적었기에 여기서는 생략한다.

해룡의 이해를 돕기 위해 실고기에 대한 설명을 덧붙여본다. '실고기'는 우리나라 서해안에서 특히 잘 채집되는 종인데 몸길이는 20센티미터 안팎으로 몹시 가늘고 길며, 온몸이 골판(骨板)으로 덮여 있고 몸색깔은 암갈색이다. 주둥이가 관(管)처럼 길고 가늘며 등지느러미가 뚜렷한데, 뒷지느러미와 꼬리지느러미는 있는 둥 마는 둥 그 흔적만 남아 있다. 그리고 이놈의 항문 뒤엔 새끼주머니〔육아낭(育兒囊)〕가 있어서 암컷이 그 속에 알을 낳으면 아비가 새끼를 보호하고 키운다.

해룡은 실고기보다 더 커서 몸길이가 50센티미터나 되지만 실고기와 비슷한 점이 많은데, 이 지구에서 오직 오스트레일리아 동부 해안에만 사는 오스트레일리아 특산종이다. 일련의 고리 모양으로 된 딱딱한 골격이 몸을 덮고 있으며 관 모양의 주둥이 끝에 이빨이 없어 씹지는 못하고 작은 새우들을 입의 관절로 오물거리며 빨아먹는다는데, 주둥이가 길다고 '파이프 피시(pipe fish)'라고 부르기도 한다.

대부분의 바닷동물들이 다 그렇듯 이 해룡도 언제 몇 번 알을 낳으며, 발생 뒤 언제 성숙하며, 식성 · 생태가 어떤지 잘 알지 못하지만, 그래도 관심을 둔 몇 사람 덕에 그 생태가 제법 밝혀졌다. 이 동물 몸에는 해초 잎사귀를 닮은 돌기가 많다. 그래서 이놈들을 위장술의 명수라 한다. 가만히 물에 떠 있으면 동물인지 물살에 흘러가는 해초인지 구별하지 못하니, 이 어류를 발표한 글에도 "식물인가 동물인가?"라는 제목을 붙였다.

'생물의 경제학'에 통달한 해룡

그런데 이 동물은 수컷이 '임신'을 한다. 꼬리 아래 항문 근처에 인큐베이터 구실을 하는 컵 모양의 육아낭이 있는데 암놈이 그 속에다 산란하면 수컷이 정자를 뿌려서 수정시킨다. 수정란은 그 속에서 4~5주 동안 발생과 부화가 일어나 유생이 되는데 이 유생은 2센티미터 정도까지 성장하면 밖으로 나가 독립 생활에 들어간다. 새끼 물고기〔稚魚〕는 다른 물고기와 마찬가지로 어미를 빼닮은 '직접발생'을 하며 발생 후 12~18개월 정도가 되면 다 자라는데, 수명은 5~7년으로 추정한다.

그런데 동물들의 공통점 중 하나는 알과 정자를 수정시키기 위해서 암수가 전희(前戲)를 한다는 것이다. 이는 상대를 성적으로 흥분시켜서 알을 낳게 하고 또 정자를 뿌린다는 것인데, 해룡도 산란 직전에 육아낭이 부풀어 오른 수컷과 알을 배어 배불뚝이가 된 암놈이 돌기로 서로 엉겨붙어서 레슬링 하듯이 올라갔다 내려갔다 하고 오른쪽으로 움직였다 왼쪽으로 움직였다 한다고 한다. 이런 행위를 할 때 쾌감을 느끼느냐는 문제를 놓고 간혹 논란이 일어난다. 대부분 학자들은 '없다'는 결론을 내곤 하는데, 나는 그때마다 고개를 갸우뚱거린다. 어쨌거나 열흘 뒤쯤 부화할 210여 개의 알을 다 쏟아 부은 암놈은 기진맥진하여 움직이지도 못하다가 다음날에 생기를 찾고 먹이를 먹기 시작한다고 한다. 그놈들도 '원죄를 사하느라' 그렇게 모질고 고된

일을 치르는 모양이다.

그런데 어째서 수컷이 새끼주머니를 차게 되었을까. 그런 동물들은 하나같이 약하다는 특징이 있으니, 수놈이 주머니에서 새끼를 키워주는 대신 암놈은 재빨리 다시 알을 배서 연이어 새끼를 치기 위해서라 해석한다. 그런데 이렇게 암수 부모의 보호를 받는 것들은 언제나 낳는 알 수가 적다. 쓸데없이 많이 낳아서 서로 다투게 할 필요가 없다는 뜻일까? 그것이 바로 '생물의 경제학'이라는 것인데, 해룡 암놈은 새끼 치성을 하지 않기에 곧바로 다시 알을 밴다는 점도 고려해야 할 사항이다.

그런데 해룡이 이렇듯 별난 특징이 있는 놈이라 정력을 일으키는 최음제(催淫劑) 효과가 있다는 소문이 있다. 그래서 해마와 함께 비싼 값으로 팔려나가 씨가 마를 지경에 이르게 되고 말았다. 그놈의 정력이 뭔지 해룡의 씨를 싸그리 말린다. 애통한 일이다. 해룡이 하는 말. "야, 이놈의 인간들아. 비아그라가 있지 않느냐. 그것이나 처먹어라, 나 대신."

'군소'라는 말 자체가 생소하게 들리는 독자들이 많을 줄 안다. 동해안이나 부산 자갈치 시장을 어슬렁거리다 보면 시커멓게 숯덩이처럼 그을린 듯한 둥그스름한 살덩어리 여러 개가 꼬챙이에 줄줄이 꿰여 있는 것을 볼 수 있으니, 그것이 바로 사람이 즐겨 먹는 군소다. 또한 태풍이 지나간 바닷가에 밀려온 해초 더미 사이에 나동그라져 있는, 민달팽이 닮은 것도 있으니 그것들이 군소라는 동물이다. '바다의 민달팽이'라고 해도 큰 잘못은 없으리라.

땅에 사는, 껍질 없는 민달팽이 몸 안에는 작은 뼛조각이 퇴화하여 들어 있는데, 마찬가지로 이 군소의 뼈도 겉에는 없어지고 안으로 들어가 있다. 두족류인 오징어나 갑오징어도 그런 특징을 보이는데, 다른 조개나 고둥처럼 철갑 옷을 입는 것이 좋은지 아니면 오징어처럼 홀딱 벗어버리고는 물렁한 몸을 내놓고 사는 것이 유리한지는 그들에게 물어볼 일이다.

군소는 필자가 전공하는 연체동물의 복족강(腹足綱)에 속한다. 연체동물에는 대표적으로 조개, 고둥, 뿔조개,

오징어, 문어 등이 있는데, 군소는 이 중에서 고둥 무리인 복족류에 속한다. 조개는 껍질이 두 개인 연체동물을 통칭하는 말이고, 고둥은 껍질이 돌돌 말려 있는 권패(卷貝)인 다슬기, 소라, 전복, 달팽이 무리를 뜻한다. 민달팽이가 땅에 사는 복족류라면 군소는 바다에 사는 복족류이다.

군소의 공부 방법을 우리는 공부한다

아무튼 군소는 소라나 전복에 가까운 녀석으로 알고 있으면 되겠다. 머리에는 커다란 뿔 같은 두 개의 큰 더듬이가 나 있고, 바로 뒤에는 조금 작은 더듬이가 있으며, 그 뒤 등짝에 외투막과 아가미, 물을 빨아들이고 뿜어내는 깔때기가 있다. 이 무리는 아가미가 뒤쪽에 있다고 하여 후새류(後鰓類)에 넣는데, 우리나라에는 10여 종의 후새류가 살고 있으며 그 대표 종이 여기서 말하는 군소다.

군소는 바닷말을 먹고 살며 센 자극을 받으면 꼴뚜기가 먹물을 내뿜듯이 이놈도 보라색의 액체를 분비하여 몸을 숨긴다. 먹물이나 보라색 물을 뿜으면 이것들을 잡아먹고 사는 포식자들이 그 물 냄새 때문에 사방을 헤매게 되고 그동안 이들은 멀리 내뺄 수 있다. 이런 포식자들은 눈으로 먹이를 잡고 천적을 피하기보다는 주로 냄새로 알아내고 피하는데, 이런 사실을 알면 먹물과 보랏물을 뿜는 목적을 쉽게 이해할 수 있으리라.

또 이놈들은 태풍이 불어올 때쯤이면 갑자기 굼뜬 행동을 하며 굼떠지면서 깊은 곳으로 이동하여 다리를 넓게 펴고서 바닥에 달라붙는다. 민물에서는 거머리가 이상 징후에 이상한 행동을 하고, 땅에서는 쥐와 개미가 홍수나 지진을 미리 알아채듯이, 바다에서는 군소가 태풍을 예보한다. 사람이 제 유전자의 비밀을 다 알아낸다고 하지만 아직도 이들의 재앙을 예견하는 초능력이 어디에 숨어 있는지 알아내지 못했다. 그래서 이를 알아보려고 실험 같지도 않은 실험에 많은 학자들이 시간과 에너지를 쏟아 붓고 있다.

동물행동학 분야에서 '학습'의 연구 대상으로 이 군소를 많이 쓰고 있으므로 이놈에 대한 이야기를 좀 쉽게 풀이하려고 한다. 앞에서 말한, 등짝에 솟아나 있는 깔때기를 만져 자극을 주면 깔때기에 붙어 있는 아가미까지 함께 몸속으로 숨기고 그 위를 외투막으로 덮어서 보호하는 반사를 일으키는데 이를 '아가미 수축 반사'라고 한다. 또한 같은 자극을 반복하면 나중에는 반사 효과가 줄어들고 종국에는 반응이 일어나지 않게 되는데 이를 '길들임'이라 한다. 처음에는 몸을 방어하기 위해 반응을 일으키지만 그 자극이 별 문제가 안 된다는 것을 알면 반응을 보이지 않는 것이다.

이렇게 길들여진 놈에게 전기 등으로 더 강한 자극을 주면 처음과 같은 반사를 일으키니 이를 '증감 효과'라 한다. 이렇게 군소가 순치(길들임)·증감 효과를 보이는 것은 신경세포 사이에 분비하는 신경전달 물질의 작용 때문이다. 순치될 때(길들임 상태)에는 그 분비물이 줄어들고, 증감이 일어날 때에는 그 분비가 증가한다. 아무튼 이러한 연체동물에게도 파블로프의 조건반사와 같은 일종의 학습이 가능하다는 말이다.

사람이 어찌 배움을 두려워하겠는가?

다음과 같은 실험에서도 군소의 학습을 확인할 수 있다. 군소는 빛이 오는 쪽을 찾아가는 양성 주광성을 보이는 동물임을 우선 알아두

자. 유리관에 군소를 넣고 처음에 빛을 비추었다가 흔들기를 반복하고 나면 다음에는 빛만 비춰도 벌써 흔들림이 있을 것을 알고 반응한다. 그런데 군소는 이렇게 배운 것을 시간이 지나면 잊어버리는데, 잊은 다음 재교육하는 데는 처음보다 시간이 덜 걸린다. 이것이 학습의 특징이다. 사람도 외워 익힌 단어가 시간이 지나면 기억이 흐릿해지나 다시 공부하면 기억의 속도가 훨씬 빨라지는 것과 같은 원리다.

또 이런 실험도 한다. 유리관의 가운데로 빛을 비추면 군소는 빛이 있는 쪽으로 간다. 30초쯤 뒤에 빠른 속도로 돌려버리는 원심분리를 시켜서 혼쫄이 나게 했더니 나중에는 빛을 비춰도 가운데로 가는 빈도와 속도가 급속히 줄어들더라고 한다. 시쳇말로 이놈이 뭘 안다는 것인데 이것이 곧 학습의 하나다.

동물의 행동을 결정하는 습성 중 제일 하등한 것으로 '주성(走性)'이라는 것이 있다. 군소가 빛을 향해 가는 것이 양성(+) 주광성이라면 지렁이는 빛을 싫어하여 피해가니 이는 음성(−) 주광성을 띠는 놈이다. 하등동물들은 자극에 대하여 이렇듯 단순한 반응을 나타내는데, 자극에는 빛 말고도 온도 · 화학물질 · 진동 · 물살 등 수없이 많은 것들이 있다. 주성보다 고등한 반응은 '반사'인데, 이것은 중추신경이 있는 동물에서만 일어날 수 있는 것으로 대뇌의 조건반사나 등골반사, 숨골반사, 소뇌반사 등이 있다. 그 다음으로 발달한 습성이 '본능'이다. 이는 상당히 고등한 동물에서 발견되는데, 배우지 않고도 유전적으로 배태(胚胎)되어 나온 행동이다. 새가 집을 짓고 귀뚜라미가 새끼를 치는 등 정말 많은 행동이 이것에 의존하고 있다. 다음은 좀더 고등한 '학습'이 있다. 지렁이도 미로 학습을 하며, 위에서 말한 군소도 공부를 한다. 어린이가 부모에게서 말을 배우는 데서 시작하여 여러 가지 '문화'를 배우는 것도 학습이다. 학습은 인간의 전유물에 가까운 행동인데 지능이 높을수록 효과가 배가된다.

고등동물일수록 주성은 줄고 지능은 반대로 발달한다. 알고 보면 사람에게도 비록 적지만 하등의 습성이 남아 있어서, 차를 타면 차창에 기대고 싶어하고 낮에는 밝은 쪽, 밤에는 어두운 곳을 찾는 등 잠재된 주성을 발휘한다. 그리고 반사, 본능, 학습, 지능의 단계로 그 도(度)가 증가한다. 따져보면 아메바에게는 주성밖에 없어 학습이 불가능하지만 군소는 비록 지능은 없어도 학습의 단계까지 영위하는 상당히 고등한 동물이다. 연체동물 군소도, 환형동물 지렁이도 공부를 한다. 하물며 어찌 사람으로 태어나서 배움을 두려워하겠는가.

3. 식물처럼 살고 싶다

예로부터 불로장생의 묘약으로 알려져온 버섯은 현대에도 암을 비롯한 성인병을 예방하는 건강식품일 뿐만 아니라 맛과 향이 뛰어난 별미요리로도 각광 받고 있다.

생물계를 동물 · 식물 · 세균 · 균류의 넷으로 나누는데 균류 무리는 움직이지 못하니 동물도 아니고 엽록체가 없으므로 식물에도 넣지 못하며, 세포에 핵막이 있는 진핵생물이라서 원핵생물인 세균과도 다르다. 그래서 나름대로 고유한 특징을 지니고 있다. 균류는 어림잡아 분류해도 그 수가 5만여 종에 달하며 그 중 버섯은 세계적으로 1만 8천여 종에 이른다고 한다. 미리 말하지만 우리가 먹는 버섯은 바로 곰팡이 범주에 들어가는 이 균류이다. 송이 · 석이 · 느타리 · 영지 · 상황버섯이 모두 균류의 팡이실〔균사(菌絲)〕 덩어리인데, 이들은 보통 식물과는 달리 세포벽에 섬유소가 없고 대신 키틴질로 되어 있다.

'썩힘의 진리'를 배운다

생태계를 설명할 때 녹색식물은 '생산자'로 분류하고

이 식물을 먹고 사는 동물은 '소비자'로 분류한다. 그리고 세균이나 균류는 이 둘을 모두 분해하므로 '분해자'라고 한다. 사실 죽어 나자빠진 동물의 시체나 나무둥치가 볼썽사납게도 썩지 않고 그대로 나뒹굴면 어떻겠는가. 부패든 발효든, 더러운 것을 마다 않고 분해하여 생산자가 다시 쓰게끔 생태계에 되돌려주는 물질 순환에 이들은 정말로 중요한 위치와 몫을 차지한다. 논두렁 밭두렁에 한 짐의 더러운 퇴비를 뿌려두면 어느새 검고 기름진 흙으로 만들어버리지 않는가. 과거를 잊어버릴 줄 모르는 좁쌀 같은 소인배들은 이 '썩힘의 진리'를 배워야 할 것이다. 더러우면 더러울수록 더 잘 썩히지 않던가. 헤아릴 수 없이 많은 허드렛물이 강물로 흘러들건만 이를 정화하여 맑게 만드는 오묘한 재주는 분해자들만이 부릴 줄 안다. 이 세상은 동물과 식물의 차지만이 아니니, 곰팡이 없는 세상은 상상하기조차 두려운 일이다. 특히 버섯이 나무를 썩힐 수 있는 것은 식물 세포벽 주성분의 하나이자 나무를 딱딱하게 만드는 성분인 리그닌(lignin)을 분해하는 라카아제(laccase)라는 효소 덕분이다. 또 섬유소 분해 효소인 셀룰라아제(cellulase)도 있어서 두 효소가 합동으로 세포벽을 녹여버린다. 곰팡이가 책갈피를 힘없이 바스러지게 하는 것도 같은 원리다.

영어로 '머시룸(mushroom)'이라 부르는 버섯은 몸 전체가 수분 덩어리다.

90퍼센트 이상이 물이고, 3퍼센트 가량은 단백질이며 탄수화물 5퍼센트, 지방 1퍼센트 미만, 나머지가 비타민이나 무기염류(minerals)인데 여기에 강장 성분과 항암 성분도 들었다고 한다. 시답잖은 소리지만 "뭣도 모르고 송이 따러 간다."고 하는데 실제로 송이(松栮)는 남자의 음경을 쏙 빼닮았다. 그것도 늙어서 패면 자루 위에는 삿갓이 펴지고 자루 아래로 뿌리 모양을 갖추기는 하지만 식물과는 그 구조가 완전히 다르다.

우리 눈에 보이는 버섯 전체 모양을 자실체(子實體)라 부른다. 아주 가는 실 모양의 균사들이 규칙적으로 모여 하나의 덩어리를 만들어 내는데 이를 균사체(菌絲體)라 하며, 이들 균사체가 더 많이 모여서 만든 것이 자실체이다. 한 마디로 버섯이란 곰팡이의 균사가 모인 것이다. 특히 여름철 비가 온 다음날이면 버섯은 우후죽순으로 빨리 자라 여기저기서 대가리를 쑥쑥 내밀며 갖가지 색깔로 솟아올라 버섯밭을 이룬다. 그러나 어느새 비틀어진 새 모가지처럼 청처짐하게 축 늘어져 줄초상이 나고 마니, 하루살이보다 더 짧게 끝나는 것이 대부분 버섯의 일생이다. 허나 버섯은 거듭날 홀씨〔포자(胞子)〕를 남기니 죽어도 죽는 것이 아니다. 사람도 죽으면 그것으로 끝일 것 같지만 후손에게 유전자를 대물림하니 마냥 죽어 없어지는 것만은 아니다.

그럼, 이렇게 바람에 흩날려간 홀씨가 어떻게 다음해에 다시 버섯으로 자라나는 것일까. 흙에서 겨울을 난 포자는 후텁지근한 여름비가 한줄기 내리고 나면 재빨리 싹을 틔워 긴 균사 가지를 만든다. 수많은 세포로 구성된 n(단상) 상태의 균사가 서로 접합(짝짓기)을 하면 2n(복상)이 되는데, 이들이 다시 감수분열을 하면 4개의 포자가 만들어진다. 복잡한 이야기가 더 있지만 이 정도에서 멈추기로 하고…….

버섯 균사는 습기 찬 응달의 흙이나 썩은 나뭇등걸 안에서 분해한 양분을 얻어 번식하는데 우리 눈에는 보이지 않는다. 비단그물버섯류에 속하는 어떤 버섯은 한 개의 균사가 자라나 가지를 쳐서 무려 300제곱미터까지 실을 뻗어내 중간 중간에 버섯이 올라오게 한다고 하니 그 세력 하나는 알아줘야 하겠다. 아무 데나 흐드러지게 피어난

버섯도 다른 종과 종간교배(種間交配) 하기를 꺼려 다른 균사 사이에 서는 접합이 일어나지 않게 한다. 그리고 하나의 포자가 싹이 터서 여러 개의 버섯을 일궈내니 그들끼리 자리 다툼도 벌인다. 곰팡이 녀석의 하나인 버섯도 땅을 차지하려 싸움을 한다!

독버섯은 '대개' 색깔이 화려하다. 하지만……

사람들은 맛있는 버섯으로 알고 먹었는데 실은 그게 독버섯이어서 구토, 설사, 침 과다 분비, 땀 흘림, 눈물 흘림, 눈동자 확대, 호흡 곤란 등으로 고생하다가 생명을 잃기도 한다. 보통 독버섯을 먹은 후 여섯 시간이 지나면 이런 증상이 나타나는데 특히 간이나 콩팥, 신경계에 큰 해를 끼친다. 이런 독물질을 '버섯독'이라 부르는데 무스카린(muscarine), 모노메틸히드라진(monomethylhydrazine), 팔린(phallin) 등이 맹독성 물질이다.

그런데 영검스럽게도 사람들은 어떻게 식용버섯과 독버섯을 구별해 냈을까. 서양 교과서에도 "동물에 먼저 먹여보라."는 구절이 나오듯 우리네 조상들도 개나 닭, 고양이들에게 일단 먹여서 독의 유무를 확인했을 것으로 본다. 버섯도 먹히지 않으려고 그런 독물질을 갖게 되었을 터인데, 이상하게도 민달팽이 무리는 독버섯도 버젓이 먹어 치우니 그놈들은 그 독을 분해하는 효소를 새로 만드는 경쟁적인 진화를 해왔다고 봐야 한다. 세균이 항생제에 내성을 갖게 되면 더 강한 항생제를 개발하듯이 말이다.

여기서 향긋한 향과 맛이 별스러이 좋아서 금값보다 비싼 송이버섯 이야기를 빼먹으면 이 글은 아마도 눈동자 빠진 용 그림에 지나지 않을 성싶다. 송이는 주로 일본과 우리나라에서 자생하는데, '계피산

메틸'이라는 특유의 향이 있으며 20~50년 자란 적송 뿌리에 균근(菌根)을 박고 자라난다. 기생하는 나무도 나무러니와 흙의 성질도 중요해서 온도, 습도, 산도(pH)는 물론이고 근처에 서식하는 세균이나 곰팡이도 송이 생육에 영향을 미친다. 그 복잡한 필요충분조건을 다 알아내 맞춰주는 게 너무도 어려운 일이라 아직도 송이의 인공 재배는 하지 못한다. "인걸(人傑)은 지령(地靈)."이란 말이 있듯 송이는 나는 자리가 정해져 있다.

자식에게도 알려주지 않는 송이밭

꽃 같은 얼굴에 환한 보름달 같은 자태〔花容月態〕라……. 작달막하면서도 통통한 놈이 소나무 갈비를 배시시 밀고 올라오는 모습은 눈에 불을 켜고 송이를 찾는 이들에게는 정말로 아름답게 보인다고 한다. 그래서인지 자식에게도 송이밭을 알려주지 않는다고 한다. 죽을 때나 유언으로 알려준다니 송이가 귀하긴 귀한 모양이다. 아무튼 고목에 버섯꽃이 피는 것은 당연하다 하겠지만 살아 있는 소나무 뿌리에 버섯이 뿌리를 박는다니, 이것은 설명이 더 필요할 듯싶다.

송이가 그렇듯이 소나무나 참나무, 너도밤나무 무리에 균근이 있음은 잘 알려진 사실이다. 그런데 알고 보면 이것들 말고도 대부분의 식물 뿌리에는 균류가 균사를 박아 식물에서 양분을 얻고 대신 식물이 흙의 양분을 흡수하는 것을 도와 공생한다. 밭이나 논에 퇴비를 많이 뿌리는 것도 어떤 의미에서 보면 이들 미생물의 균사 내림을 도와주는 일이다. 그러니 송이도 소나무에 신세를 지고 살지만 숙주인 나무에게도 이득을 주리라는 것을 추론할 수 있다. 보나 안 보나 송이를 키워내는 소나무들은 낙락장송이라 튼튼하고 헌칠하게 하늘을 찌르듯이 서 있다. 송충이가 솔잎을 먹고 살듯이 송이도 소나무 없이는 살지 못한다.

곤충과 곰팡이가 서로 해치지 않고 살아간다는 것도 흥미를 끈다. 곰팡이 중에서 고약병균류 무리는 거품벌레 같은 등시류(等翅類)의 몸에 붙어서 곤충이 죽지 않을 정도로만 영양분을 빨아먹는다. 그리고 이들 곤충들이 주둥이로 나무의 액즙을 빨고 있으면 그 곤충 위에 균사로 그물을 쳐서 다른 포식자가 잡아먹지 못하게 한다. 곤충은 '곰팡이 집'에서 보호를 받는 대신 몸의 일부를 곰팡이에게 바친다는 '주고 받는' 생물계 특유의 예가 성립된다. 곰팡이가 곤충을 등쳐먹고 곤충은 거침없이 나무의 수액을 빨아먹으니 결국 나무만 죽을 맛인가.

그런가 하면 요새 널리 알려진 동충하초(冬蟲夏草)에서 더욱 재미나는 균류의 세계를 엿볼 수 있는데, 이는 균류만 이득을 얻는 예라 하겠다. 굼벵이 속에 매미가, 매미 속에 버섯이 나니 이것이 동충하초가 아니던가. 겨울에는 벌레였는데 여름에는 풀(균사체)이 된다는 뜻인 동충하초는 진시황이 찾았던 불로장수의 영약이라 하던가.

펄 벅의 『대지(The Good Earth)』에 등장하는, 실은 풀무치 무리인 메뚜기 떼를 어떻게 처치하느냐를 연구하는 학자들은 바로 여기에서 그 해법을 찾아냈다. 농약 대신 이 곰팡이의 포자를 뿌리겠다는 야심찬 연구가 진행 중인데 지금은 거의 실현 단계에 온 것으로 알고 있다.

이른바 동충하초 균류는 세계에 300여 종이 있는데 우리나라에서는 지금까지 20종이 발견되었다. 이 균류의 포자를 누에 몸에 집어넣어 누에 동충하초를 배양하기에 이르렀고 이제는 약으로 팔고 있을 정도다. 자연 상태에서는 이들 곰팡이의 포자가 벌, 풍뎅이, 노린재, 거품벌레, 곤충의 유충, 번데기 등에 붙어 그 내용물을 먹고 자라나

곤봉, 막대기, 빗자루, 꽃 모양 등으로 한 개에서 여러 자실체를 만든다. 버섯인지 식물인지를 구분하기가 어려워 여름꽃〔夏草〕이라는 이름을 붙인 모양인데, 이놈들은 벌레의 껍질인 키틴질은 분해하지 못하므로 벌레 형체가 고스란히 남아 있다. 그 속에서 자실체 돌기가 커 나온다. 이 동충하초는 산골짜기 그늘이 우거진 풀숲에서 잘 채집되는데 자실체 끝에서 포자가 바람에 날려가는 것을 눈으로도 확인할 수 있다고 한다. 동충하초는 벌레 먹은 버섯이라 약효가 뛰어난 것일까. 버섯에도 종류가 많아서 보통 우리가 먹는 표고 · 느타리 · 송이 · 석이 · 목이 · 능이 등이 있고, 약으로 쓰는 영지 · 상황 · 복령 버섯 등이 있다. 이들 모두 특징이 있어 나름대로 고유하고 특수한 영양소가 있다. 그러나 이것을 과일이나 채소 먹듯이 오래 먹으면 큰 해를 입을 수도 있다. 실제로 가장 사람에게 해를 적게 주는 것이 우리가 늘 먹는 식품이라 보면 된다. 생물치고 스스로 보호하고 방어하기 위한 물질이 없는 것이 없으니, 우리가 약으로 쓰고 있는 영지에 항암 물질이 많다면 그것은 오히려 사람에게는 발암 물질로도 작용할 수 있다는 뜻이다. 항암제는 어느 것이나 곧 발암 물질이기에 하는 말이다. 아무튼 과해서 좋은 것은 세상에 없다.

다시 말하자면 버섯도 곰팡이 종류다. 곰팡이는 장마철에 벽에나 옷에 슬어 퀴퀴한 냄새나 풍기는 미물(微物)만은 아님을 알아야 하겠고, '푸른곰팡이' 무리에서 항생제 페니실린을 뽑아낸다는 것도 기억해야겠다. 곰팡이와 사람은 그렇게 멀기만 한 관계가 아니라는 말이다. 지금도 살기 좋은 곳을 찾아 헤매는 곰팡이의 홀씨가 공중 가득히 날고 있으니 어찌 보면 우리는 그들 곰팡이 세상 한 어귀에 더부살이하고 있을 뿐이다.

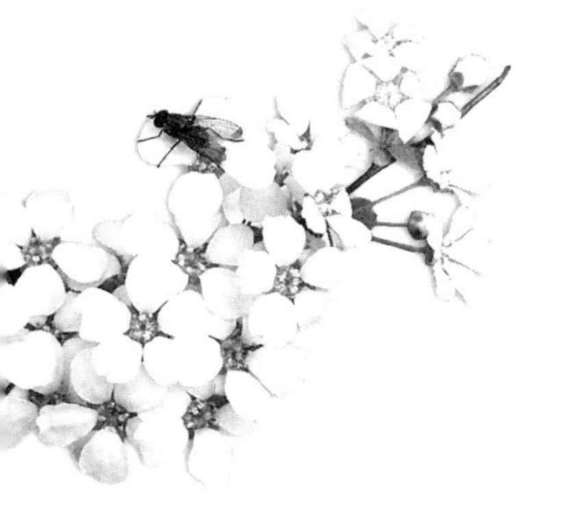

어떤 점에서 보면 식물(植物)은 동물이 먹고 사는 식물(食物)이기도 하다. 하지만 무엇보다 식물은 남을 해코지 하지 않고 제 스스로 땅에 뿌리박아 물과 양분을 빨아들이고 잎으로는 이산화탄소를 흡수하며 널린 태양에너지를 흠뻑 받아 양분을 만들어 사는 독립영양생물이다. 이렇게 남에게 신세 지지 않고 살아가니, 다른 생물에게 빌붙어 빚을 지며 사는 동물 나부랭이에 비하면 얼마나 고고(孤高)해 보이는지 모른다. 하지만 그들끼리는 태양빛을 두고 벌이는 생존 경쟁도 치열하다는데, 어쨌든 식물이야말로 굉장히 경제적이고 효율을 중시하는 생물이다.

미리 말하지만 동물이나 식물이나 모두 넓은 공간을 차지해 풍부한 먹이를 얻고 자손을 많이 퍼지게 하려는 속성은 손톱만큼도 다르지 않으니 한 마리의 세균도 그 차원에서 보면 마찬가지다.

아름답고도 복잡하기 짝이 없는 꽃의 세계

식물과 사람을 비교하면, 생식기는 거꾸로 놓여 있다.

사람 것은 아래에 있으나 식물 것은 위 꼭대기에 붙어 있어 바람과 곤충에게 잘 보인다. 식물체는 동물의 몸뚱이처럼 영양체라서 염색체가 배수체(2n)지만, 생식체인 꽃의 밑씨나 꽃가루는 동물의 난자나 정자처럼 염색체가 절반인 반수체(n)다.

식물학자 빰칠 정도로 식물에 대해 조예가 깊었다고 하는, 그 옛날 독일의 괴테 선생도 "꽃은 잎이 변한 것이다."라고 갈파했다. 시(詩)도 철학도 과학도 모두 자연을 잘 관찰할 때 우러나고 생겨나는 게 아닌가. "마음에 없으면 봐도 보이지 않고 들어도 들리지 않는다〔心不在, 視而不見, 聽而不聞〕."는 말처럼 우리는 반가운 자연의 수인사를 모르고 지나치기 쉬우나 분명 괴테 선생은 그들과 절친하게 더불어 하나로 지냈음이 틀림없다.

식물은 영양기관이 어느 정도 자라고 나면 종족 보존을 맡은 생식기관인 꽃이 생겨나는데, 환경이 열악할수록 빨리 또 더 많이 꽃을 피우고 열매를 맺으니, 솔방울이 가득 매달린 소나무는 분명 어딘가 생육이 좋지 않은 것이다. 그런 나무를 보고 번식력이 대단하다고 말하기 쉽지만 실제로는 그 나무의 명(命)이 다 되어 간다는 신호다. 그런데 돼지나 소 따위의 동물은 되레 잘 먹어 살이 너무 찌면 새끼를 낳지 못하고 낳는다 해도 새끼 치성을 잘 못하니, 영양분 역시 '모자라도 탈, 지나쳐도 탈'이다.

꽃 이야기로 돌아가자. 은행나무, 버드나무, 삼나무, 뽕나무, 다래나무처럼 암수 나무가 따로 있는 '암수딴그루〔자웅이주(雌雄異株)〕'가 있는가 하면, 암수 꽃이 한 그루에 피는 '암수한그루〔자웅동주(雌雄同株)〕'가 있다. 후자 중에서 암꽃과 수꽃이 따로 피는 호박 · 오이 · 수박꽃 등을 '단성화(單性花)'라 하고, 암술과 수술이 함께 들어 있는 복숭아 · 배 · 무 · 배추꽃을 '양성화(兩性花)'라 한다. 그러나 전체로 보면 암수한그루에 양성화가 대부분이고 나머지는 극소수에 지나지 않는다. 하여튼 식물계에도 다양성이라는 것이 있어 천편일률적이지 않음을 생각하자.

그런데 무슨 이런 일이 다 일어난단 말인가. 식물이 동성동본을 알아본다니 말이다. 꽃은 대부분 제 꽃의 꽃가루를 받지 않으려 하는데, 이 성질을 '자가불화합성(自家不和合性)'이라 한다. 제꽃가루받이〔자가수분(自家受粉)〕를 피하기 위해 암술이 수술보다 훨씬 길거나 성숙하는 시기를 달리하기도 하지만, 제 꽃가루가 암술머리〔花頭〕에 묻어도 꽃가루관 형성〔花粉發芽〕을 못 하게 한다니 알다가도 모를 일이다. 사람은 그 원리를 아직 알지 못하지만 맹렬히 노력해 일부 단서를 잡아가고 있다고 한다. 근친 교배는 열성인자가 결합할 확률이 높아져 나쁜 자식을 남긴다는 우생학을 저기 저 풀과 나무들이 다 안다는 게 아닌가! 그래서 화단에 심은 한 그루의 자두나무에는 자두가 잘 열리지 않는다. 여러 그루를 띄엄띄엄 심어두어야 열매가 잘 연다. 미물(?)인 플라나리아(planaria), 촌충, 달팽이, 지렁이도 난소와 정소가 한 몸에 있는 암수한몸이건만 알을 수정할 때는 다른 녀석의 정자를 받아 쓴다.

꽃 본 나비처럼 살아야 할 텐데……

유전적으로 먼 것끼리 수정하면 튼튼한 종자를 남긴다는 '잡종강세(雜種强勢)' 개념도 실은 사람이 식물에게서 배워 온 원리다. 그러니 식물은 먹을 것을 대주는 '어머니'요, 우생학을 가르쳐준 '선생님'인 셈이다. 그냥 나무에 잡초가 아님을 알아야 한다.

딴 데로 이야길 돌려보자. 속씨식물〔被子植物〕의 수술 끝에는 '꽃밥'이라는, 동물의 정소에 해당하는 것이 붙어 있다. 거기에서 수많은 꽃가루모세포〔花粉母細胞〕가 감수분열하여 정자만큼이나 많은 반수체(n)의 꽃가루가 된다. 한 개의 꽃가루모세포가 감수분열하여 4개의 꽃가루를 만드는 것은, 동물의 경우 한 개의 정모세포(精母細胞)에서 4개의 정자가 형성되는 것과 똑같은 과정이다.

한편 암술 아래에는 씨방〔胚珠〕이 있고 그 안에는 한 개의 배낭모세포(胚囊母細胞)가 있는데, 이것이 감수분열하여 4개의 배낭세포를 만든다. 그 가운데 3개는 퇴화하고 남은 하나가 세 번 연속 분열하여 8개가 된다. 그것이 씨방 위에 3개의 반족세포(反足細胞), 가운데에 2개의 극핵(極核), 아래 양쪽에 2개의 조세포(助細胞)가 되고 조세포 사이에 있는 것이 알세포〔卵細胞〕로 변한다.

이런 어려운 내용은 다 알지 못해도 좋다. 여기에서도 동식물의 공통점을 발견할 수 있으니 '3개의 퇴화' 이야기를 통해 확인할 수 있다. 앞의 설명에서 4개의 배낭세포 중 3개가 퇴화한다고 했다. 마찬가지로 짚신벌레도 접합 과정에서 3개의 핵이 퇴화하는 과정이 있으며, 사람의 난자 형성에서도 난모세포(卵母細胞)가 감수분열하면서 3개의 극체(極體)를 만드는데 그것은 퇴화되고 만다. 이렇게 볼 때 생물은 원래 동일한 조상에서 긴 세월을 지내오며 진화했다고 볼 수 있다. 아무튼 기묘한 일치임이 틀림없다.

이제 수술에서 만들어진 꽃가루가 암술머리에 달라붙는 과정을 보자. 이는 크게 바람이 옮기는 '풍매화(風媒花)'와 곤충 신세를 지는 '충매화(蟲媒花)'로 나뉜다. 풍매화인 은행나무나 소나무 꽃에는 꿀과 향기가 없고 꽃잎도 발달하지 못했지만 대신 꽃가루 안에 공기주머니가 있어 가벼워서 멀리 날아가는데, 충매화는 꿀과 진한 향기로 곤충을 끌어들여 꽃가루를 묻혀가게 해 가루받이를 한다. 묘한 것은 꽃빛깔 짙고 향기가 진할수록 꿀이 없음이니, 신라의 선덕여왕은 당나라 임금이 자기를 비꼬아 그려 보낸 목단꽃에 나비가 없는 것을 보고 그 이유를 단박에 알아차렸다고 하지 않는가. 아무튼 식물이 꿀을 제공하면 벌과 나비는 꽃가루받이로 갚는 자연계의 상생(相生) 세계는 들여다볼수록 실로 아름답다는 느낌을 갖게 된다.

이제 끈적끈적한 점액이 묻은 암술에 꽃가루가 달라붙었다. 꽃가루는 암술머리의 설탕〔수크로오스(sucrose)〕을 자양분 삼아 자라면서 꽃가루관을 만들어 암술대를 뚫고 밑으로 내려간다. 이는 사람의 수정란이 일주일쯤 걸려서 수란관을 타고 내려가 자궁벽을 뚫고 들어가는 착상 과정과 조금도 다르지 않다. 참 묘하다, 묘한 일이다!

동시에 꽃가루핵은 분열을 하여서 각각 꽃가루관핵과 정핵(精核)이 되는데 이 정핵은 한 번 더 분열하여 두 개가 된다. 아래로 길게 뻗은 꽃가루관의 역할은 이 정핵을 씨방까지 운반해 주는 것인데, 씨방 아래쪽에 작은 문이 열려 있어 두 개의 정핵이 그곳을 지나 안으로 들어간다. 이것이 씨방 안의 알세포와 수정하여 삼배체(3n) 상태의 배젖과 이배체(2n) 상태의 배(胚)를 만드는데, 이를 두 번 수정이 일어난다고 해서 '중복수정'이라고 부른다. 이상이 속씨식물에서 일어나는 과정이다.

간단히 말해서 길다란 꽃가루관이 생기면 그곳으로 핵이 지나가 다음 생명체가 될 배와 그 배가 자랄 때 먹을 배젖을 만든다. 사람은 죽어서 이름을 남긴다고 하듯이 식물은 꽃이 져서 이렇듯 과일과 씨앗을 남기지 않는가? 지는 꽃을 서러워할 일이 아니다. 사람이 늙어 죽는 것도 매한가지. 자식들이 대를 잇고 있으니 죽어도 죽는 게 아니다. 유전자는 영원히 이어져 내려갈 터이니 말이다.

꽃이 없었다면 얼마나 삭막했을까?

식물에 따라서 양분을 배젖에 저장하는 것이 있는가 하면 씨앗이 생겨날 때 배젖의 양분을 다 써버리고 배의 떡잎에다 양분을 저장하는 것도 있다. 쌀과 보리, 밀은 배젖에 저장하고 콩과 팥은 두 장의 커다란 떡잎에 양분을 저장한다. 그리고 씨앗 둘레에 씨방 벽이 자라 과육(果肉)을 남기는 종류도 많은데, 과육은 씨가 자랄 때 필요한 양분이 되기도 하지만 다른 동물에게 먹히기도 한다. 그런데 동물에게 먹히면 종자가 널리 퍼질 것이니 이도 다 계략이다. 어떤 씨앗은 동물 창자를 한번 거쳐 나와야 잠을 깨고 싹이 나기도 하니, 동물과 식물은 이렇게 서로 도우며 모둠살이를 한다.

실제로 씨앗은 대부분 땅에 떨어져도 바로 싹을 틔우지 않고 일정한 기간을 지내고서야 싹을 틔운다. 알고보면 당연한 이야기다. 곧바로 싹을 틔워봤자 자라서 꽃 피우고 열매 맺기에는 시간이 너무 짧아서 헛수고를 하는 셈이 될 테니 말이다. 특히 온대 지방에서는 씨앗이 흙에서 산성 물질을 받아 열매 껍질이 어느 정도 녹으면 다음해 때에 맞추어 싹을 틔운다.

어느 생물이나 환경이 나쁠 때는 고난을 극복해내기 위해 변신하니 그게 진화의 모체가 아니겠는가. 사람도 그렇다. 그래서 젊어 고생은 사서라도 하라는 말이 있지 않은가.

건조한 땅에 사는 커다란 아까시나무는 그 뿌리를 반경 500미터나 뻗으며, 재래종 풀의 하나인 개밀은 뿌리를 319미터나 뻗어서 물과 양분을 얻는 모습이 발견된 적이 있다.

식물이 이런 모진 어려움을 견디며 살아가는 것도 모두 씨를 많이 맺어 자손을 퍼뜨리기 위해서이다. 식물의 종자 퍼뜨리기 작전은 우리를 경악케 한다. 단풍나무의 씨는 열쇠처럼 생겨서 뱅그르르 돌면서 멀리 날고, 민들레는 낙하산 꼴로 둥실 떠간다. 도깨비바늘이나 도꼬마리는 갈고리털로 지나가는 동물에 달라붙고, 콩이나 봉숭아는 깍지를 비틀어 터뜨려 튀겨서 씨를 퍼뜨리며, 겨우살이나 찔레는 새들에 먹혀 멀리멀리 자손을 퍼뜨린다. 겨우살이 씨를 먹은 새의 똥은 끈적거려서 나뭇가지에 붙으니 바로 그 자리에 싹이 트고 자라 나무껍질에 기생뿌리를 박고 살게 된다.

식물이 싹을 틔우거나 꽃을 피울 때 언제나 시간이 같다는 것도 흥미를 끈다. 밭고랑에 여러 개의 씨앗을 뿌려놓으면 어느 날 아침 씨앗들이 위의 흙덩이를 영차 어영차 밀어올린다. 몇몇 머저리 같은 놈들은 하루이틀 늑장을 부리지만 거의 모두 바로 그날 아침 동시에 머리를 내민다. 씨앗에 따라서는 반드시 햇빛을 받아야 하는 게 있기도 하지만 그렇지 않은 것이 대부분이고, 일정한 기간이 지나서 햇빛을 받거나 낮은 온도에서 발아 억제 물질이 없어져야 싹을 틔우는 것들도 많다. 또한 겨우살이처럼 동물 창자에서 염산 성분 소화액의 자극을 받아야 싹을 내는 것도 있다. 적당한 온도와 습도, 산소가 있으면 피토크롬(phytochrome) 등 발아 촉진 물질이 관여한다는데, 싹이 틀 때는 배젖이나 떡잎의 양분이 분해되어 쓰인다. 영악한 인간은 새끼 자람에 쓰일 먹이를 훔쳐먹는 셈이다. 식물 입장에선 기분 나쁜 일일 것이다.

꽃이 필 때 플로리겐(florigen)이라는 개화 호르몬이 꽃봉오리를 열게 만드는데, 철따라 피는 저 꽃들이 없었다면 우리 생활이 얼마나 삭막했을까. 너무나 고마운 존재들이다. 꿀까지 내어준다. 벌이 따긴 했지만 꿀을 만든 이는 바로 이 식물들이다.

우리의 어머니들인 풀과 나무를 재음미해 봄이 어떨까.

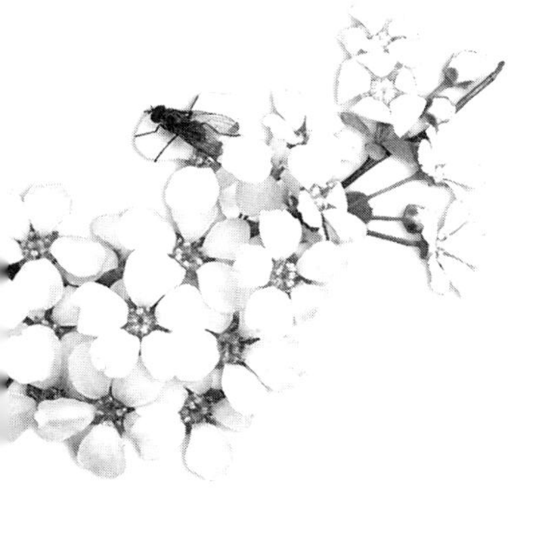

연년세세 강원도 땅에 뿌리박고 붙박이로 살아온 사람을 강원도 토박이라 하고, 우리나라 안에서도 오직 한 곳에만 있는 식물을 토종 식물이라 부른다. 그리고 다른 나라에는 없고 오직 우리나라에서만 서식하는 식물을 부르는 명칭은 특산종 혹은 고유종이다.

'도둑놈의지팡이'를 닮은 개느삼

세상에는 별것에 다 미쳐 사는 사람들이 쌔고 쌨다. 그 한 예를 들어보면, 예나 지금이나 식물에 매혹되어 산과 들을 쏘다녀야 직성이 풀리는 이들이 있으니 바로 식물분류학자들이 그들이다. 우리가 "저 풀은 먹을 수 있고 저것은 독이 있다."는 식으로 식물을 그저 식물(食物) 여부로만 분류하고 있을 때, 이미 서양의 선교사나 서양물을 먼저 먹은 일본의 식물 애호가, 채집자가 요것 조것 골라 풀들을 뽑아갔다. 1900년에 일본의 우치야마, 1902년에는 프랑스의 포리(Faurie) 선교사가 금강산에 들어가 순수 분류를 위해 채집을 시작했다고 한다. 또 1906년에는 도쿄 대학의 나카이(Nakai) 교수가 본격적으로 한국 식물을 연구하기 시작해 이때부터 식물계도 개화 바람을 타기 시작했다. 우리나라 특산 식물에 이 사람의 이름이 붙지 않은 것이 없을 정도이니 나카이는 말 그대로 무주공산(無主空山)에서 노다지를 캔 셈이다. 그때까지 아무도 학명을 지어주지 않아 토속 이름뿐이었던 무명초(無名草)가 온 천지에 그득했으니 말이다. 사람은 누구나 때를 잘 만나야 하는 법.

우리나라에 있는 고등한 관다발식물(管束植物)은 4,191종으로 알려져 있는데 그 가운데 38.7퍼센트에 이르는 1,722종이 강원도에 살고 있다는 통계만 보더라도 강원도의 식물상은 꽤나 풍부한 편이다. 이런 통계 수치가 뜻하는 바는 무엇일까? 지금 우리 주변엔 이름 없는 풀이나 꽃이 거의 없다는 사실이다. 죄다 이름이 붙어 있으니 만일 이름 없는 풀을 발견했다면 엄청난 행운을 얻은 셈이다. 미기록종이나 신종(新種)일 가능성이 있는 식물이니까 말이다.

앞글이 조금 길었다. 독자들이 우리나라 식물에 관한 정보를 접하기가 쉽지 않음을 알고 있기에 그렇고, 또 생물학에 대해 전반적으로 잘 안다고 생각하는 필자도 '식물' 쪽으로 글을 쓸 때면 일단 주눅이 들어 그렇다.

아무튼 듣는 사람에 따라서는 이름도 선 '개느삼'이란 식물이 이 이야기의 주인공이다. 개느삼은 '고삼(苦蔘)' 즉 '도둑놈의지팡이'란 식물을 많이 닮아서 원래는 '개고삼'이라 이름이 붙어야 했는데 삼천포로 빠져버려 '개느삼'이 되었다고 한다. 그리고 여기에서 '개'라는 말은 '개고사리'나 '개비름'처럼 '먹지 못한다'는 뜻이 아니라 '닮았다'는 의미로 쓰였다. 학자들이 붙인 식물 이름에서 여러 해학과 지혜를 발견할 수 있으니, '고삼'을 '도둑놈의지팡이'로 이름 지은 것도 식물 이름

치고는 재미있다.

미리 말하지만 개느삼은 학명 '*Echinosophora koreensis* Nakai'의 '*koreensis*'에서 보듯이 우리나라에만 사는 특산종임은 말할 것도 없거니와 우리 땅이라 해도 아무데서나 나지 않는다. 이북의 함경남도 북청 지방 일부와 평안남도 맹산, 그리고 강원도 양구에만 분포하는, 다른 어느 나라에도 없는 고유한 우리의 떨기나무〔灌木〕다.

필자가 글을 쓸 때 주로 자문을 받는 강원대학교 생물학과에 계시는 이우철 교수님이 기록해 놓은 양구 개느삼의 살터를 그대로 옮겨 본다.

"양구읍 양구중학교 동편의 비봉산에서 시작하여 한전리의 한전초등학교 뒷산을 거쳐서 도사리 백호터널 좌우의 유엔고지를 지나 대암산 기슭에 있는 임당리와 팔랑리까지 분포한다."

까다롭기 짝이 없는 떨기나무, 개느삼

이남에서는 여기 소개한 곳 말고는 자생하는 곳이 없다고 하니 '양구는 곧 개느삼'이라는 공식이 성립된다. 그런데 왜 그놈이 거기에만 그렇게 살고 있을까? 아무리 생물은 환경의 산물이라 하지만.

개느삼은 한마디로 무척 까다로운 식물이다. 양구에서도 보통 야산 능선이나 무덤 주변 등, 땅이 메마르고 탁 트인 양지바른 산기슭에 잘 산다고 한다. 콩과(科) 식물이니 양분을 얻는 데 큰 문제가 없어 아무데서나 잘 자랄 듯하지만 그렇지가 않다. 그리고 이놈은 5월에 샛노란 황금색 꽃을 무더기로 피우는데〔총상화(總狀花)〕 꽃이 예뻐서 관상용으로 적합하다. 9월이면 열매를 맺는데, 열매 꼬투리에 가시처럼 생긴 돌기가 많이 나는 게 고삼의 특징과 가장 다르다 하여 나카이가 1919년에 신종으로 발표했다. 그런데 개느삼은 튼튼한 씨앗을 잘 맺지 못하여 이른바 결실률이 낮고, 주로 땅속뿌리로 영양번식을 한다. 수많은 씨앗을 펑펑 날리면 여기저기 널리 흐드러지게 퍼질 터인데 뿌리로 야금야금 뻗어나니 살터가 남만 못하여 한 곳에만 자리를 차지하는 '격리분포'를 하는 것이다.

이렇게 성질이 까다로운 동식물이 이 험한 세상에 살아남기는 쉽지 않다. 집안이나 나라나 씨앗이 많아야 살아남는 법. 특히 요새는 개발이다 뭐다 해서 돈 되는 일이면 뭐든지 서슴없이 해대는 세태라 개느삼도 무척이나 걱정스럽다. 양구 사람들도 이 점에 유의하고 신경을 써주었으면 한다. 지구상에서 오로지 그곳에만 살고 있는 식물인 개느삼의 운명이 당신들 손에 달렸다는 책임감과 사명감을 저버리지 않았으면 한다. 아마도 개느삼이 돌아치는 동물이었으면 보호다 보존이다 하며 갖은 수다를 떨고 있을 터인데……. 움직이지 못하고 소리도 못 지르는 식물이라고 얕보지 말고 잘 간수하자. 사람도 가까이 있을 때 아끼고 잘 보살피라고 말들 하지 않는가. 떠나버리고 나면 아쉬움만 남는다. 개느삼이 잘 살 수 있는 터전을 마련해 주자.

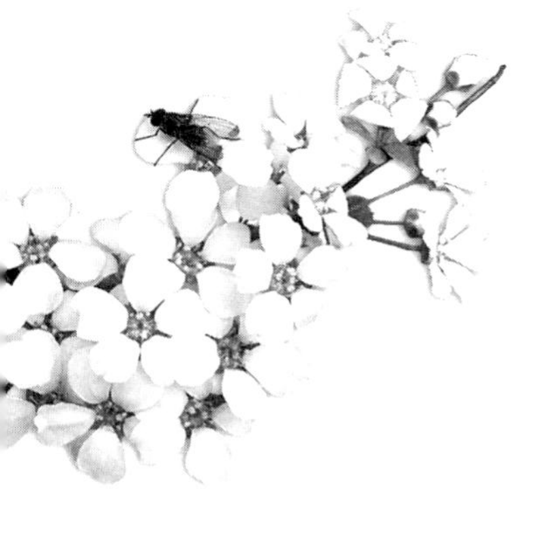

우리나라 특산 식물인 금강초롱의 학명 '*Hanabusaya asiatica* Nakai'에도 명명자 '나카이(Nakai)'가 붙어 있다.

도대체 나카이는 어떤 사람이며 또 무슨 사연으로 우리나라 식물 이름에 이렇듯 자주 등장하는 것일까? 이를 밝히려면 먼저 금강초롱의 속명인 '*Hanabusaya*'를 알아야 한다. 왜 세상에서 오직 우리나라에만 사는 식물인 금강초롱의 학명에 시쳇말로 일본 냄새 물씬 풍기는 이름이 붙은 것일까.

금강초롱에는 아픈 우리 역사가 담겨 있다

하나부사 요시타다[花房義質]는 기분 나쁘게도 초대 주한 일본공사를 지내고 한일합병을 주도한 인물이다. 이 사람이 '조선'의 식물에 관심을 가져서 일본의 식물학자인 나카이 다케노신[中井猛之進]을 서울 조선호텔로 초대했는데, 이야기를 나눌 때 창가에 핀 은방울꽃을 보았고 "조선에도 일본만큼이나 다양한 식물이 있다."고 말했다고 한다. 나카이는 한국의 식물상에 대한 자문을 받고 나중에는 조선총독부 촉탁 교수로까지 임명됐다.

어느 나라나 낯선 땅을 점령하면 먼저 생물상 · 광물상 등을 샅샅이 알아내는 법이니, 알고 보면 수탈하기 위한 당연한 순서였던 것이다.

그리하여 나카이는 운 좋게도 남의 땅 식물을 연구할 수 있는 절호의 기회를 맞게 되었고, 1909년에 '한국 식물상(Korean Flora)'으로 석사 학위, 1911년에는 역시 같은 연구 주제로 박사 학위까지 받았다. 이때 식물채집 안내를 정태현(鄭台鉉) 선생이 맡았으니, 나중에 선생은 『한국식물도감』을 내고 우리나라 식물분류학의 태두가 되신다. 어쩌겠는가. 모르면 배워야 하는 것. 식물분류학의 불모지였던 이 나라에 학문의 뿌리를 내리는 데 공헌한 사람이 나카이라는 것은, 일본의 침략사를 떠올리면 불쾌하지만 학문을 전수했다고 생각하면 나카이 선생도 제대로 평가를 받아야 하겠다. 학문에는 국경이 없기도 하니 말이다.

아무튼 나카이는 새로운 식물(신종) 금강초롱을 채집하고 학명을 붙이는데, 이때 자신에게 행운의 기회를 준 하나부사를 기려 그의 이름을 속명으로 붙였다. 실제로 직접 채집한 사람은 우치야마라는 채집가라고 한다. 금강초롱과 검산초롱꽃, 단지 이 두 종만이 이 속(屬)에 들어 있으니, '*Hanabusaya*'는 세계적으로 아주 희귀한 특산속(特産屬)이다. 이는 특산종보다 더 무게가 실린다는 뜻인데, 식물 이름 하나가 붙는 데도 역사와 내력이 있음을 알아두자.

산에서 자라야 진짜 금강초롱이지

참고로 말하자면, 금강초롱의 '금강'은 금강산에서 처음 채집하였기에 정태현 선생이 우리말을 붙인 것이다. 이북에서는 그 학명에 치욕의 역사가 배어 있다고 하여 학명을 '*Kumkangsania asiatica*'로 쓴다는데, 주체성도 중요하지만 이는 세계식물명명규약에 위배되는 행위다.

금강초롱은 초롱과(科)에 드는 식물로 잔대, 더덕, 도라지와 사촌뻘인데, 이 초롱과에는 모두 27종의 식물이 있다.

금강초롱은 줄기가 곧추서는 다년생 식물이다. 줄기도 꽃을 닮아 옅은 보라색을 띤다. 아, 꽃이 줄기를 닮았다고 해도 되겠다. 키는 30~90센티미터 정도, 뿌리는 굵고 끝이 갈라져 있으며 원뿌리에는 뿌리털이 나지 않는다. 잎은 4~6개가 어긋나기로 나는데, 길이 5.5~15센티미터 너비 2.5~7센티미터의 긴 타원형이며, 끝은 뾰족하고 밑은 둥글거나 심장 모양으로 생겼다. 잎 가장자리는 안으로 굽은 불규칙한 톱니 모양(거치, 鋸齒)을 한다. 꽃은 8~9월에 연한 보라색으로 피는데, 줄기 끝에 원뿔꼴 초롱을 닮은 통꽃이 밑을 보고 달린다. 꽃의 길이는 4.5~4.8센티미터고 지름은 2센티미터이며, 꽃받침과 수술이 5개씩이다. 암술은 한 개지만 끝이 세 갈래로 나뉜다. 열매는 속이 여러 칸으로 나뉜 곳에 많은 씨가 든 튀는열매로 도라지나 더덕 열매와 비슷하다.

익숙지 않은 독자들은 도대체 감이 잡히지 않으리라. 하지만 학자들은 이렇듯 형태를 낱낱이 비교하여 식물을 나누는데, 요즘에는 외부 형태뿐 아니라 염색체 수와 형태, 그리고 유전자 염기 배열까지 따진다.

어쩌면 더 어려운 얘기가 될 수도 있지만, 이제 평범한 얘기로 돌아오자. 앞서 말한 잔대와 더덕, 도라지는 모두 줄기를 자르거나 뿌리에 흠집을 내면 하얀 유액(乳液)을 분비하니 금강초롱도 그럴 것이라고 짐작할 수 있다. 사촌간이니까. 그 문맥에는 사포닌(sapoin)이라는 물질이 들어 있어 사람들은 강심제나 거담제로 사용하니, 이 희소하고 고매하기 짝이 없는 금강초롱의 약효는 어떨지 매우 궁금해진다.

금강초롱은 아무 데나 나는 흔해빠진 식물이 아니다. 금강산 유점사 근방, 설악산 대청봉과 소청봉 사이, 향로봉, 건봉산, 태백산, 치악산 등 고도 천 미터가 넘는 강원도 고산 지대에 주로 난다. 자생하는 지역도 그리 넓지 못하다.

금강초롱은 흔치 않다는 것도 그렇지만 사뿐히 고개 숙인 초롱에 파란 불을 켜고 있는 듯한 품이 여느 꽃에 비길 수 없는 빼어난 자색을 지녔다. 그렇다면 그놈을 가져다 화단에 키우면 좋겠다는 생각이 번득 드시는가? 앞서도 말했지만 춥고 높은 산이 태생인지라 집에서 키우기는 어렵다. 원래 야생화를 집 안에 들여오면 꽃을 피우지 못하는 법이다. 초야에 묻혀 사는 선비는 의당 거기에 뿌리를 박고 고고하게 살아야 하듯이 말이다.

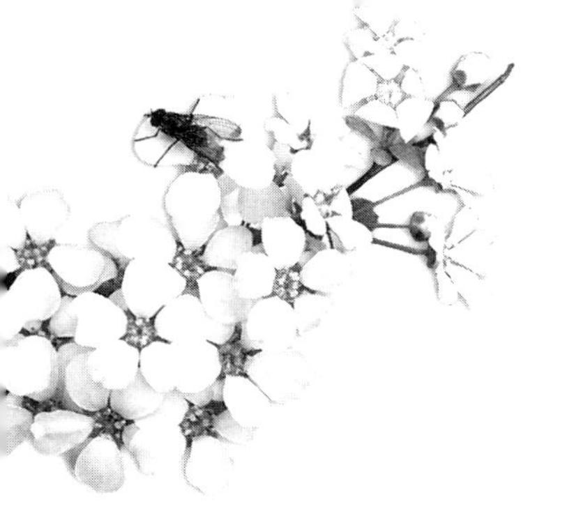

'겨우살이'라는 이름에는 엄동설한을 이겨 겨울을 지낸다는 월동(越冬), 즉 '겨울살이'라는 의미와 죽지 못해 겨우 살아간다는 두 가지 뜻이 들어 있다. 그런데 나무 중에는 다른 숙주식물에 뿌리를 박고 수액을 빨아먹으며 살아가는 반(半)기생 식물이 있으니, 식물학자들은 그 나무에도 '겨우살이'란 이름을 붙였다.

아주 적절한 이름이다. 우리나라에 사는 동식물의 이름을 잘 살펴보면 해학적이고 문학성이 있으며 아울러 역사성도 들어 있어 굉장히 흥미롭다. 짚신벌레만 해도 그렇다. 그 단세포 동물의 꼴이 짚신을 닮아 붙인 이름인데 서양 사람들이 슬리퍼 모양과 비슷하다 하여 '슬리퍼 셰이프트(slipper shaped)'라고 부른 것과 유사하다. 여기서 문화의 차이가 나타난다. 만일 오늘날의 분류학자가 이름을 붙인다면 '구두벌레'나 '운동화벌레' 등으로 명명했을 터이니 이름에 역사성이 스며 있다 하였다. 또 '며느리밑씻개'라는 풀이 있다. 길섶에서 흔하게 볼 수 있는 일년초 덩굴식물로, 줄기나 이파리에 작은 가시가 많이 붙어 있는데 어디 감히 그것을 밑씻개로 쓸 수 있겠는가. 그런 이름이 붙은 데는 '저것으로 밑을 닦으면 얼마나 아플까'라는 생각이 작용한 듯한데, 어쨌거나 이름에 역설적인 해학도 들어 있지만 며느리에 대한 바람직하지 못한 반감도 스며 있는게 아니겠는가.

재주가 메주인 겨우살이도 살아간다!

그건 그렇다 치고, 낙엽이 다 진 늦가을 가파른 한계령 꼭대기에 다다를 즈음 오른쪽을 보면 계곡이나 등성이에 즐비한 참나무 고목 가지마다 까치집과 겨우살이 뭉치가 눈에 꽉 차게 들어온다.

그 '나무 위의 나무'를 아는 사람은 옆 사람에게 설명한다. "저게 말이야, 서양 사람들이 마력이 있다고 믿어서 크리스마스에 집 안에 걸어놓고 행운을 빌기도 하고, 또 '키싱 언더 더 미슬토우(kissing under the mistletoe)'라고 해서 그 아래에 서 있는 소녀에게는 아무라도 입맞춤을 하고 청혼한다는 겨우살이라는 것이야."

'겨우사리'라고도 부르는 겨우살이는 세계적으로 850여 종에 이르며 우리나라엔 네 종이 산다. 겨우살이, 참나무겨우살이, 동백나무겨우살이, 꼬리겨우살이가 그것인데, 이들은 밤나무, 참나무, 동백나무, 사철나무, 뽕나무, 후박나무 등의 가지에 기생한다. 그리고 종에 따라서 기생하는 나무가 다른 게 특징이다.

옛날 사람들도 겨우살이를 기생하는 나무라 하여 '기생목(寄生木)', 추운 겨울에도 푸르름을 잃지 않는다고 '동청(凍靑)'이라 불렀으며 특히 한방에서는 뽕나무에 기생하는 겨우살이를 '상기생(桑寄生)'이라 하여 요통, 동맥경화, 동상을 다스리는 약재로 썼다 한다.

현대 의학에서도 이 식물이 면역 기능을 활성화하고 식욕을 촉진시키며 암에 대한 저항력이 있다고 인정하니 '겨우살이 요법'이 유행하게 되고 그러다보니 목하 한국 산야의 겨우살이가 수난을 당한다고 한다.

항암 물질인 렉틴, 비스코톡신, 알칼로이드 등의 물질이 많이 들어있다지만 그놈의 '요법'도 하도 유행을 타는지라 사람을 혼란에 빠뜨리는 수가 많다. 언제는 쇠뜨기가 만병통치약으로 칭송되어 씨를 말리더니 이제는 음나무가 난리를 맞고 있다. 다음엔 어느 동물과 식물이 지목받을까.

겨우살이는 재주가 메주라서, 다른 나무에 뿌리를 박고 물관으로 물을, 체관으로 양분을 빨아먹고 산다. 그런 주제에도 꽃을 피우고 열매까지 맺는다. 그래도 얌치는 있는지라 통통한 잎사귀에 엽록체를 듬뿍 지녀서 광합성을 하여 스스로 양분을 만들기도 한다. 그래서 반(半)기생식물이라 하는데, 엽록체는 겨울에도 파괴되지 않으니 일 년 내내 녹색을 띠는 상록수인 셈이다. 겨우살이는 노란색 암꽃과 수꽃이 따로 피는 암수딴꽃이며 열매에는 과육이 많고 안에는 한 개의 씨앗이 맺힌다.

겨우살이도 사람에게 귀한 약을 주네

사과나 배는 나중에 땅바닥에 떨어진 씨앗의 양분으로 쓰려고 두꺼운 살을 만든다. 겨우살이 열매의 살은 무척이나 점도(粘度)가 높아 열매를 먹는 새의 부리에 씨앗이 달라붙고, 열매를 통째로 삼킨 뒤에도 똥이 끈적거리니, 새는 주둥이나 똥구멍을 나뭇가지에 문질러 닦지 않을 수 없다. 이렇게 가지에 묻은 씨앗은 신천지를 만난 셈이라 그곳에서 싹을 틔우고 기생뿌리를 나뭇가지에 박아 새 살터를 짓는다. 이렇게 되면 당연히 숙주식물이 큰 피해를 입게 되니 겨우살이가 많이 기생하면 말라 죽어버릴 수도 있음은 불문가지라 하겠다.

앞서 말했듯 겨우살이는 그래도 염치가 있는 반(半)기생식물이지만 숫제 숙주식물에 붙어 전(全)기생하는 얌체 식물도 있으니, 이 얌체 식물이 우리나라에는 '새삼'과 '실새삼' 이렇게 두 종이 있다. 이것은 메꽃과(科)에 드는 식물로 전 세계에 150종이 넘게 사는데 주로 온대 지방과 열대 지방에 자생한다.

이놈들은 엽록체가 전혀 없어서 넝쿨로 숙주식물을 칭칭 감고 헛뿌리〔虛根〕를 줄기에 박아 물과 양분을 통째로 빨아먹는다. 잎은 퇴화해 아주 작은 삼각형 비늘 모양이고, 줄기는 철사같이 가늘고 황적색을 띠는데 특이하게도 왼쪽으로 감아 올라간다. 땅에서 싹 튼 줄기에 처음에는 뿌리가 있으나 일단 다른 식물의 줄기에 닿아 헛뿌리를 내고 나면 썩어서 없어진다. 줄기는 끊임없이 자라나 숙주식물을 완전히 덮어버려 결국에는 말라 죽게 한다.

새삼과 실새삼은 일년생 식물로 50센티미터 크기로 자라면 7, 8월경 나팔꽃을 닮은 흰 꽃을 피우고, 열매를 맺어 씨가 떨어지면 이듬해 다시 싹이 튼다.

새삼과 실새삼이 기생하는 숙주식물로 말할 것 같으면 흔히 볼 수 있는 것으로는 토끼풀, 자주개자리(alfalfa), 맥주 원료인 홉(hop), 콩 등이 있다. 그런데 이놈들만 골라 죽이는 제초제는 없으므로 일단 이것들이 달라붙으면 손으로 뜯어내는 수밖에 없다고 한다.

이 식물을 영어로는 '도더(dodder)'라고 한다. 옥수수의 암꽃인 수염을 닮았다는 말인데, 우리말인 '새삼'은 가늘게 삼은 삼〔麻〕을 닮았다는 뜻이 아닌가 한다. 한방에서는 그 씨앗을 토사자(兎絲子)라 하여 약으로 쓴다니 우리와 상당히 가까운 풀이었음을 짐작할 수 있다.

겨우살이나 새삼 등 하찮은 기생 식물에서도 병 치료를 위한 약을 얻는다. 사실 생약 성분 대부분을 이런 내버려진 동식물에서 뽑아 쓴다고 해도 과언이 아니다. 늦게나마 종의 다양성을 인식하고 세계적으로 못 쓰는 것으로 여겨져 버려졌던 여러 동식물을 보존하자는 운동이 벌어지고 있음은 천만다행한 일이 아닐 수 없다.

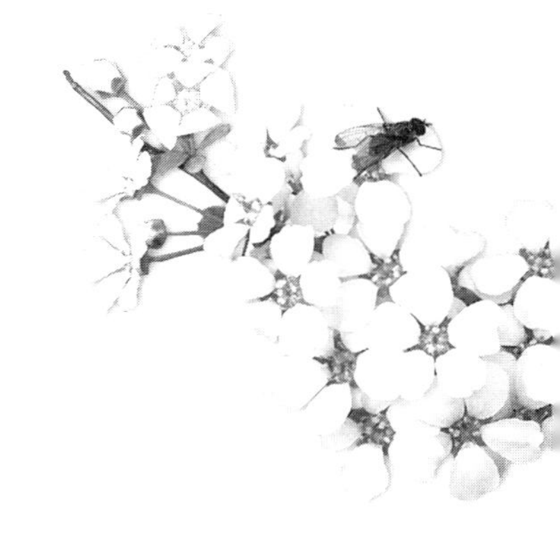

성공한 사람들을 보면 명석한 두뇌에 근면한 습관이 몸에 밴 사람이 대부분이지만 개중에는 집안이 가난하여 '없음'에 자극을 받아 죽기 아니면 살기로 노력한 사람도 많다. 어느 생물이나 자기가 처한 환경이 안정되어 있으면 나태해져 변화를 두려워하게 되고 그래서 '바뀜'이라는 진화가 일어나지 못한다. 혹독한 환경에 놓이면 그것을 이겨내기 위해 새로이 적응하게 되니 이것이 발전이요 진화다. 그러니 지금 당하는 고난과 번뇌는 진화의 밑받침이요 원뿌리가 됨을 잊지 말아야 한다. 하여 젊어 고생은 사서라도 하라는 게 아니겠는가. 젊어 얻은 체험은 삶의 도정에 필요치 않은 게 없는 법이다. 고생을 털끝만큼도 아니 한 사람은 풋풋한 향기가 없고, 겉멋은 있을지 몰라도 정갈한 맛이 없는 인간이다.

"불휘 기픈 남ᄀᆞᆫ 바ᄅᆞ매 아니 뮐ᄊᆡ ……"

식물도 사람과 마찬가지로 같은 종이라도 빛을 많이 받으면 잎이 좁고 두꺼워지며 키가 땅딸막해지고, 응달에서 자라면 이파리가 넓적해지고 얇아지며 키가 웃자란다. 얼핏 보면 다른 종으로 생각할 정도로 모습이 다른데, 이를 살고 있는 환경에 따라서 달라진 종이란 뜻으로 '생태형(生態型)'이라 부른다. 햇빛 하나가 이렇듯 식물의 때깔을 바꿔버리니 어느 생물 하나도 환경의 산물이 아닌 것이 없다. 국화과(科)의 식물이 사막에서 살게 되면서 그 꼴이 생판 달라져 완전한 선인장 모양을 갖추는 등 수많은 생태형이 있을 정도다.

뿌리도 다를 바 없다. 뿌리는 무엇보다도 줄기가 넘어지지 않게 받치고 물과 무기염류인 양분을 빨아들이는 것이 그 역할이다. 하지만 때로는 양분을 저장하거나 공기의 습기를 빨아들이거나 물이 적은 곳에서는 길게 뻗어 나가는 등 여러 가지 변화를 보이기도 한다.

"불휘 기픈 남ᄀᆞᆫ 바라매 아니 뮐씨……." 누가 뭐라 해도 '뿌리'란 중요한 것이요, 땅속 깊숙이 박힌 나무뿌리 외 돌뿌리, 샘뿌리, 집안의 내력, 종기의 뿌리 등도 있다. 한마디로 '밑동'과 '근본'을 뿌리라고 하겠는데, 산길을 걸을 때 곳곳에 능구렁이처럼 굵다란 게 용틀임하며 길바닥에 솟아난 뿌리를 보면 저 땅속이 '뿌리의 세상'임을 알게 된다. 실제로 식물생태학자들은 땅속으로 깊은 굴을 파서 유리판을 대고 뿌리가 어떤 형태로, 어느 방향으로 자라는지를 관찰하고, 또 한 나무의 뿌리를 모두 캐내어 일일이 무게를 달아보기도 한다. 가지와 뿌리는 쌍둥이라는 말이 있기는 하지만 정말 놀랍게도 나무 한 그루의 줄기와 잎을 합친 무게와 뿌리의 생체량(生體量)이 거의 비슷하단다. 저 깊은 산에 들어가 커다란 나무들을 보면서 "저 숲만 한 양의 뿌리가 땅속에 들어 있다."는 것을 느껴야 한다는 말인데, 그렇게 생각하면 모든 땅거죽에 나무뿌리가 사방으로 쫙 덮여 널려 있는 셈이다.

뿌리의 세계는 얼마나 복잡한가! 큰 나무 한 그루가 뻗어내는 뿌리의 길이도 사람들을 혼란스럽게 한다. 커다란 아까시나무 한 그루가 500미터까지 뿌리를 뻗는 것은 예사로운 일이고, 일본 삼나무 한 그루의 뿌리는 무려 2킬로미터까지 뻗어 나간다고 한다. 사막의 작은 나무들이 200미터 넘게 깊이 뿌리박고 있다는 사실도 이들의 생명력이 얼마나 강한지를 말해준다.

원인이 없는 결과란 있을 수 없음을 비유할 때 "뿌리 없는 나무에 잎이 필까."라고 한다. 확실히 뿌리는 식물 생명의 원천이며 동물의 입에 해당한다. 사람이 물과 양분을 위쪽에서 섭취한다면 식물은 아래쪽에서 빨아들이는 게 다른 점이라 할까?

씨앗 한 톨을 심어본다. 바싹 말랐던 씨는 재빠르게 물을 빨아들인다. 그러면 저장한 양분을 분해하는 효소가 생기게 되는데 이로 인해 단백질과 지방, 탄수화물이 아미노산과 지방산, 포도당처럼 간단한 물질로 분해되어 싹 트는 데 필요한 양분이 된다. 발생 순서를 보면 가장 먼저 뿌리가, 다음에는 줄기가 생겨나고, 곧이어 잎이 될 조직의 분화가 일어난다. 사람이 먹는 곡식도 알고보면 이들이 싹 틔우는 데 쓰려고 저장한 양분이다. 날강도가 따로 없다. 우리가 모두 도천(盜泉)의 물을 마시고 사는 도척(盜跖)들인 것을…….

나무도 옮기면 삼 년 몸살을 앓는다

씨앗만이 아니다. 사람들이 즐겨 먹는 당근, 무, 순무, 토란, 우엉, 고구마 등도 뿌리가 아닌가. 참고로 흔히 '연뿌리'로 부르는 연경(蓮莖)과 감자는 모양이 뿌리 같지만 사실은 줄기임을 말해둔다.

아무튼 사람은 능력이 없어서 양분을 전혀 만들지 못하고 빼앗아

먹기만 하면서도 고마움을 모르는 것 같다. 어찌 밥풀 하나라도 함부로 버릴 수 있단 말인가. 그 얼마나 복잡한 광합성 과정을 거쳐서 만들어진 녹말이며 밥풀떼기던가.

보통 쌍떡잎 식물은 원뿌리〔主根〕가 있고 거기에서 곁뿌리〔側根〕가 생겨나며 그 많은 곁뿌리 끝에는 다시 수많은 뿌리털〔根毛〕이 생겨 달라붙는다. 그리고 외떡잎식물은 뿌리로 분명히 구분할 수 없는, 많은 수염뿌리를 갖는데 수염뿌리 끝에는 표피세포가 변한 단세포 뿌리털이 생겨서 물과 무기염류를 흡수하는 면적이 더없이 넓어진다. 실제로 물질이 흡수되는 곳은 뿌리 중에서도 제일 끝 자락에 생긴 뿌리털이다. 수많은 뿌리털이 흙 알갱이 하나씩을 감싸고 돌면서 붙어 있는 양분과 흙 입자 사이에 괸 물 분자를 일일이 빨아들인다.

이 뿌리털에는 다른 미생물들이 살아간다. 이것들을 토양세균이라고 하는데, 어떤 것은 뿌리털에 구멍을 내어 뚫고 들어가 물질 흡수를 훨씬 쉽게 한다고 한다. 그런데 사람이 나무를 옮길 때에 뿌리털은 물론이거니와 곁뿌리와 원뿌리도 거의 잘라버리니 뿌리를 죄다 잘린 나무는 얼마나 쓰라리고 아프겠는가. 그래서 나무도 옮기면 삼 년 몸살을 앓는다고 하지 않는가. 그러나 아픈 만큼 성숙한다.

나무를 심고 나서 그 자리에 탁배기를 부어주는 것은 왜일까? 술은 밥이나 사탕보다 훨씬 빠르고 쉽게 분해되는 물질이다. 그래서 술은 부어주면 곧바로 토양 미생물이 이 술을 분해해 번식을 할 수 있게 된다. 따라서 이는 굉장히 과학적인 처방이라 할 수 있다. 땅이 '걸다'는 것은 거름이 많다는 뜻이고, 이는 곧 토양 미생물이 많아진다는 뜻이 된다. 결국 땅이 걸어야 뿌리털 생성이 빨라져 나무가 빠르고 쉽게 생기를 되찾는다. 조상들은 잘린 뿌리 둘레를 거적이나 새끼로 말아두곤 했는데 그것도 삭으면 거름이 되는 것이니 조상님네의 과학성은 정말로 뛰어나고 빼어났다. 노마지지(老馬之智)라는 말이 있다. '늙은 말의 지혜'라는 말이니, 쇠삭(衰索)한 늙은이라고 괄시하고 우습게 생각하여 업신여기는 일은 삼가라는 의미리라. 노인들이 경험에서 얻은 슬기를 과장할 일도 아니지만 과소평가하지도 말아야 한다. 젊은이들이 명심해야 할 잠언(箴言)이라 하겠다.

쿤타킨테의 뿌리만 찾을 게 아니라

하나만 더 부언하면, 나무를 옮겨 심은 뒤 식초를 뿌려주면 더 좋으리라는 점이다. 밥보다는 설탕, 설탕보다는 술이 세균 번식에 좋다면 술이 더 분해되어 생긴 식초는 더욱 유용하리라는 이론인데, 다만 산(酸)에 약한 토양세균이 억제될 위험성을 배제하지는 못한다. 필자는 어느 농부와의 대화에서 농약을 너무 많이 주어 약해(藥害)를 입은 호박 모종에 식초를 뿌려주면 백발백중 생기를 찾는다는 말을 듣고 내심 '그렇지!' 하고 무릎을 탁 친 적이 있다. 그래서 나무 심은 자리에 식초가 좋다고 확신하게 되었다. 사람이 연탄가스에 중독되었을 때도 식초를 솜에 묻혀 코에 대어서 몸에 들게 하지 않는가.

중요한 결론을 끌어내자. 그 농부가 말했듯이 사람과 곡식은 똑같다. 나도 농사짓기를 좋아하여 흙으로 영혼 씻기를 게을리하지 않는 사람이라 그런지 농사 경험이 풍부한 농군들과 가끔 막걸리를 나누다 얻은 삶의 지혜가 수두룩하다. 경험과 체험은 과학과 이론을 능가하는 것임도 배웠고.

먼 길을 에둘러 왔으나 식물 뿌리의 역할을 쭉 살펴본 셈이다. 풍란(風蘭)은 공기뿌리로 공기에 있는 수분을 흡수하고, 겨우살이나 새삼, 실새삼은 뿌리를 숙주식물에 박는 기생뿌리를 내고, 옥수수는 밑동치에 헛뿌리를 내어 넘어지지 않고 버틴다.

그런데 뿌리의 끝 자락에는 뿌리골무(根冠)가 있어서 세포분열이 왕성한 생장점을 보호한다. 골무는 어머니가 이불을 시칠 때 손가락 끝에 끼워 바늘에 찔리지 않게 하는 도구가 아닌가. 동물이나 식물이나 다 자기를 보호하려는 어떤 장치를 갖춘다. 그건 그렇고 '짚신벌레'나 '뿌리골무' 등 예쁜 우리말을 볼 때마다 선배들께서 생물 이름을 잘도 붙였다는 생각이 든다.

필자는 땅 위로 뻗은 줄기와 잎만이 아니라 눈에 보이지 않는 뿌리 또한 중요한 부분임을 강조하고 싶었고, 그래서 보이지 않는 선현들의 고마움을 느끼고 찾아내는 눈을 가져보자는 욕심에 이 글을 썼다. 보이는 것만을 본다면 그것은 고생의 쓴 맛을 본 사람의 눈이 아니니까 말이다.

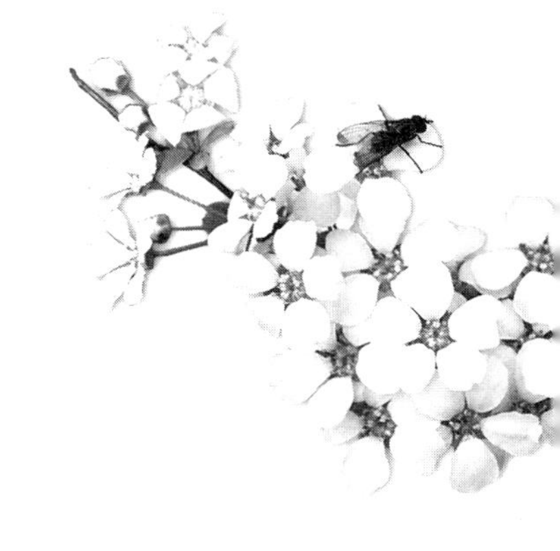

'지의(地衣)'라는 말을 사전에서 찾아보았더니 '가장자리를 헝겊으로 꾸미고 여러 개를 마주 이어서 크게 만든, 제사 때 쓰는 돗자리'라고 해석을 하고 있다. 실제로 식물 지의류도 바위나 나무껍질에 둥글넓적하게 달라붙어 살고 있으니 꽤나 잘 된 작명이라는 생각이 든다.

이 세상에서 가장 끈질긴 생물이 바로 지의류라서, 다른 것들이 얼씬도 못 하는 극한(極寒)의 남북극이나 고산 꼭대기는 말할 필요도 없고 물 한 방울 안 나고 펄펄 끓는 극한(極旱)의 사막에서도 이것들은 옹골차게 잘도 자란다. 무슨 재주로 그 춥고 메마르고 무더운 곳에서도 끄떡없이 견디며 산단 말인가.

지의류는 극지의 유일한 생산자

땡볕이 내리쬐는 여름 한낮, 가까운 산마루의 드넓은 너럭바위에 올랐다고 치자. 맨발로는 밟지 못하는 그 바위의 온도는 얼마나 될까. 잘 들여다보면 피부에 생기는 거뭇거뭇한 검버섯 같은 것이 띄엄띄엄 달라붙어 있는데 그것이 바로 지의류다. 몇 걸음 옮겨 소나무나 오리나무 둥치의 껍질을 들여다보면 거기에도 빠짐없이 회백색의 이끼 같은 지의류가 다닥다닥 붙어 있다. 만일 그곳에서 지의류를 발견할 수 없다면 그곳은 분명 대도시 근방으로, 지의류도 살지 못할 정도로 공해가 막심하여 황무지와 마찬가지인 곳이다. 무슨 말인고 하니 지의류는 공해나 오염에 무척 예민해서 약간의 공해에도 죽어 없어지기 때문에 이놈들을 대기오염을 가늠하는 지표생물로 삼는다.

독자들은 모두 리트머스 시약이나 그 액을 묻힌 리트머스 종이를 잘 알고 있을 것이다. 이 물질은 산성에서는 붉은색, 알칼리성에서는 푸른색으로 바뀌는 특성이 있어 산도(酸度)를 측정하는 데 여러 모로 쓰인다. 그런데 바로 이 리트머스가 지의류에서 뽑은 것이다. 리트머스를 하등 공생식물인 지의류에서 뽑아내어 액으로 쓰면 리트머스액이고 종이에 묻히면 리트머스 종이다.

지의식물은 곰팡이와 조류가 뒤엉켜서 더불어 사는 공생식물로, 분류하기도 어렵게 고약한 위치에 있는 놈이다. 이놈들은 인간과도 관계가 그들만큼이나 복잡하게 얽히고 설켜 있어서 쓰임새도 무척 다양하다. 저 북쪽의 아이슬란드에서는 음식을 만들어 먹기도 하고, 식욕 촉진제로도 쓰며, 빵이나 우유에 섞어서 먹는다고도 하는데, 지의류에 리케닌(lichenin)이라는 녹말이 많이 들어 있어 식품으로도 가능하다. 또한 풀과 나무가 살지 못하는 북극 툰드라 지방에는 지의류가 풀처럼 길길이 자라고 있으니 사슴과 순록의 먹이가 되어 준다. 즉, 지의류는 유일한 생산자로서 극지의 생태계를 유지하는 데 너무나 중요한 일을 하고 있는 것이다. 또 지의류는 당뇨병, 신우염, 감기 등에 약으로 사용되고, 양모나 비단을 염색하는 데 염료로 쓰인다고 하며, 향수의 원료도 된다고 한다.

지의류의 생물적 특징은 어떠한가? 균류는 대부분이 포자주머니(자낭)를 가지는 자낭균들인데, 이들은 공기와 습기를 잘 품어 안는, 필라멘트처럼 생긴 가느다란 균사(팡이실)를 만들어서 녹조류를 둘러싸 보호해 준다. 대신 조류는 그 속에서 물과 흙의 무기염류를 사용해 광합성을 하여 탄수화물, 아미노산, 비타민 등을 균류에게 제공한다. 균류의 균사 뭉치가 공기 중의 습기를 머금어주고 나무껍질이나 바위를 부식시켜 양분을 만들고 강한 햇볕을 막아주면, 조류는 그 속에서 탄수화물이라는 밥을 지어 보답하니 정말 멋들어진 공생이 아닌가? 그것도 엉뚱하게 생판 다른 생물들이 더불어 산다니 조물주의 조화로운 창조력에 감탄사가 절로 나온다.

이런 생물의 세계에서도 감동을 받게 되는데 제발 사람들도 서로 질시와 미움을 그만두고, 나 하나를 낮추어서 욕심부리지 말고 좀 손해보면서 살아갔으면 하는 생각이 든다. 저 지의류는 네가 없으면 내가 못 살고 나 없으면 네가 못 삶을 알고 있건만 우리네 사람들은 어찌하여 그렇게 독불장군들일까. 내남없이 떨어지면 살 수 없는 공생체라 생각하고 서로 감지덕지하며 아끼며 살아가야 하겠다.

가장 열악한 환경을 견디어 살아남는 지의류

지의류는 세계적으로 1만 5천 종쯤 된다고 하는데, 눈에 보일 둥 말 둥 한 작은 것도 있지만 길이가 무려 3미터에 달하는 큰 것도 있다고 한다. 그런데 이들 균류의 균사가 자란 헛뿌리를 보면 보통은 조류의 세포벽 바깥까지만 도달하지만 어떤 놈들은 세포 중심에까지 뻗는다고 하는데, 그것은 근균(根菌)들이 고등식물의 뿌리털에 균사를 박는 것과 유사하다. 아무튼 균사라는 헛뿌리는 조류에서 양분을 얻는 통로가 된다는 점에서 아주 중요하다.

이미 말했듯이 이 지의류만큼 열악한 환경을 견디며 사는 생물은 없다. 아주 건조하고 영양분도 전혀 없는 메마른 박토(薄土)라서 어떤 식물도 접근하지 못하는 곳이 있다고 치자. 그래도 물에 씻기고 바람에 날려 온 균류의 포자와 조류가 만나서 "뭉치면 살고 흩어지면 죽는다."는 구호를 소리 높이 외치며 신접살림을 꾸리기 시작한다. 땅은 바싹 말라서 물기라고는 전혀 없으니, 균류의 균사는 땅거미가 내리는 저녁 무렵 공기 중의 습기를 빨아들여 흙 부스러기를 적신 뒤 물뿐만 아니라 물에 녹은 거름 성분까지 흡수하여 조류에 제공한다. 조류는 엽록체에서 양분을 만들면서 점점 '돗자리'의 크기를 넓혀나가니, 이들 지의류는 생태계의 개척자인 셈이다.

지의류도 생멸을 반복하므로 이것이 죽으면 땅은 습기와 땅기운을 차차 얻게 된다. 이것이 밑알이 되어 여기에 솔이끼, 우산이끼 등의 선태식물(蘚苔植物)이 들어와 땅바닥에 멍석을 깔고 자란다. 이윽고 땅은 점점 걸어지고 축축해져 풀이 꼿꼿이 자라기 시작해 급기야 나무까지 자라난다. 이렇게 한 곳의 생물상이 야금야금 순서대로 바뀌어가는 것을 '천이(遷移)'라고 하는데 최종적으로는 나무 중에서도 참나무 같은 잎사귀가 넓은 음수림(陰樹林)이, 빛이 많아야 자라는 소나무와 잣나무 등 양수림(陽樹林)을 누르고 마지막에 그 자리를 차지하게 된다. 이를 두고 "숲이 극상(極相)에 도달했다."고 한다. 지의류에서 음수림으로 천이가 일어난 것이다. 묘하게도 자연계에는 이렇듯 일정한 차례가 정해져 있어 반드시 그 순서를 지킨다.

만물이 다 제자리가 있고 질서가 있는 법인데 오직 사람만이 소갈머리 없이 이를 무시하는 일이 허다하여 결국 탈선이 일어나고 얄궂은 사고가 빈발한다. 무엇보다 과한 욕심이 이런 탈법을 부추긴다. 그런데 산불이 나서 모두 앙상하게 불타 죽으면 이보다 더 빠른 천이가 일어날 수 있는 것이니, 식물생태학자들은 이런 순서와 법칙을 찾아내고 알아내어 밥을 벌어먹고 산다.

이 지의류를 해부 현미경으로 잘 관찰하면 '돗자리'가 세 겹으로 짜여 있는 것을 볼 수 있는데 위아래에 균류의 균사 껍질이 덮여 있고 그 속에 조류를 집어넣어 신주 모시듯 하고 있다.

"남이사!"를 외치는 인간들이 부끄럽다

지의류는 대체로 세 가지로 나눌 수 있다. 먼저 우리나라 지의류가 속해 있는 종류로 크기가 작고 밑바닥에 밀착해 있어 형체를 망가뜨리지 않고는 떼지 못하니, 헛뿌리를 바위나 나무에 깊게 박고 있는 것이 있다. 두 번째로 엽상체(葉狀體)라고 불리는 지의 덩어리 전체가 바닥에 달라붙지 않고 떨어져 있는 것이 있고, 세 번째로 엽상체가 길게 자라서 가지가 갈라지는 것이 있다. 건조한 열대 지방에는 첫 번째 것이, 한대 지방에는 두 번째 것이 많다. 그리고 열대우림 지대에는 세 번째 것이 많은데 자라난 길이가 무려 3미터에 이른다.

더운 여름 대낮에 바위에 핀 지의류를 손으로 만져보면 물기 하나 없어서 당장 바스락 부스러지고 만다. 이것들이 물을 재빨리 잃어버리는 것은 생존에 아주 유리한 적응 방식이다. 씨앗에 수분이 아주 적어야 추운 겨울도 견딜 수 있고 더위나 강한 햇빛에도 저항성을 띠듯이 이렇게 메마른 이끼는 온도 변화에 잘 견뎌낸다.

성장이 매우 느린 이것들도 번식을 하는데 그 대표적인 방법이 '영양생식'이다. 쉽게 말해 엽상체의 일부가 잘려나가서 새로운 개체를 잇달아 만들어가는 것인데, 이것도 보통 사람들이 이해하기 어려운 생물계의 한 구석이다.

지금까지 곰팡이와 단세포 식물이 함께 사는 경이로운 세계를 구경하고 돌아왔다. 하지만 그놈들은 공해에 예민하므로 도시의 가로수에서는 찾을 생각을 말아야 한다. 이들은 우리의 도시환경이 상당히 심각하다고 경고하고 있건만 사람들은 "남이사!" 하고 외치면서 막무가내로 멋대로 살고 있다. 아무튼 지의류의 삶에서 우리도 함께 어우러져 더불어 '다살이'해야 한다는 점을 느끼고 배워야겠다. 뗄 수도 그렇다고 끊을 수도 없는 부부의 끈, 그것이 곰팡이의 팡이실만큼이나 야무지고 질겼으면 얼마나 좋을까. 남자는 균류요 여자는 조류가 되어서 말이다. 아니면 그 반대라도 좋다.

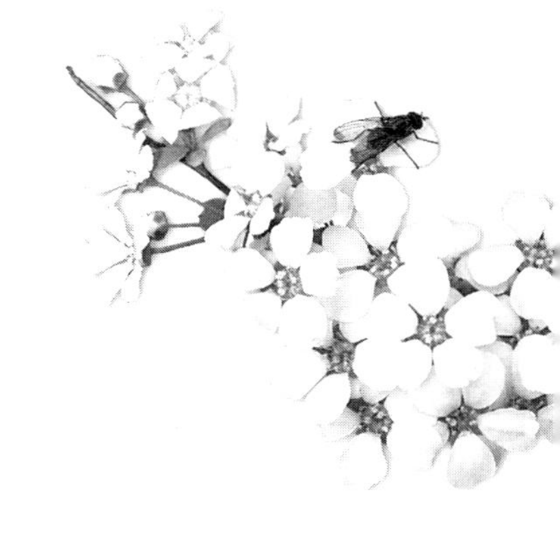

우선 '선인장(仙人掌)'이란 말 그 자체가 재미나다. 한자를 풀이하면 '신선님의 손바닥'이니, 그분들의 손바닥에는 잎이 변한 가시가 듬성듬성 나 있고 도톰하게 물이 가득 들어 있었는지 모를 일이다. 아마도 줄기가 넓적한 선인장을 보고 붙인 이름일 성싶다.

선인장도 하도 종류가 많아서 전 세계에 1,700여 종이나 된다. 길쭉한 것, 공처럼 둥근 놈……. 갖가지 모양과 색깔이 있다.

메마른 사막에서 각종 동물을 먹여살리는 선인장

선인장을 '백년초(百年草)'라고도 부르는데 백 년이 지나야 꽃꼭지가 생긴다고 해서 붙인 이름이라 한다. 또 흔히 부르는 '사보텐[サボテン]'이란 말은 일본말이며 영어로는 '캑터스(cactus)'라고 한다. 쌍떡잎 식물인 선인장은 멕시코를 중심으로 열대 · 아열대 지방에서 자생하는데 온대 지방에서는 추운 겨울을 넘기지 못하므로 온실에서 많이 재배한다.

선인장은 고래(古來)로부터 우리들과 관련을 맺어왔

으니 우리는 다치기라도 하면 선인장을 찧어 발랐고, 다육식물(多肉植物)인 알로에(aloe)를 만병통치약으로 여겨 먹고 바르고 하면서 그 약효에 톡톡히 신세를 지고 있지 않는가. 사막의 기(氣)를 흠뻑 품었으니 그럴 만도 하다.

그런데 빨갛거나 노란 꼬마 선인장은 왜 접을 붙이는 것일까? 이유는 그것들은 모두 돌연변이종으로 엽록체를 만들지 못하는 것들이라 엽록체가 있는 녹색 선인장에 접붙이지 않으면 살지 못하기 때문이다. 빨간 놈은 카로틴(carotin)을, 노란 놈은 크산토필(xanthophyll)이란 색소를 많이 가져 광합성을 할 수 없다. 그래서 그것들은 엽록체가 있는 녹색 대목(臺木)이 만든 양분을 얻어먹고 산다.

흔히 사막에는 물이 부족하고 더워서 생물이 살지 못하는 것으로 착각하기 쉽지만 '사막은 살아 있어서' 나름대로 커다란 생태계를 만들고 있다. 선인장을 비롯한 다육식물이 생산자 구실을 하고 쥐와 박쥐 등 수많은 동물은 소비자로 선인장을 먹고 산다.

사막식물은 길다란 뿌리를 가지고 있어서 깊게, 그리고 멀리까지 뿌리를 내린다. 또 잎에서 증발하는 물을 줄이기 위해 잎이 작아지거나 숫제 가시로 바뀌어버리기도 하고, 일단 흡수한 물은 저장하려는 저수조직이 발달한다.

그런데 이들 식물도 자기의 영역을 철저하게 지키고 있어서 신기하게도 식물과 식물 사이의 간격이 논에 심은 벼처럼 자로 잰 듯 일정한 거리를 유지한다고 한다.

보통 식물들이 간격을 유지하는 것이 물과 햇빛 때문이라면 사막식물은 주로 물의 안배를 위함이다.

헌데 포도당을 만드는 원료인 이산화탄소가 잎의 기공으로 들어간다니 마치 우리의 상식을 비웃는 듯하다. 식물이 살아가는 데 필요한 10대 원소 중 하나인 탄소가 이산화탄소에 포함되어 잎으로 들어가는데 산소와 이산화탄소가 들락거리는 구멍이 바로 기공(氣孔)이다. 이 숨구멍은 보통 잎 뒷면에 있으나 어린 식물은 줄기에도 있다. 물에 사는 수련(睡蓮)은 숨구멍이 위에 있는데 공기의 확산이 물속보다 몇천 배 빠르게 일어난다는 것을 수련도 알고 있나 보다.

기공은 사람의 콧구멍에 해당하여 가스의 통로가 되기도 하는데, 식물들은 이것을 여닫아서 수분을 조절하기도 한다. 바람이 불거나 덥고 건조한 대낮엔 기공을 꽉 닫아서 수분의 증발을 막는다. 여느 때는 아침 일찍 기공을 열기 시작하여 정오경에 활짝 열고, 오후에 접어들면 닫기 시작하여 해거름녘에는 거의 다 닫고 밤에는 잠가버리는데, 이 여닫음 원리도 꽤나 복잡해 풀 한 포기의 삶도 그리 간단하지 않다.

그런데 습도가 높아 후덥지근한 여름밤을 보낸 다음날 이른 아침 밭에 나가보면 풀 이파리 끝에 구슬 같은 큰 물방울이 맺혀 있다. 이것이 이슬일까? 아니다. 그것은 말 그대로 물방울이다. 밤새 더웠으니 이슬이 맺힐 리가 없지 않은가. 밤이 덥고 습도가 높아 기공이 제대로 열리지 못해 물을 내보내지 못했는데, 뿌리에서 올라오는 물의 양은 일정하므로 물이 잎맥을 타고 이동하여 그 끝에 와서 넘쳐흘러 방울로 맺히는 것이다.

그럼 기공은 도대체 얼마나 크고 많을까. 기공의 크기도 식물에 따라 다양하여서 작게는 0.003밀리미터인 3마이크로미터인 것에서부터 크게는 79마이크로미터인 것까지 있어 꽤 큰 편차를 보인다. 그리고 개수는 일반적으로 1제곱밀리미터에 200개가 있으나 많게는 1,239개에 이르기도 한다는 기록이 있다. 그러니 기공의 크기와 수를 짐작하고 남음이 있으리라. 그 많은 구멍으로 물의 증산(蒸散)이 일어나고 산소와 이산화탄소가 드나든다. 그리하여 식물도 사람의 콧구멍처럼 잎의 기공이 막히면 죽고 만다. 그것이 생명 구멍인 셈이다.

"생물 만세! 선인장 만세!"

사막은 뭐니 뭐니 해도 선인장의 세계인지라, 선인장 무리가 대부분을 차지하고 용설란(龍舌蘭), 알로에 등 다육식물은 일부에 지나지 않는다.

다육식물은 겉으로 보면 그게 그것처럼 보이나 실제로는 영판 다른 식물인 경우가 많다. 앞서도 말했듯이, 이렇게 다른 종류의 식물이면서도 환경에 적응해 비슷하게 변한 것을 '생태형'이라 한다.

또 선인장이라고 모두 잎이 가시로 변한 것은 아니다. 선인장에는 작은 잎이 많이 있는데 몇 년 동안 한발이 계속되면 큰 잎은 거의 다 떨어지고 그 자리에 현미경으로 봐야 할 만큼 작은 잎이 생긴다. 이럴 때는 주로 줄기에서 광합성을 한다. 무엇보다도 수분 증발을 줄이기 위해서 몸의 표면적을 최소화한 것이고, 줄기나 잎에 있는 기공은 물이 통과하지 못하도록 왁스 종류가 묻어 있는 두꺼운 큐티클(cuticle) 성분으로 덮여 있다.

이 기공은 낮에는 닫히고 밤에만 열린다. 사과를 오래 두어도 말라 빠지지 않는 것도 껍질에 광택을 내는 이 밀랍 왁스 성분 때문으로 벌은 이 식물의 왁스를 긁어모아 집을 짓는다.

사막식물의 85퍼센트는 물을 가두는 조직이 없어 기공을 통한 수분 조절에 의존하는데, 보통 식물은 잎의 한 면에만 기공이 있는데 반해 이들은 양쪽에 다 있으며 그 숫자도 무척 많다고 한다. 기공의 기능이 수분 조절 말고도 광합성에 필요한 이산화탄소를 흡수하는 것임을 생각하지 않으면 사막식물에 더 많은 기공이 있는 이유를 이해하지 못한다. 게다가 기공은 조직 표면에 나출(裸出)되어 가늘게 갈라져 있으므로 이산화탄소 흡수가 쉽다고 한다. 임을 따르자니 벗이 울고, 벗을 따르자니 임이 우는 꼴인데, 그래도 선인장 기공은 물은 적게 날아가고 이산화탄소는 잘 흡수하게 되어 있다.

식물에 따라서는 높은 온도에 강렬한 직사광선을 받아야 잘 자라는 것이 있으니 옥수수나 선인장이 그 대표적인 것이다. 광합성 방법이, 다른 식물과 조금 다르기 때문이다.

선인장의 잎에는 두 종류가 있는데 해바라기처럼 해를 따라 움직이는 게 있는가 하면, 빛이 잎에 직각으로 부딪히도록 가만히 위치를 고정하고 있는 것도 있다고 한다. 잎에 부드럽고 작은 털이 많거나 잎이 은빛을 내면 열을 덜 받게 되는데 이런 방법으로 증산은 줄이되 빛의 양은 충분히 받는 것도 있다고 한다. 어떤 잎은 물이 더 날아가지 못하게 송진 성분으로 덮여 있어 수분 조절이 된다고 한다.

생물에게 물이란 너무나 중요한 제한요인이라 언제나 '물 스트레스'를 받고 살아간다. 물이 귀한 사막의 생물은 더욱 그러해서 한창 가물면 잎의 생체량이 70퍼센트나 줄어들고 모양도 홀쭉해진다고 한다. 아주 더운 대낮에는 기공으로 물을 증발시켜서 기화열로 체온을 떨어뜨리는데, 섭씨 55도가 치사온도(致死溫度)로 그 이상이 되면 선인장은 죽고 만다. 이럴 때 온도는 무서운 제한인자로 작용한다.

어느 생물이나 열 받는 사막에서, 답답한 물속에서, 또 저 추운 산꼭대기에서 모두 잘도 적응하여 살아간다. "생물 만세!" 또 "선인장 만

세!"를 외치지 않을 수 없다.

저 혹독한 환경에서도 생물들이 살아가고 있다. "아이고, 죽겠다." 고 호들갑을 떠는 우리들은 저들을 스승으로 맞아야 하겠다.

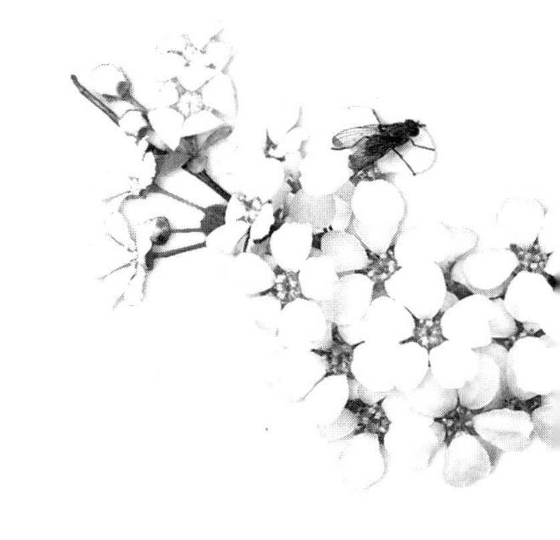

식물의 노폐물인 양념

사람은 밥만 먹고는 못 산다고 한다. 다시 말해서 삶이 여유로워야 한다는 말이고, 음식에는 양념이 들어가야 맛깔이 난다는 뜻일 게다. 고추 · 마늘 · 생강 · 파 · 양파 · 부추 · 후추 등 우리가 쓰는 양념만도 그 수를 다 헤아리지 못할 만큼 많다. 고추만 따져도 밥 말고는 밥상에 온통 고추 칠갑을 하지 않았는가.

가만히 밥상을 둘러보면 배추김치, 깍두기는 말할 것도 없고 무말랭이, 고춧잎나물 등에는 고춧가루 범벅이다. 청국장과 된장국에도 고춧가루가 들어가야 하고, 듬성듬성 썬 풋고추도 이런저런 국에 빠지지 않는다. 발효식품인 고추장을 뜨끈한 밥에 쓱쓱 비비면 혀까지 말려 넘어갈 판이니 말 그대로 그놈이 밥도둑이 아닌가. 글을 쓰면서도 군침이 돈다. 고추가 위장을 자극해 해롭다고도 하지만 그것은 배탈이 잘 나거나 속이 좋지 않은 사람들 이야기고, 건강한 사람에게는 양념뿐만 아니라 카로틴, 비타민 등 우리도 모르는 뭇 양분을 제공해 주고 있으니 기피할 식품이 아니다. 일주일만 고추를 안 먹으면 단박에 알 것이다. 고추가 먹고 싶어 못 견딘다는 말이지…….

인류사의 물길을 바꾼 위대한 양념들

식물은 우리에게 참 많은 보탬을 준다. 아니다, 알고 보면 전적으로 동물은 이들 식물에 의존하여 살아간다. 먹을거리인 곡식과 과일은 말할 필요도 없고 채소에 양념까지도 이들이 죄다 제공하는 것이고, 생명과 직결되는 산소도 이들이 만들어준 것이며, 수많은 약품도 이들에게서 뽑아낸 것이 아닌가. 신약(新藥)도 40퍼센트 가까이가 식물에서 뽑은 것이고 한약(韓藥)은 거의 100퍼센트 식물을 우려낸 것이다. 아스피린, 비타민, 아편, 퀴닌 등이 그렇고 기호식품인 커피, 홍차, 담배 등이 그렇다. 이 밖의 수많은 예를 어찌 다 열거할 수 있단 말인가. 우리에게 생명을 주시고 맛깔이라는 멋까지 안기시는 '고마운 어머니' 식물에 감사를 드려야 옳다. 너나없이 그 고마움을 모르고 살지만…….

멀리는 서기 408년에 벌써 로마를 침공한 고트족의 알라리크(Alarich)가 "많은 양의 철과 3천 파운드의 양념(pepper)"을 요구했다는 기록이 있고, 13~15세기에 걸친 마르코 폴로, 마젤란, 콜럼버스의 대탐험도 알고 보면 모두 양념을 찾아 세계를 헤맨 것이며, 세계사의 침략사도 분석하면 양념 때문에 일어난 것이 많다. 그 결과 아메리카 대륙을 정복하는 등 세계지도를 새로 그리게 했다. 가는 곳마다 그때까지 알지 못한, 양념거리가 될 만한 씨앗은 반드시 챙겨 와서 심었으니 그 덕에 지금은 세계인의 입맛이 꽤나 비슷해졌다.

양념감은 주로 꽃을 피우는 현화식물(顯花植物)의 꽃 · 뿌리 · 열매 · 씨앗 · 줄기 · 껍질에서 얻는데, 이 물질은 식물의 물질대사로 생겨난 2차 산물이다. 좀 구체적으로 말하면 늙은 세포일수록 수가 많아지고, 커지는 액포(液胞) 속에 배설물을 넣어두는데, 이 화학물질은 노폐물 종류이지만 곤충이나 세균, 곰팡이, 바이러스, 기생충, 고등동물이 해치지 못하게 막는 구실도 한다. 식물은 똥오줌으로 다른 생물의 침입을 막는다는 말이다. 이 노폐물이 인간들이 즐겨 먹는 양념이라는 것이고, 꽃을 피우지 않는 은화식물(隱花植物)인 지의류까지도 양념의 대상이 된다고 하니 사람은 엄청나게 먹새 좋은 동물임에는 틀림없다.

사람이 지구 환경에 잘 적응한 것에는 여러 원인이 있겠지만 무엇보다도 이 식성을 무시하지 못하는 것이니, 요것조것 따져 먹는 입 짧은 사람보다 아무거나 맛있게 잘 먹는, 입이 건 사람이 튼튼하게 오래 산다는 주장에 반론의 여지가 없다. 누가 뭐라 해도 식보(食補)가 제일!

사실 양념이란 음식의 색을 내고 향으로 잡 내를 없애는 일 말고도 우리 몸에 유익한 영양소를 공급하는 일을 한다. 그래서 예나 지금이나 동서양을 막론하고 음식물에 갖가지 양념을 넣어 먹는 것이리라.

방아풀과 산초의 맛이 그립구나

동남아시아나 대만 등 더운 지방일수록 여러 가지 양념을 굉장히 짙게 쓰므로 처음 그곳 음식을 먹어보는 사람들은 체머리를 흔든다. 경험해 본 독자는 기꺼이 동의하리라. 우리나라만 해도 남쪽 지방의 음식은 무척 짜고 매우며, 방아풀이나 산초나무, 초피나무의 열매를 가루 내어 물김치, 겉절이, 순대 등에 넣어 먹으니 향이 짙다. 냉장고가 없던 시절에 양념을 넣음으로써 세균과 곰팡이, 효모의 생육을 억

제해 음식의 부패를 늦추고 오래 갈무리했던 것이니, 양념 혹은 향미료는 절대로 향이나 색깔, 맛만을 위함이 아님을 알자.

그런데 무슨 음식이든 어릴 때 먹어봐야 커서도 잘 먹는다. 십 리만 떨어져도 물과 바람이 다르다고, 우리 집사람은 방아풀이나 산초를 먹지 않고 자랐기에 음식에 그것을 쓰지 않으니 필자는 애통하게도 이 두 맛을 잃고 살아간다. 경북 청송과 경남 산청이 어디 그리 먼 곳인가. 경상도 땅 안의 거기가 거기 아닌가. 그래도 입맛은 이렇게 사뭇 다르다. 가능하면 같은 민족끼리 또 동향인끼리 혼인하려는 것은 무엇보다 같은 먹이 문화를 갈구하기 때문이 아닐까? 따지고 보면 이놈의 간사한 혓바닥이 나라를 나누고 지역을 가른다.

세계에서 가장 다양하게 양념을 쓰는 나라는 인도네시아, 대만, 인도 등인데 모두 열대 지역에 있다는 공통점이 있다. 예를 들어 인도에서는 보통 스물다섯 가지의 향신료를 쓰는 데 비해 북쪽 나라 노르웨이에서는 열 가지밖에 쓰지 않으며, 중국만 해도 남쪽이 많이 쓰고 북쪽으로 갈수록 적게 쓴다. 그리고 고도가 높은 곳 역시 낮은 곳보다 양념의 가짓수가 줄어든다. 양념의 농도와 양은 온도에 비례한다?

양념들은 대부분 열에 안정적이어서 열을 가해도 화학 성분이 파괴되지 않는다. 또 고추같이 산성을 띠는 것이 대부분이라 세균을 죽이는 살균제로도 작용한다. 예를 들어 식초는 세균의 세포막을 파괴하여 음식의 부패를 방지한다. 게다가 보통 여러 향신료를 혼합해 쓰므로 방부 작용의 상승 효과가 나타난다고 한다. 그저 관습에 따라 쓴다고 생각하기 쉬운 양념이 세균 번식을 막는다니, 김치를 담글 때 생태나 굴, 조기나 갈치를 넣어도 상하지 않고 발효가 일어나는 것만 봐도 신 김칫국물이 어떤 일을 하는지 단박에 머리에 들어온다.

또 무엇보다 산성 양념이라면 식초가 아닌가. 술은 효모가 녹말을 하도 잘게 썰어놓아 마시면 지체 없이 세포에 들어가 에너지를 내므로 더없는 식품인데, 식초는 초산균이 술 분자를 더 자른 것이라 재빨리 힘을 낸다. 그러니 비린내를 죽이는 식초는 그 막강한 포도당도 못 따라잡는 양분이요 방부제가 아니겠는가. 오묘한 식초!

풋고추에는 귤의 네 배나 되는 비타민 C가 들어있고 양파에는 당분이 들어 있듯이 이들 양념에는 다양한 비타민이나 무기염류, 미량원소가 많이 들어 있어 영양소를 섭취하는 구실로도 이를 무시하지 못한다. 아무튼 양념은 양분으로, 또 병원균의 성장 억제용으로 쓴다는 것인데, 그것들이 대부분 한약의 중요한 재료가 된다는 것도 간과할 수 없다. 생강 · 마늘 · 계피 · 고추 등은 이질이나 요석(尿石), 관절염, 고혈압 등에 좋은 약재가 되니 말이다. 양념은 약이다.

그 많은 양념들 중 전 세계에서 가장 흔하게 쓰이는 것은 무엇일까. 많은 사람들이 연구한 내용을 소개해보면 양파, 후추, 마늘, 고추, 레몬, 파슬리, 생강 순서인데, 이 중에서 세균 억제력이 제일 강한 것이 마늘이고 다음이 양파, 올스파이스(allspice), 오레가노(oregano), 백리향, 계피 순이라니 마늘과 양파는 알아줘야 한다.

여기서 대표적인 몇 가지 양념의 특징을 살펴보자. 양파나 마늘에 들어 있는 알리신(allicin)이나 고추의 캡사이신(capsaicin)은 앞에서도 말했듯이 그 식물들이 스스로를 방어하기 위해 지니는 것이다. 알리신은 다른 미생물이 자라지 못하게 하는 항생제 구실을 하는데 세균, 효모, 곰팡이의 지질 합성을 억제한다. 전구물질(前驅物質)인 알린이 알리나아제 효소의 작용으로 알리신으로 바뀌는데 이것이 바로 마늘과 양파의 톡 쏘는 독한 성분이다. 그런데 마늘과 양파를 가만히 두면 냄새를 풍기지 않으나 칼로 자른다거나 껍질을 벗기면 효소가 곧바로 반응하여 알리신을 분비한다. 그러므로 양파 껍질을 흐르는 물에서 벗기면 이 물질이 물에 녹아버리기 때문에 냄새가 덜 나게 된다. 참고로 말하자면 고추에 든 매운맛의 캡사이신은 무색 결정체의 질소화합물이고 마늘 · 양파의 알리신은 황화합물이다.

"묵은 새앙이 더 맵다."라는 말이 있다. 생강의 매운맛은 진저론(gingerone)이란 물질 때문인데, 이 화학물질 역시 병원균이 병원독을 분비하기 전에 죽이거나 생장을 정지시킨다. 또 소화액 분비나 에너지 대사를 촉진시키고, 세포 대사로 생기는 유해 산소를 제거하는 항산화제(抗酸化劑)로도 작용하며, 당뇨나 암에 걸린 사람에게도 좋다고 한다. 잘 관찰해보면 야생 육식동물도 고기만을 먹지 않고 가끔 풀을 뜯어먹는다는데 비타민, 미량원소를 얻으려는 목적도 있겠지만 병원균을 제압하는 양념을 얻기 위해서인지도 모를 일이다.

한국인의 건강을 지켜온 양념들

어떤 먹을거리든 과하게 오랫동안 계속 먹으면 그것이 돌연변이 물질, 발암 물질, 기형 유도 물질, 알레르기 유발 물질로도 작용을 하는 법이다. 향미료에도 독성이 있어 역시 넘치면 좋지 못하기에 어린아이들이 귀신같이 알고는 먹기를 꺼리는 것이고 산모도 다량 섭취하면 좋지 못하다. 재미나는 것은 태아 때나 유아 시절에 어머니가 양념을 즐겨 먹으면 아이들 역시 역치가(閾値價)가 올라가 잘 먹게 된다. 모전여전, 부전자전.

양념, 특히 마늘이 병을 예방하는 데 얼마나 중요한 구실을 하는지를 외국 학자가 쓴 논문의 통계 자료에서 보자. "한국 사람은 마늘,

고추를 많이 먹어서 이질(痢疾)에 잘 걸리지 않는다."는 말이 맞다는 말이다. 1971~1990년 사이에 인구 10만 명을 기준으로 발생한 세균성 질환이 한국은 3.0건인 데 비해서 일본에는 29.2건으로 훨씬 많더라는 보고가 있다. 고기를 요리할 때 일본 사람은 열네 가지의 양념을 넣고 우리는 여덟 가지를 넣는데도 이런 차이를 보이는 것은 우리 음식에 듬뿍 넣은 마늘 때문이라는 것이다.

어쨌거나 신토불이라고, 나라마다 입맛이 다 달라서 음식에 넣는 향신료도 제각각이다. 음식의 냄새와 맛, 빛깔을 떠나서 양념이 세균, 곰팡이, 효모, 바이러스를 못 자라게 하고 죽이기도 하며, 때로는 항암 · 항산화제로 작용하여 세포의 생존에도 영향을 미친다고 하니 이제 양념의 의미를 다른 각도에서 해석해야겠다. 아니, 어떤 면에서는 과대평가를 해도 좋을 듯하다. 아무튼 사람이 다른 것은 다 바뀌어도 어릴 때의 입맛, 즉 양념맛 하나는 변할 줄 모르니 외국에서 살거나 오래 여행할 때면 금방 절실하게 느끼게 된다. 아, 변할 줄 모르는 이 고집불통 혓바닥이여.

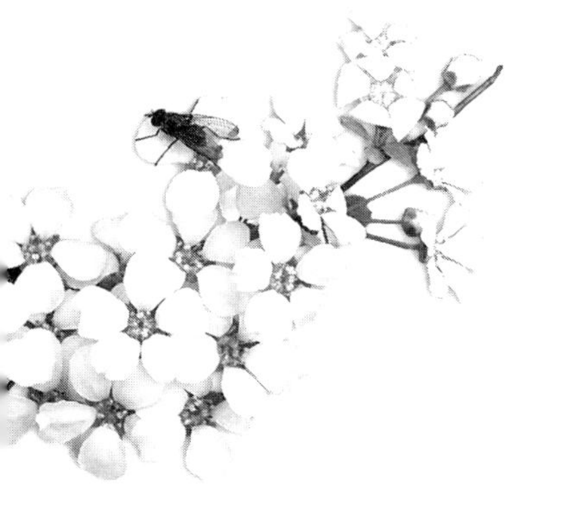

옥수수의 원산지는 더운 지방인 남아메리카 멕시코 근방이다. 콜럼버스가 신대륙의 인디언들한테서 재배법을 배워 유럽으로 가져갔고, 그 때문에 서양에서는 옥수수를 '인디언 옥수수'라고 부른다. 우리나라에는 고려 시대에 원나라 군대에 의해서 들어왔다고 알려져 있다.

옥수수를 지역에 따라서는 강냉이, 옥시기, 옥수사 등으로 부른다. 옛날에는 옥고량(玉高粱)이라고 했다고 하는데 '고량(高粱)'은 다른 말로 '수수'이므로 옥고량이란 말에서 '옥수수'라는 말이 생겨나지 않았나 싶다. 여기서 중국 술 고량주의 원료가 무슨 식물인가도 읽을 수 있다.

강냉이, 옥시기, 옥수사, 옥고량……

옥수수의 학명은 '*Zea mays*'이다. '*Zea*'는 옥수수라는 뜻이고 '*mays*'는 5월이란 뜻이니 아마도 원산지에서는 5월경에 옥수수를 따먹지 않나 싶다. 우리는 보통 밭에 심은 옥수수를 7월 말경에나 수확하지만 온실에서 키운 올옥수수는 5월 그때쯤 먹을 수도 있겠다.

옥수수에도 품종이 하도 많아서 찰기가 있어 떡 만들기에 알맞은 옥수수, 가루로 만들어 사용하기에 좋은 옥수수, 그리고 알갱이는 작지만 아주 딱딱하여서 열을 가하면 습도가 팽창하여 터져버리는 팝콘용 옥수수 등이 있고, 색깔도 붉음 · 푸름 · 분홍 · 검정 · 점박이 · 줄무늬 등 무척이나 다양하다. 별의별 옥수수가 다 있다고 해도 이것들은 품종이 다를 뿐이어서 서로 교배가 일어난다. 사실 사람이 먹는 곡식들은 복 받은 것들이다. 무슨 말인고 하니, 이것들은 사람들이 귀하게 여겨 연년세세 씨종자로 간수해 주고 있으니 멸종될 위험이 손톱만큼도 없다. 애석하고 가련하게도 씨알머리 없는 인간들이 다 잡아먹어 종자가 절멸되는 생물이 얼마나 수두룩한가 말이다. 거기에 비하면 쌀, 보리, 밀, 콩, 녹두, 고구마, 감자 등은 사람이 이 땅에 살아 존재하는 한 멸종 걱정은 없다.

옥수수는 밀이나 쌀에 비해서 영양가가 조금 떨어지는데 특히 아미노산 중에서 니아신(niacin)이 부족하고 끈적한 정도를 결정하는 글루텐(gluten) 단백질이 부족해서 가루도 퍼석퍼석하다. 특히 옥수수가 갖는 단백질의 반 이상이라는 제인(zein)에서 나오는 아미노산, 즉 트립토판(tryptophane)과 리신(lysine)이 적기 때문에 이것이 많이 든 옥수수를 교잡법으로 개량해 왔고, 실제로 단백질 함량을 높인 개량종을 속속 내놓고 있다.

종자 개량은 여러 의미를 내포한다. 단백질 함량을 늘리는 것뿐만 아니라 열매가 많이 열리는 다수확 품종, 병충해나 냉해에 강한 품종, 지역이나 계절의 특성에 알맞게 자라는 품종, 씨알이 굵어 상품가치가 높은 품종 등 사람의 입맛에 맞는 종자를 얻자는 뜻이다. 일반적으로 두 품종의 좋은 점만 선택하려면 교잡법을 쓰는데, 이것 말고 한 품종을 여러 대에 걸쳐 심어가면서 좋은 품종을 골라내는 선택법이라는 것도 있다. 또 어떤 배나무나 귤나무 가지에 여태 없던 주먹만 한 커다란 열매가 열리는 수가 있으니, 이렇게 돌연변를 한 가지를 잘라 접붙여서 새로운 품종을 얻기도 한다.

이미 설명하였지만 '유전자 변형 식품'도 일종의 개량된 품종이다. 옥수수나 감자, 목화 등에, 병충해에 강한 성질을 띠는 세균의 유전자를 집어넣어서 곤충들이 얼씬도 못 하게 했으므로 그 작물에는 농약을 칠 필요가 없다. 또한 유사한 방법으로 뿌리에는 고구마나 감자가, 줄기에는 토마토가 열리는 잡종 식물도 만들어내고 있으니 이로써 제3의 녹색혁명이 일어날 것으로 예상하고 있다. 제1의 혁명이 통일벼를 대표로 꼽는 다수확 종자고, 제2의 혁명이 겨울에도 채소를 먹게 하는 비닐하우스라면 제3의 혁명은 바로 유전자 변형 식품, 즉 '생물공학'을 이용한 새로운 품종 바꾸기가 될 것이다. 물고기도 몇 배 크기로 키워 잡아먹는 게 앞으로는 예사로운 일이 될 것이라고 하니 토끼만 한 쥐, 돼지만 한 토끼, 소만 한 돼지를 만드는 것도 그리 어려운 일이 아니다.

지구에 식구는 자꾸만 늘어나고 자원은 일정하니 어쩌겠는가. 과학은 필요의 어머니라 하지 않는가. 첨단 생물학을 응용한 여러 식품이 앞으로 중구난방으로 생겨날 것이다.

옥수수는 굶주리는 이북 동포도 구제한다

옥수수의 활용은 여기에서 그치지 않는다. 무엇보다 사람이 많이 먹는 고기를 키우는 사료가 되고, 옥수수 줄기로는 종이와 벽에 붙이는 벽판을 만든다. 연료로 쓰는 것은 물론이고 이것으로 숯을 생산하기도 하며, 옥수수 알갱이로는 술까지 만들어낸다. 옛날에 강원도 산골에 채집을 가서 얻어 마신 걸쭉하고 노리끼리한 옥시기술 맛이 잊히지 않는데, 아마도 할머니가 계시는 여염집에는 아직도 그 술을 담가서 명맥을 이어가고 있으리라.

옥수수는 세계에서 밀 다음으로 많이 심는 곡식이고 세 번째가 쌀이라고 한다. 미국에서 제일 많이 재배하고 그 다음이 중국이다. 그러니 우리나라에도 꽤나 일찍 종자가 들어오지 않았을까 싶다. 그 옛날에도 껍질을 벗긴 옥수수쌀로 떡, 묵, 밥, 엿, 소주까지 만들어 먹었다고 하니 우리의 생명을 부지하는 데 없어선 안 되었던 참 은혜로운 식물이다. 집집마다 많이도 쓰는 튀김기름이 이 옥수수의 씨눈에서 짜낸 것이요, 가축의 사료가 대개 옥수수 가루로 만든 것이니 기름기, 고기 한 점까지 이 식물 덕에 얻어먹는다. 이 기름이나 사료는 대부분이 '보이나니 옥수수요 들리나니 벌 소리뿐'이라는, 끝이 안 보이는 저 광활한 미국 들판에서 키운 것들임을 우리는 잘 안다. 산비탈 손바닥만 한 밭뙈기에서 키운 강원도 옥수수도 한판 붙어보려 하지만 언감생심(焉敢生心), 적수가 되지 못한다.

옥수수는 벼 · 보리 · 바랭이 · 강아지풀과 같이 볏과(科)에 드는 식물로, 줄기 하나가 곧게 뻗어서 사람 키의 한 배 반이나 된다. 마디는 열두세 개인데 그곳에 붙는 길다란 이파리 열두세 개도 서로 어긋나기를 한다. 마디가 아침 저녁이 다르게 거침없이 죽죽 뻗어올라 어느새 기품 있게 성장(盛裝)한 모습을 띤다. 다 자랐다 싶으면 벌써 줄기 꼭대기에 수꽃이 '개꼬리'를 내민다. 그리고 며칠 지나 옥수수 줄기 중간쯤, 위에서 여섯이나 일곱 번째 마디에서 뾰족이 꼬마 옥수수가 머리칼을 비집고 나오는데, 그때 끝 자락에는 실 모양의 수염 한 뭉치가 길게 나오니 이것이 암꽃이다.

그놈의 털수염을 달여 먹으면 오줌이 잘 나와 요석(尿石)을 밀어낸다고 하는데, 아무튼 바람에 날아온 꽃가루가 그 끝에 묻어서 가루받이하여 정핵이 생긴다. 그렇게 생긴 정핵은 10센티미터가 넘는 기다란 꽃가루관을 뚫고 내려가서 밑씨와 씨받이를 한다고 하니 정핵의 힘이 세기는 하다. 사실 세다기보다는 우리도 이해할 수 없는 불가사의한 일이라 하는 편이 낫겠다. 아무튼 커다란 옥수수 하나를 꺾어 켜켜이 싸인 질긴 종잇장 같은 껍질 열다섯 겹을 벗겨보면 이것들이 얼마나 새나 벌레의 공격을 야물딱지게 막고 있는가를 알 수 있다. 또 잘 관찰하면 암술인 수염 하나가 옥수수 알갱이 하나하나에 붙어 있는 것도 볼 수 있다.

손바닥만 한 빈 터라도 옥수수를 심으면 어떨까?

이렇게 옥수수 씨알을 심어서 싹이 트고 무럭무럭 자라 꽃 피고 열매 열리면 그것을 따는 데까지 오는 이 과정을 즐기는 재미는 농부만이 맛볼 수 있다. 이런 농심(農心)은 농부만이 갖는 행복이요 재산이다. 진종일 곱사 허리에 어깻죽지가 내려앉는 판에 그 맛과 재미가 없었다면 농자천하지대본(農者天下之大本)을 아무리 외쳐도 농사꾼은 이 세상에 없었을 것이다. 한마디로 키우는 재미, 그것이 농심이다.

호기심이 옥수수 씨알만큼이나 많아 어린이 마음으로 사는 사람은 옥수수를 하모니카 불듯 그냥 먹지만은 않는다. 그런 사람은 자기도 모르게 말간 빛을 띠며 줄줄이 송송 박혀 있는 알갱이에 눈이 가게 되고, "이게 몇 개나 될까?" 싶은 궁금증이 벌떡 솟아 꼼꼼히 헤아려본다. 보통 것은 옥수수 알이 열다섯 줄로 줄 지어 있고 한 줄에 서른

다섯 개 정도가 박혀 있으니, 15×35=525, 옥수수 하나에 평균 오백스물다섯 개의 씨알이 열려 있다는 셈이 아닌가. 씨 한 알을 심어서 오백 배가 넘는 수확을 한다니, 세상에 이보다 더한 장사가 어디 있는가. 두 배 장사만 해도 횡재 만났다고 하는 판인데. 그런데 여기에서 끝나는 게 아니다. 옥수숫대 한 포기에 보통은 두세 덩이가 열리니 실제로는 천 배, 이천 배가 넘는 수입을 올리는 것이다. 그래서 "농사만큼 수지 맞는 장사가 없다."고 하는 것이리라.

주산지인 강원도에서 '옥시기'로 불리는 옥수수는 신사 같은 식물이라서 절대로 제꽃가루받이를 하지 않는다. 앞에서 말한 대로 맨 위에 수꽃이 피고 밑의 옥수숫대 끄트머리에 암꽃이 피는 암수한그루로, 나락처럼 제꽃가루받이를 하는 놈과는 아주 딴판이다. 이놈도 우생학을 잘 아는지라 제꽃가루받이를 피하여 근친 교배를 하지 않는데〔自家不化合性〕, 다 큰 옥수수 전체를 비닐로 둘러싸면 알이 열리지 않는다. 그래서 옥수수는 굽도 펴도 못하도록 떼로 빽빽하게 심어서 가루받이가 잘 되게 한다. 그러니 찰옥수수를 심은 밭에서 멀지 않은 곳에 사료용 옥수수를 심으면 어떤 일이 일어날지 상상할 수 있으리라.

잘 보면 꽃가루를 옮기는 것은 바람뿐만이 아니다. 옥수수밭에 벌 떼가 돌아다니는 것을 보면 이놈들도 씨받이에 한몫한다는 것을 알 수 있다. 달팽이나 지렁이가 암수한몸이지만 절대로 자가수정을 하지 않고 딴 몸의 정자를 서로 주고받는다는 것은 여러 번 들어서 알고 있었으나 식물도 거의가 그렇다니 참 신기한 일이 아닐 수 없다. 식물이 가까운 것끼리 자주 교배가 이뤄지면 열성인자가 만날 것이라는 것을 어떻게 안단 말인가. 서로 유전적으로 먼 것과 만나 씨알을 맺으면 거기에서 건강한 튀기가 생긴다는 '잡종강세'도 사람들은 이들 동식물에서 보고 배운 것이다. 한마디로 그것들이 우리 상투 끝에 올라앉아 있는 셈이다.

준비성이 뛰어난 키다리 옥수수는 웃자라면서도 밑둥치에 헛뿌리를 뻗어내어 버팀목을 만들어놓으니 그 모양이 그럴싸하고 수숫대가 잘 쓰러지지 않는다. 그러니 옥수수는 그저 단순한 식물이 아니다. 옥수수빵 한 조각을 먹으면서도 외경스럽고 영묘하기 짝이 없는 식물 옥수수에 무한한 경의를 표해야 할 것으로 안다. 범사에 감사하며 살아가야 하는 것. 옥수수 만세!

4. 지구의 주인공들

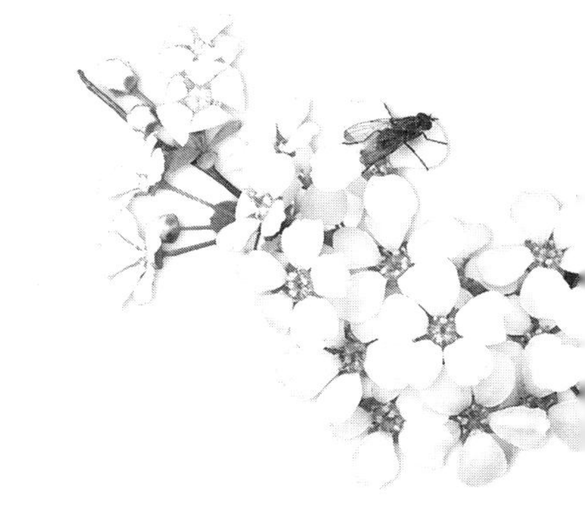

코알라는 오스트레일리아를 상징하는 동물 중 하나가 아닌가. 넓적한 얼굴에 둥근 코는 우뚝 솟아서 로마 병정 코를 닮았으며, 콧구멍은 나비 날개 모양이다. 또한 눈은 눈동자가 촛불 심지 같은 고양이 눈을 닮았고 홍채가 누르스름해서 '눈이 노란' 동물이다. 그런데 필자가 자주 말하였듯이 이 홍채가 새하얀 동물은 오직 사람뿐이다. 개를 비롯한 다른 동물의 눈을 잘 관찰해보면 "아, 그렇구나!" 할 것이다. 어쨌거나 코알라는 큰 놈의 몸길이가 85센티미터 정도이고 꼬리는 거의 없다시피 하며, 가슴팍은 반달곰을 닮아 희고, 발톱은 길고 예리하여 나무에서 살기에 알맞다.

'주머니를 단 놈'

코알라는 캥거루와 마찬가지로 미숙아로 태어난 새끼를 어미 '오지랖'에 품어 키우는, 주머니를 갖는 유대류(有袋類)이다. 이들은 포유류 중에서도 알을 낳는 단공류(單孔類)보다 조금 더 진화한 동물에 불과하므로 지능이 형편없고 목울대도 발달하지 못해 음치에 가깝다고 한다. 오스트레일리아 동부에 주로 사는 유대류는 백여 종쯤 되는데 코알라는 그 중의 한 종류다. 오스트레일리아 외에 캐나다 · 미국 · 남아메리카 지역에도 유대류가 두 개과(科) 70여 종이 살고 있다고 한다. 하지만 아시아에서는 육식동물에게 다 잡아먹히고 지금은 살아남은 것이 없다.

코알라는 학명이 '*Phascolarctos cinereus*'다. 앞의 속명은 '주머니가 있는 곰'이라는 뜻이고 뒤의 종명은 '회색'이라는 뜻으로, 꼴이 곰을 흉내낸 듯하다는 의미다. 수명이 20년 남짓한 이놈들은 야행성으로, 가슴팍에 분비샘이 있어 나무에 분비물을 문질러서 자기의 존재와 영역을 표시한다. 범이 소나무의 껍질을 날카로운 발톱으로 긁어 벗기고 거기에다 오줌을 깔겨놓는 것이나 개가 집 밖으로 나갔을 때 전신주나 나무 그루터기에 오줌을 질금질금 싸놓는 것도 같은 뜻의 짓거리다. 이 녀석들은 또 잠꾸러기라서 스무 시간 가까이 나무에서 쉰다고 하는데, '잠자기 위해서 사는 놈'이라는 표현을 쓸 정도다. 그리고 이놈들도 초식성이라서 풀의 섬유소를 소화할 장치를 가지고 있다. 그래서 돼지나 토끼를 닮아 맹장이 무려 7미터에 이를 정도로 길며 거기에다 음식을 일주일 가까이 넣어두어 미생물이 분해하게 한다.

이들은 주로 유칼립투스(유칼리) 나무의 잎을 하루에 1.3킬로그램 정도 따먹는데 유칼립투스 600여 종 중에서 15종 정도만 골라 먹는다고 한다. 코알라 고기 살점에는 온통 유칼립투스 냄새가 진동할 정도로 배어 있다고 하는데, 이것은 바로 이 나무의 시네올(cineole)이라는 기름 냄새라고 한다. 그런데 신기하게도 이 물질은 매우 독성이 강하지만 코알라에게는 해가 없단다. 또 이 나무의 잎에는 유독성인

페놀계 물질이 많이 들어 있으나 맹장에서 미생물들이 분해하여 독성을 없앤다고 하니 교묘한 생물계의 생존 전략이 여기에도 숨어 있다.

이놈들도 캥거루와 마찬가지로 임신 기간이 짧고 새끼를 한 마리만 낳는다. 새끼는 수정되어 35일이면 태어나는데 주머니 속에서 대여섯 달을 살다가, 주머니를 나와서 한 해 동안 어미의 등에 무동(舞童)타고 살고나서야 독립을 한다고 한다. 새끼들이 곰살궂게 어미의 등짝에 붙어 노니는 귀애스런 모습은 물론이고 짓궂고 익살스런 꼴이, 사람들 눈에는 밀물듯이 쏟아지는 잠으로 엄마의 등에 바짝 엎드려 두 뺨을 문지르는 귀여운 아기의 모습으로 비쳐 코알라가 더욱 사랑받는 동물이 되었다. 사람은 유독 이렇게 다른 생물을 의인화하는 시심(詩心)을 가졌다.

그런데 코알라의 어미가 젖을 뗄 때는 새끼에게 똥을 한 바가지 먹인다고 한다. 표현이 점잖지 못하지만 어미의 똥을 빨아먹게 한다는 것인데, 앞에서 말한 맹장에 서식하는 여러 미생물이 아직 새끼의 내장에는 없기에 일부러 미생물 덩어리인 어미 똥을 먹인 다음에야 풀을 먹게 한다는 것이다. 그러니 이 똥은 그저 똥이 아니라 소화제요 없어서는 안 될 약인 셈이다. 소나 토끼들은 어미젖을 빨고 바닥의 똥 묻은 풀을 먹기에 저절로 미생물이 맹장에 들어가 살게 되므로 문제가 안 된다. 그렇지만 코알라는 그런 '지저분한' 기회를 맞을 수 없었기에 반드시 이렇게 똥 먹는 '의식'을 치러야 어미 품을 떠날 수 있다. 어미가 똥까지 먹이는 것을 보면 저것들도 제 똥이 발효 세균 덩어리임을 알고 있다는 것이니, 죄다 제 요량이 있어서 다 살기 마련인가 보다.

부드러운 털가죽 때문에 수난당하는 코알라

코알라는 그곳 원주민이 붙인 이름으로 "물을 먹지 않는다."란 뜻이라고 한다. 언제나 물 덩어리인 유칼립투스 이파리를 먹고 사니 물이 필요 없는 것이다. 우리가 키우는 집토끼도 물을 먹이면 배탈이 난다고 하여 물기 없는 풀을 줄 정도니 당연한 일이리라. 저 사막에 사는 수많은 동물들도 콩팥에서 진행되는 물의 재흡수가 해면이 물 빨아들이듯 왕성하여 물을 따로 먹지 않고도 잘만 살고 있다. 코알라도 보나마나 콩팥의 세뇨관이 길 대로 길어서 물은 모두 다시 빨아들일 것이니, 오줌은 진하디진해서 코도 들지 못할 정도로 지린내가 진동을 할 것이다.

그런데 어디 코알라만 저 혼자 유아독존으로 세상을 살아갈 수 있나? 그곳 오스트레일리아에는 들개 정도를 빼면 코알라의 천적이 거의 없다. 그래서 가만히 두면 3년 안에 개체 수가 배로 불어나겠지만, 사람이라는 흉물스런 동물이 있기에 그런 일은 불가능하다. 고양이가 풀밭을 다니면 아무 탈이 없으나 얄궂게도 사람이 밟으면 힘센 잔디도 죽는다고, 이렇듯 인간이 나타나면 된서리를 맞아 살아남는 생물이 없다. 곰은 쓸개 때문에 죽어나가고 코알라는 그 보드라운 털 때문에 가죽이 벗겨져나간다고 한다.

"코알라야, 네 몸의 털을 뽑아 던져버려라. 그래야 네가 살아남는다. 털을 뽑아버리고 그 자리에다 흉물스럽게 때꼽을 덕지덕지 붙여두어 아귀 꼴을 하고 있거라."

그것도 그렇지만 비산비야(非山非野) 야트막한 언덕배기에 즐비하게 뻗어 있는 먹잇감인 나무숲을 골프장이다 뭐다 하여 모조리 다 베어버리니 먹을 게 없어서 그 수가 줄고, 자동차에 치여 죽는 놈들만도 1년에 400마리가 넘는다고 한다. 아직은 4만여 마리나 살고 있다며 큰 걱정거리가 아니라고 주장하는 학자도 있으나 벌써 "코알라를 살리자(Save the Koala)!"는 보호 운동이 벌어지고 있다고 한다.

한마디로 숲의 건강도를 알아볼 수 있는 중요한 지표종을 '우산종(umbrella species)'이라고 하는데, 여러 동물을 묶어 말하는 '동물의 뗏목(raft of animals)' 개념에서는 코알라가 그 지역의 동물이 얼마나 잘 보호되고 있는지를 알려주는 '깃대종(flagship species)'이 될 수 있다. 즉 코알라가 잘 살고 있으면 다른 동물들도 무탈하다는 뜻이다. 개발이나 오염의 안전지대로 생각되고 자연이 썩 잘 보존되리라 여겨지는 오스트레일리아에서도 이미 스무 종 남짓한 포유류가 멸종했다고 하니 우리 모두 자연의 지킴이라는 사명감을 가져야겠다. "미친 놈의 세상!"이란 말이 안 나오도록 말이다. 인간은 정녕 망령이 들어 이 지구를 망가뜨리고 말 작정인가. 거듭 말하지만 지구의 친구들을 겨룸의 대상으로 보지 말고 상생(相生)하는 '우리 동무'로 여겨야 한다. 그게 '다살이'가 아닌가.

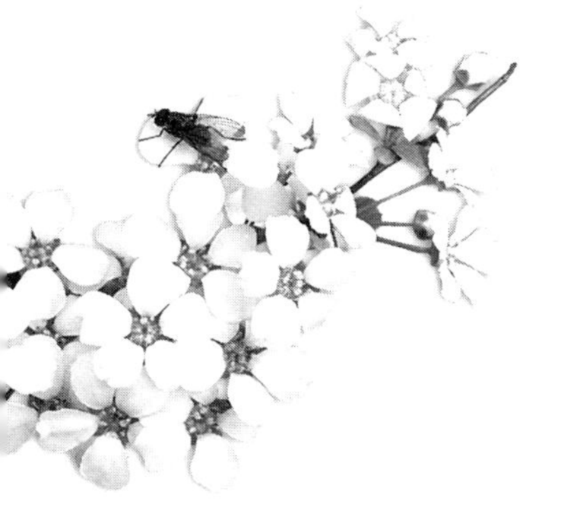

'끼리끼리'라는 말에는 또래들이 한 패를 짓는다는 뜻이 있으니, '코끼리'라는 말은 코가 유별나다는 특징과 함께 아마도 이 동물이 패거리를 짓는다는 특징을 말하는 것이리라. 아무튼 코끼리는 어미, 아비와 자식이 함께 모여 가족을 이루며 몇몇의 가족이 가깝게 무리를 지어서 하나의 작은 코끼리 사회를 만든다. 거기에서 제일 늙은 암놈이 대장이 되어 질서를 유지하는 것은 물론이고, 계절에 따라 먹이와 물을 찾아 이동할 때도 여러 번 다녀본 경험이 있는지라 지도자 노릇을 한다. 이런 가족의 틀에서 벗어나서 자란 놈이나 새끼 때 어미를 잃어 동물원에서 자란 놈들은 공격적이고 파괴적이며 위아래를 모른다고 하니, 가정교육과 부모의 보살핌이 얼마나 중요한가를 동물의 행동에서도 엿볼 수 있다.

게다가 유전적으로 가까운 친구를 만나면 흥분하여 소리를 지르고, 코를 감아 빙글빙글 돌고, 곡식 까부르는 키를 닮은 커다란 귀를 흔들어대며, 상아를 문지르고 대소변까지 질질 깔긴다고 하니 내림의 본질인 유전자란 피붙이를 서로 얽어매는 무서운 물질임에 틀림없다.

인도코끼리와 아프리카코끼리가 결혼을 한다면?

현재 살아남아 있는 코끼리는 단 두 종류가 있을 뿐이다. 인도코끼리[*Elephas maximus*]와 아프리카코끼리[*Loxodonta africana*]가 그것인데, 학명을 봐도 완전히 다른 종이라서 서로 교배가 되지 않는, 가까워 보이지만 알고 보면 서로 먼 무리다. 아프리카코끼리는 덩치가 훨씬 크고 귀가 1미터나 되어 겉으로 봐서도 쉽게 구분할 수 있는데, 아마도 더운 곳에 사는지라 넓다란 귀를 흔들어 바람을 일으키기도 하고 넓은 표면적을 이용해 체온을 날려 보내기도 하는 작용을 하는 것이리라.

어쨌거나 코끼리는 땅에 사는 동물 중에서 가장 큰 짐승으로, 인도코끼리는 키가 3미터에 몸무게가 6톤에 불과(?)하다지만 아프리카코끼리는 4미터에 8톤 가까이 된다고 한다. 그러니 "장님 코끼리 만지기."란 말이 나올 만도 하다. 그리고 "코끼리 비스킷 하나 먹으나 마나."라고 하듯이 하루에 무려 225킬로그램의 풀을 뜯어먹는다고 하니 그 식량(食量)이 놀랍다 하지 않을 수 없고, 먹은 것만큼이나 똥을 싸댈 것이니 그 양이 얼마나 될지 짐작조차 할 수 없다. 육식동물인 사자 녀석들은 염소 한 마리 잡아먹고 일주일을 드러누워 잔다고 하는데, 초식동물들은 우리네 조상들처럼 먹는 치다꺼리로 한평생을 다 보낸다. 풀에는 영양가가 적고 고기는 고칼로리 식품이라는 말인데, 아무래도 모를 일은 어찌하여 사자는 고기만 먹고 사는데도 대장암이나 고혈압에 걸리지 않는 것일까? 사람은 육식을 주로 하면 그것들이 단박에 달려든다는데 말이다.

그런데 세상의 딴 동물에서는 볼 수 없는 코끼리의 그 길다란 코는 어떻게 만들어진 것일까? 코끼리는 포유동물로 분류상으로는 '코가 길다'는 뜻인 장비류(長鼻類)에 속하며, 발굽이 말처럼 하나라서 기제류(奇蹄類)에 속한다. 소같이 굽이 두 개인 경우는 우제류(偶蹄類)라 하는데 우리나라에서도 소 · 돼지 · 염소 등의 우제류에만 감염되는 구제역(口蹄疫) 바이러스가 전국에 만연하여 온 나라에 비상이 걸렸던 적이 있다. 딴 발굽동물은 멀쩡하고 오직 발굽이 둘인 놈들에만 달라붙는 것이 어찌 보면 매우 의아스럽지만, 기생생물과 숙주의 짝이 정해져 있다는 것은 당연한 이치라 할 수 있다. 그것이 생물의 특이성이다.

아무튼 코끼리의 코는 그냥 코가 늘어난 것이 아니고 윗입술과 코가 합쳐져 길게 늘어난 것이다. '돼지 코'도 잘 보면 윗입술과 코가 하나로 합쳐져 길게 되어 있고 끝에 두 개의 콧구멍이 뻥 뚫려 있다. 코끼리가 물을 먹을 때는 이 콧구멍으로 빨아들여서 입 안에 쏟아놓는데 '코끼리 아저씨는 코가 손'이라서 과자를 줘도 코로 잡아서 입에다 넣는다. 참 묘하게도 적응한 동물이다. 물과 과자 말고도 그 긴 코를 치켜들고 제 키보다 훨씬 높은 나무 끝의 이파리를 따먹을 수 있으므로 살아가는 데 무척 유리하게 적응한 놈들이다. 두 뒷다리를 곧추세워 긴 코로 저 높은 곳에 매달린 잎사귀를 따먹을 수 있다니 그저 멋으로 생긴 코가 아님을 알 수 있다.

상아를 깎아 당구공을 만든다?

그렇다면 상아(象牙)라는 것은 어떻게, 무슨 목적으로 생겨났을까. 상아는 모두 네 개의 앞니 중 두 번째 앞니가 길게 자라난 것으로, 두개골에 묻혀 있는 전체의 3분의 1을 포함해 길이는 2미터에 이르고 큰 것은 무게가 23킬로그램이나 된다고 한다. 속으로는 신경과 핏줄이 통하고 있어서 양분의 공급을 받는지라, 점점 나이를 먹으면서 안에서 밖으로 층을 만들어 두꺼워지고 길어진다. 그런데 인도코끼리의 암놈은 상아가 없으며 상아가 있는 아프리카코끼리도 아프리카 서쪽에 사는 놈의 것은 딱딱하고, 동쪽에 사는 놈의 것은 부드럽다고 한다.

하여튼 상아는 '코끼리 진주'라 하여 순백의 광택이 나고 변하지 않으며 조각하기에 편해서 동양 사람들은 장식용 말고도 도장을 파 지니기를 좋아했다. 또 옛날에 서양에서는 상아를 피아노 건반이나 흰 당구알을 만드는 데 썼으니 코끼리는 예나 지금이나 이놈의 상아 때문에 죽어나간다. 쓸개 때문에 죽어나가는 곰의 신세와 다를 바 없다 하겠다. 그래서 코끼리는 멸종 위기에 놓인 위기종이거나 그보다 더 심한 위협종 상태에 놓이게 되었다. 못된 인종들 때문에 저 많은 우리의 귀한 동무들이 지구에서 영원히 사라지고 있으니 인간 나부랭이는 가엾게도 무간지옥에 떨어질 죄를 많이도 짓고 있다.

코끼리는 이 상아로 나무를 찍어 눕혀서 잎을 따먹고 주로 사자 떼인 적의 공격을 막아 가족을 지킨다. 즉 무기로 사용하는 것이다.

그리고 성장한 수컷들은 매년 한 번씩 발정을 하는데 이 발정기 때는 귀 뒤쪽에 있는 발정샘에서 특유한 냄새를 피우는 점액을 분비하면서 수컷끼리 박 터지는 암놈 차지 싸움을 벌인다. 다 유전자를 더 많이 퍼뜨리겠다는 본능적 행위인데 정말로 묘한 것은 그것들이 코를 감고 힘자랑만 할 뿐 상대를 예리한 상아로 찌르지는 않는다는 사실이다. 참고로 기린의 뒷발질에 걸리면 살아남는 동물이 없다는데 그것들도 수놈끼리 싸울 때 절대로 뒷다리를 쓰지 않고 목 힘겨루기로 결판을 낸다고 한다. 그런데 어찌하여 사람은 서로 총부리를 겨누고 칼로 찌르고 폭탄을 던지는 것일까? 제일 먼저 이 지구를 떠나야 할 녀석은 누가 뭐라 해도 사람이 아닐까.

게다가 사람은 이 코끼리를 길들여서 서커스에 내보내고 목재를 옮기는 일로 부려먹으며 전쟁 때는 탄약 운반에도 쓴다고 하지 않는가. 얼마나 성질이 온순하고 심성이 순수했으면 부처님은 이 인도코끼리를 불교의 상징 동물로 여겼겠는가. 코끼리 몸에는 털이 거의 없으나 유독 꼬리 끝에는 센털이 있는데 이것으로 팔찌를 만들어 걸면 행운이 온다 하여 인도 사람들은 즐겨 만들어 찬다고 한다.

코끼리도 무선통신을 쓴다네

어느 생물이나 태어나서 살다가 죽어버리는 생멸을 반복하지만 종 자체가 생겼다가 사라져버린 화석종(化石種)도 정말 많다. 지금 지구에 살고 있는 200만여 종이나 되는 생물 종은 먼저 지구를 떠나버린 화석종의 2퍼센트에 지나지 않는다고 하는데 정말 그 말에 수긍이 간다. 여기에서 예견이 가능한 사실은 인류도 언젠가는 공룡처럼 지구에서 사라져버리고 화석종으로 남을 수 있다는 것이다.

같은 코끼리 과(科)에 드는 매머드(mammoth)가 화석동물의 한 예다. 몸집이 코끼리보다 큰 매머드는 검고 긴 털과 3미터에 달하는, 위로 굽은 상아가 있었다. 시베리아나 북아메리카 등지에서 화석으로 발견되었는데, 1901년 시베리아의 얼음덩이 속에서 발견된 매머드를 분석했더니 인도코끼리를 닮았더라고 한다. 여담이지만 그것을 연구하는 사람들이 얼음 속의 고기가 하도 싱싱하여 호기심으로 그 살코기를 삶아 먹고 배탈이 났었다는 이야기도 있다. 이는 아마도 고기를 덜 익혀 먹었기 때문일 것이니, 여기에서 유추할 수 있는 재미나는 이야기 하나는 1만 년 전에 매머드 몸에 묻어 있던 설사병의 원인균인 살모넬라균 역시 죽지 않고 살아남아 있었을 것이라는 점이다.

흔히 돌연변이를 통해, 멜라닌 색소가 형성되지 못하는 알비노(albino), 즉 백화병(白化病)에 걸린 흰코끼리가 태어나는 수가 있다. 이를 인도 · 미얀마 · 태국 등지에서는 대단히 신성한 동물이요, 엄청난 길조로 여긴다고 한다. 언제나 귀한 것은 비싼 것이라, 같은 돌연변이로 생긴 백사(白蛇)도 그 값이 하늘 높은 줄 모르고 올라가서 하늘 똥구멍을 찌른다.

흰코끼리 등 위의 연꽃 속에서 아기 부처가 태어났다고 하니 이 동물을 빼고 불교를 논할 수 없는데 이렇게 인도에서 발생한 불교와 인도코끼리가 연계되듯이 우리 단군신화에 범과 곰이 나오는 것 역시 그 동물이 우리 조상들 주변에 살았기 때문이리라. 우리 조상들은 우리 눈에 익은 풍경의 산수화를 많이 그렸고, 사막에 사는 사람들 그림에는 선인장이 등장하고 탄광촌 아이들이 그린 냇물은 먹물이다. 이러한 많은 사실을 그 시절 그 장소의 환경을 염두에 두고 그 맥락에서 해석하면 여러 가지를 이해하는 데 도움이 된다.

모든 생물은 제가 살고 있는 환경의 지배를 받는 법이다. 코끼리도 예외는 아니라서 십 리 밖 먼 곳에 있는 친구들과 의사소통을 하기 위해 '소리'라는 수단을 쓴다. 가까운 놈끼리는 높은 소리로 고함을 지르는데, 그 소리가 117데시벨(dB)에 달하며 특히 발정기 암놈의 소리는 그렇게 시끄럽다고 한다. 참고로 비교하자면 건축 현장이 110데시벨, 록 콘서트 무대가 120데시벨에 달한다.

그런데 이들 무리는 1~5킬로미터의 일정한 거리를 두고 풀을 뜯으면서 이동을 하므로 이때는 높은 소리로는 전달이 불가능하다. 그래서 아주 낮은, 사람 귀에 겨우 들릴 듯 말 듯한 역치(閾値)에 해당하는 저주파(低周波) 소리를 내어 신호를 보낸다는 것이 근래 알려지고 있다.

사람이 들을 수 있는 최하의 것이 20헤르츠(Hz)이다. 그런데 코끼리는 14~35헤르츠의 소리를 쏘아서 "나 여기 있다, 너희들 잘 있느냐, 여기에 마실 물이 있다, 적의 공격이 있으니 거기도 조심할지어다, 여기는 나의 영역이다."는 등의 의사를 전달한다고 한다. 이는 주파수가 짧을수록 멀리 음파가 잘 전달된다는 것을 이 코끼리가 알고 있다는 것이다. 코끼리는 포유류 중에서 가장 낮은 소리를 듣는 동물이라 한다. 한마디로 코끼리는 제가 만든 일종의 '라디오' 전파를 내보내고 또 그것을 알아듣는, 재미나는 동물인데 바다 밑 고래도 유사한 방법을 동원하여 의사 전달을 한다고 한다.

코끼리가 있는 곳에는 소리 없는 천둥이 인다

이런 연구 결과는 저 넓은 아프리카의 사바나 초원에서, 이글거리는 햇빛에 전신을 태우면서 코끼리를 따라다니며 그 소리를 녹음하고 그들의 행동을 분석하는 '야외 생물학자'가 없이는 불가능한 일이다. 그 대표적인 사람이 미국 코넬 대학의 여교수 페인(K. K. Payne)이다. 페인은 고래의 소리 전달을 연구한 사람인데, 우연히도 동물원에 들렀다가 '옅은 천둥의 우르릉거림, 아니면 심장의 고동 소리' 같은 소리를 듣고 코끼리의 이 신비한 의사소통법을 밝히게 되었다고 한다. 페인은 나중에 『코끼리가 있는 곳에는 소리 없는 천둥이 인다(Silent thunder : In the presence of elephants)』라는 저서까지 출간하였다. 아무튼 그들은 하나같이 돌아쳐야 직성이 풀리는 역마신(役馬神)이

씐 사람들이다. 역시 세상은 이런 별난 사람들이 있기에 역사와 과학의 영역을 넓혀나갈 수 있는 것이리라. 그리고 어느 과학 분야보다 생물학은 여성들과 친화성이 있는지라 앞으로도 더 많은 여성들이 이 분야로 달려오길 기대하고 있다.

모든 생물은 환경의 지배를 받는다. 여러 환경 중에서도 대기의 조건은 소리의 전달에 중요한 요인이 된다. 물론 온도, 습도, 풍향 등을 비롯하여 수목의 유무까지도 소리 전달에 영향을 미친다.

코끼리만 봐도 그렇다. 이녀석들은 서로 유전적으로 가까운 것끼리 일정한 영역에 모여 살면서 협동 행동을 하기 때문에 의사소통은 절대적으로 필요하다. 따라서 소리의 전달 방법 없이는 종족의 보존이 불가능하다고 볼 때 그에 맞는 기후 조건은 절대적이다.

예컨대, 넓은 사막에 사는 동물의 동물행동학을 알기 위해서는 이들의 의사소통을 연구하지 않을 수 없는데, 아프리카의 줄루족들이 내지르는 소리가 저녁 무렵에 가장 멀리까지 들린다고 한다. 여기서 알 수 있듯, 저물 녘이나 새벽에 소리의 전파 속도가 빨라서 더운 낮보다 네 배나 멀리 퍼져나간다고 한다. 야행성인 사자가 어스름하게 땅거미가 질 때 포효하고 새들이 이른 새벽녘에 귀가 따갑게 지저귀는 것도 결국은 제 소리를 멀리까지 들리게 하기 위함이다. 실제로 늑대나 원숭이는 물론이고 개구리나 곤충들도 밤낮으로 울기는 하지만 저녁과 새벽에는 더 요란스럽게 울어젖힌다. 여기에서 코끼리도 예외가 아니다. 낮에는 바람이 골짜기를 타고 올라가고 밤에는 내려가는데, 해질 무렵 순간적으로 이런 기류가 없는 때를 이용하여 저주파를 보내는 것이 관찰되었다고 한다.

일찍 일어난 새가 벌레를 잡고 높이 나는 새가 멀리 본다고 하지만, 저 멀리 낮은 주파수의 소리를 전하고 듣는 코끼리는 모름지기 귀가 밝아야 하겠다. 그래야 안전은 물론이고 먹이와 물을 찾고 가족의 끈에서 벗어나지 않게 되는 것이니, 그것이 곧 생사를 결정하는 중요한 것임은 말할 필요도 없다. 코끼리는 음력 대보름날이면 언제나 귀밝이술을 한 동이씩 들이마셔야 하겠다. 그 긴 코를 술독에 처박고 말이다. 오늘도 저 아프리카 들판이나 인도 산비탈의 코끼리들은 남이 알아듣지 못하는 자기들만의 고유한 주파수로 은밀한 대화를 나누고 있으리라.

"서부 전선 이상 없다, 오버. 이 동네도 탈 없다, 오버. 아니야 아니야, 저기저기, 사자 떼가 밤눈에 불을 켜고 달려온다. 아이들을 보호하라, 보호하라, 오버."

시베리아 얼음덩이 속에서 덩치 큰 매머드(mammoth)를 캐내어 이빨 두 개를 썰매에 실어 옮기는 사진이 신문마다 대문짝만 하게 실렸는데, 그 아래에 붙인 이름은 뭘 좀 아는 사람을 아연실색케 만들었다. 상아를 '어금니'라거나 '송곳니'라고 써놨으니 말이다. 결론부터 말하면 그 상아는 '앞 윗니'가 자라난 것이고, 길게 위로 굽은 커다란 상아를 가졌으니 그놈은 수컷 매머드다. 코끼리를 봐도 아프리카코끼리는 암수 모두 상아를 갖지만 인도코끼리 암놈에는 숫제 상아가 없거나 있어도 아주 작으므로 그것만 보고도 암수 구별이 가능하다. 이것도 이차 성징(二次性徵)이다. 암수가 서로 빨리 알아본다는 것은 짝짓기 할 짝을 찾는 데 필요한 시간을 아낄 수 있어 유리하다. 곧 가족 구성원이 위계질서를 지킴으로써 다툼을 줄여 에너지를 절약하는 것과 같은 원리다.

생물학자의 책임을 고민하며……

어쩌다가 신문마다 하나같이 틀리게 썼는지가 궁금해서 나름대로 뒷조사를 해보았더니 국어대사전이 주범이라는 생각이 들었다. 사전마다 상아는 '어금니나 송곳니가 자란 것'이라고 되어 있으니 말이다. 대사전 편찬에 참여한 생물학자의 책임이 크다 하겠다. 코끼리도 코만 길어진 것이 아니다. 코와 윗입술이 하나로 붙어 길어진 것이라 아랫입술은 그대로 작게 남아 있으며, 돼지코도 상대적으로 짧기는 해도 같은 구조를 보인다. 그러니 사물을 관찰할 때 마음에 두고(心在) 편견 없이 세심하게 보는 버릇, 그것이 알고보면 참된 과학이다.

매머드는 3종이 있었으니 아시아와 유럽에 살았던 '*Mammuthus meridionalis*', 북아메리카 대륙에 서식했던 '*M. imperator*', 시베리아 얼음 속에서 발굴된 주인공으로 매머드를 대표하는 '*M. primigenius*'가 그것들이다. 이 학명 표기를 눈여겨볼 필요가 있다. 매머드의 속명은 '*Mammuthus*'이니, 처음 것만 속명을 제대로 쓰고 나머지는 약자로 쓴 것이다. 이는 학자들 사이의 약속이다. 이렇게 함으로써 지면을 절약하고 잉크도, 시간도 아낄 수 있으니 좋다.

엉뚱한 이야기일 수도 있지만, 내가 일하는 와중에 이 학명을 바로잡아주는 데 드는 시간도 무시 못 할 정도다. 신문을 보면 학명을 이탤릭체로 써야 한다는 것을 제대로 알고 있는 기자가 드물고, 앞의 속명은 대문자로 시작하고 뒤의 종명은 소문자로 시작해야 한다는 걸 모르는 경우는 실로 다반사다. 요새는 그래도 신문마다 기자의 전자우편 주소를 적어놓았기에 돈 안 들이고 바로잡아 줄 수 있지만, 몇 년 전만 해도 엽서 값이 꽤나 들었다. 더 괘씸한 것은 오류를 지적한 설명을 길게 써서 보내주어도 고맙다는 말 한마디가 없는 것이다. 고마움을 모르는 그런 사람들이 어찌 좋은 글과 소식을 전한단 말인가? 또 하나 지적할 것은 동물, 식물의 우리말 이름은 그것이 아무리 길어도 반드시 붙여 써야 한다는 점이다. '붉은 머리 오목 눈이'가 아니고 '붉은머리오목눈이'로, '가는 잎 족제비 고사리'가 아니고 '가는잎족제비고사리'로 써야 한다는 말이다.

아무튼 매머드는 화석생물이다. 돌이 되지는 않았으나 얼음이 그 모습을 그대로 보존하고 있었으니 말이다. 신문에 소개된 매머드는 이빨로 나이를 측정하였더니 47세였다고 한다. 1997년에 발견하여 국적 발굴팀이 오랜 고생 끝에 7톤의 매머드 사체를 포함, 23톤에 달하는 얼음 덩어리를 통째로 잘라 320킬로미터나 떨어진 하탕가(Khatanga) 얼음 동굴로 옮겼다. 엄청난 작업이었다.

매머드는 지금의 코끼리만 한 놈으로 크기와 무게가 엄청나다. 보통 키가 4미터에 몸무게가 10여 톤이나 되고, 먹새도 좋아 하루에 최소한 90여 킬로그램의 풀을 스무 시간 동안에 먹어치웠다고 한다. 냉동된 매머드의 창자 속에서 북극에 살았던 식물이 발견되었는데, 풀에 양분이 많이 들어 있지는 않으므로 초식동물들은 먹는 데 일생을 거의 다 보낸다고 해도 과언이 아니다. 사자는 어떠한가. 한 번 고기를 먹고 일주일 가까이 누워서 쉬며 힘을 돋워 다음 사냥을 꿈꾼다. 고기는 그래서 근기(根基)가 있는 게 아닌가.

얼음 속의 매머드를 살려낼 수 있을까?

매머드의 생김새를 보면 상아는 긴 게 거의 5미터에 달하지만 귀와 꼬리, 몸통은 짧다. 엉덩이 뒤쪽은 아래로 처졌고 두개골은 앞뒤로 납작한 편이며 온몸에 2.5센티미터 정도의 짧은 털이 가득 나 있다. 그 위에 50센티미터에 달하는 긴 털이 부숭부숭 나 있다. 열을 잘 전하지 않는 절연체인 피하지방이 무려 8센티미터 두께로 몸을 뒤덮었고, 머리와 어깨 부위에도 커다란 지방 덩어리가 붙어 있어 거기다 양분을 저장했다고 한다. 그래서 매머드를 다른 말로 '털이 난 코끼리〔有毛象〕'라 하는데, 이런 여러 특징은 그것들이 추운 지방에서 살았다는 것을 말해주고 있다.

매머드는 오스트레일리아와 남아메리카를 제외하고 지구 어디서나 300~400만 년 동안 살았으나 약 1만 년 전에 멸종된 것으로 추정된다. 매머드가 절멸하여 뒤를 잇지 못한 원인은 1만 년 전에 지구가 간빙기(間氷期)를 맞아 기온이 훨씬 따뜻해지고 건조해져 추운 기후에 적응한 이놈들의 서식지가 줄어들었기 때문이라고 추정도 하지만, 이 매머드를 사라지게 한 가장 큰 이유는 먹새 좋은 포식자의 등장이다. 그 포식자는 다름 아닌 우리 인간의 선배였다. 그런데 후손인 우리들이 되살려 보겠다고 야단을 피운다. 모기 속에 남은 공룡의 피에서 유전자를 채취하여 공룡을 복제한다는 '쥐라기 공원'을 본떠서, 이놈의 정자를 아프리카코끼리의 난자와 수정시켜 잡종을 얻는다거나, 몸뚱이 세포의 핵을 떼 내어 양 돌리나 우리 소 영롱이처럼 복제 기술로 복원하겠다는 야심찬 계획을 세우고 있다. 허나 이 매머드는 뼈와 가죽뿐이라고 하니 아마도 헛수고를 하는 게 아닌가 싶다. 매머드와 코끼리는 같은 종이 아니라서 종간잡종(種間雜種)을 얻는 것도 그리 쉬운 일이 아니다.

시베리아의 얼음 온도가 섭씨 영하 14도밖에 안 된다는 점에서도 잡종을 만드는 일은 실패로 돌아갈 가능성이 크다. 보통 사람이나 동물의 정자를 보관할 때는 부동액인 글리세린을 함께 넣어 질소로 섭씨 영하 190도로 급속 냉동했다가 필요할 때 끄집어내 쓴다. 따라서 얼음 속의 매머드 정자는 상했거나 에너지를 너무 많이 소비해 쓸모

없게 되었을 가능성이 크다.

급속 냉동으로 보관하면 에너지 소비가 상온에 뒀을 때의 1퍼센트 정도에 불과하므로 장기간 보관이 가능하다. 지금의 의술로는 고칠 수 없는 병을 지닌 사람 몇이 지금 이런 냉동 상태로 보관되어 있으니, 의술이 더 발달하여 치료 가능성이 있으면 매머드처럼 냉동실에서 꺼내 치료를 받게 한다는 게 아닌가.

3만 년 가까이 시베리아 얼음 속에 묻혀 있던 이것들이 얼음이 녹으면서 밖으로 몸을 내미니, 탐험가들이 그 고기를 먹고 배탈이 났다는 기록도 있는 만큼 썰매를 끄는 개가 먹잇감으로 먹기도 했을 것이다. 이미 중세 때부터 매머드의 상아를 중국이나 유럽에 내다 팔았다고도 한다.

어쨌거나 지구에서 절멸한 동물 한 종을 놓고 연구하며 되살리는 데 온힘을 쏟는 것을 보면서, 지금 우리 곁에 있는 것들이라도 애써 잘 보호하고 보존해야겠다는 생각이 저절로 든다. 앞으로 얼마나 많은 생물들이 매머드 꼴을 당할지 누가 알겠는가? 우리 사람도 정녕 예외가 아니다.

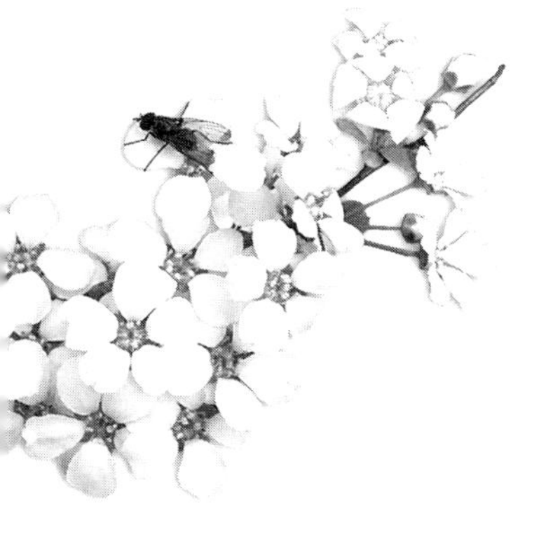

따뜻한 봄철을 양춘가절(陽春佳節)이라 하지 않는가. 모진 겨울을 죽지 않고 잘도 넘긴 벌과 나비(蜂蝶)가 한껏 봄을 즐긴다. 벌레들이 설쳐야 개구리가 나오고 이어서 뱀이 따라나오듯이, 꽃이 피어야 꿀을 찾아 이들도 날아오르기 시작한다. 이렇듯 자연계는 정해진 순서와 위계질서를 반드시 지킨다. 얼마나 자연계가 오묘한가? 필자도 그 신비에 빠져 눈이 빠져라 글을 읽었고 또 산이나 들판으로 돌아다니느라 목줄기가 아플 지경이다.

논두렁 밭두둑에 팔랑팔랑 날갯짓을 하면서 쌍쌍이 날고 있는 저 나비들은 그저 날기만 하는 것이 아니라 암수가 건강한 짝을 찾아 자손을 남기려는 짓이다. 여기서 곤충의 기기묘묘한 짝짓기 작전을 훔쳐보자.

나비는 '나불거리는 놈'이라는 뜻

서양 사람들은 나비를 '다리가 달린 나뭇잎'이라고 한다. 그만큼 이파리와 비슷해 새 같은 천적이 알아보지 못하니 살아남기에 유리하다.

다른 곤충이 다 그렇듯이 나비도 암놈이 수놈보다 훨

씬 크다. 집파리나 똥파리 암수가 달라붙어 짝짓기 하는 것을 보면 등에 붙은 놈이 수컷인데 그놈들은 왜 그렇게 짝짓기를 오래 하는지 모르겠다. 또 나비들은 하나같이 몸색깔이 현란한데, 종마다 색깔과 무늬가 달라서 단박에 끼리끼리 찾아낼 수 있다. 그렇지 않았다면 짝을 찾아내는 데 쓸데없이 많은 시간과 에너지를 소모할 뻔했다.

나비의 비늘은 제법 딱딱한 윗날개에 기왓장을 포갠 듯이 덮여 있는 것으로 가벼운 접촉에도 쉽게 떨어져 나간다. 참고로 나비나 나방의 날개를 손으로 잡아보면 손가락에 비늘이 달라붙는데 그럴 때는 손을 씻는 것이 좋다.

그리고 물고기나 악어 비늘이 속껍질을 보호하듯이, 나비의 비늘도 날개를 보호한다. 하지만 더 큰 역할은 다양한 색으로 종의 특징을 발휘하는 것이다.

노랑나비의 한 종류는 수컷이 날개 비늘에 자외선을 반사하는데 이것을 보고 암컷이 수컷을 알아낸다고 한다. 반대로 다른 나비들은 대부분 암컷이 자외선을 반사하고 수컷이 그것을 흡수함으로써 서로를 인식한다. 이렇듯 나비가 짝을 찾는 데도 자외선이라는 수단이 동원된다. 늙어서 비늘이 다 떨어져나가 색이 흐릿한 수컷은 암컷들이 피해 날아간다고 하는데 그만큼 자외선 흡수량이 약해졌기 때문이다. 이렇듯 나비도 젊고 잘생기고 유전인자가 건강한 상대를 찾으니 이것이 바로 '성(性)의 선택'이다.

어느 동물이나 건강한 상대, 잘생긴 짝을 찾으니 사람도 그 법칙에서 예외가 아니다. 돈이 바로 에너지 아닌가. 그래서 먹이를 구하고 자식을 키우는 중요한 수단인 돈이 없는 남자는 장가를 들지 못한다. 시골 총각이 장가를 못 가는 비극은 우연한 일이 아니다. 같이 살다가도 무능한 사람을 버리고 도망가버리는 것도 인간이 동물이라는 사실을 증명하는 것이리라. 돈이 없어 홀아비로 사는 것은 바로 성의 선택압(選擇壓)에 눌린 상태라 하겠다. 아무튼 나비는 자외선으로 사랑의 신호를 보낸다!

나비의 다른 구애 방법은 밀월여행을 하면서 '사랑의 향수'를 뿌리는 것이다. 우리가 흔히 보는 배추흰나비는 짝짓기 하기 전에 길고 긴 애무를 즐기는데 두 마리가 공중에서 붙었다 떨어지기를 수없이, 한 시간을 넘게 계속한다. 수놈의 똥구멍 근방에 있는 작은 돌기를 암놈의 긴 더듬이에 문지르며, 땅바닥에 떨어질 듯 그렇게 나는 것이다. 그렇게 하면 돌기에서 사랑의 향수 페로몬(pheromone)이 나와 암놈을 발정시키고 결국 암놈이 바닥에 내려앉아 자세를 취하고 짝짓기를 하게 된다.

이번에는 나방의 경우를 보자. 나비는 수놈이 적극적이라 페로몬도 수놈이 뿌리지만 대부분의 나방은 암놈이 먼저 꼬리를 흔든다. 암놈이 풍기는 페로몬을 수놈은 더듬이에 수없이 많이 나 있는 솜털로 느낀다. 몇 킬로미터 떨어진 먼 곳에서도 냄새를 맡는다. 종이 다르면 절대로 끌리지 않으므로 비슷하더라도 다른 종과는 짝짓기 하지 않는다. 짝짓기를 한댔자 새끼가 생기지 않으니 귀한 에너지를 쓸데없이 허비할 필요가 없다. 놀랍게도 나방은 땅속 번데기로 있을 때부터 페로몬을 내보낸다니 꽤나 조숙하다. 누에나방이 그렇듯이 암놈 나방은 번데기에서 나오자마자 발정하여 수컷을 찾으므로 일찌감치 신호를 보내는 것이다. 날갯깃에 물기도 마르기 전에 사랑을 부르는 놈들이다.

숭고하기만 한 수놈 나비의 사랑

나비 이야기로 되돌아오자. 번데기에서 갓 깨어난 수놈이 언덕바지 양지바른 데서 몸을 데우면서 암놈을 기다릴 때, 텃세를 부리지 않는 생물이 없는지라 이놈도 자기 영역을 확보하고 신붓감을 기다린다. 천사 같은 나비가 싸움질을 한다? 맞다. 암놈 하나를 놓고 수놈끼리 싸움을 하니 여기서도 힘센 놈이 암놈을 차지한다. 알고 보면 나비의 사랑 놀이에도 치열한 경쟁으로 피 튀기는 다툼이 있다. 이리하여 힘세고 건강한 나비가 도맡아 씨를 뿌리게 되니, 못난이 수놈 나비를 생각하면 사뭇 동정심이 일기는 하지만 그래도 그게 나비 전체의 집단을 건강하게 유지하는 길이라 집단유전학의 눈으로 보면 당연한 일이다.

거의 모든 나비들은 암수가 모두 한 번씩만 짝짓기를 하기 때문에 상대를 고르는 데 매우 신중하다고 한다. 무슨 놈의 나비가 짝을 고르느냐고 하겠지만, 짚신벌레 같은 단세포 생물도 접합을 할 때 궁합(?)을 본다고 한다. 짝의 유형(mating type)이 서로 정해져 있다니 놀랄 일이다. 아무튼 나비는 짝짓기할 때 수놈이 자기 몸무게의 6~10퍼센트나 되는 정자가 든 최고급 영양 덩어리와 정포(精包)를 암놈 자궁에 집어넣는다. 암놈은 그것을 받아들여 건강을 유지하면서 튼튼한 알을 많이 낳는데, 놀랍게도 그 속에 든 물질이 암놈의 짝짓기 욕구를 감소시켜 결과적으로 다른 수놈의 유전물질이 들어가지 못하게 한다.

자기 씨만 널리 퍼뜨리려는 수놈 세계의 신비스런 이 메커니즘을 어떻게 해석해야 한단 말인가. 경우에 따라서는 정포가 굳어져서 암놈의 생식관을 막아버리는 마개〔受胎囊〕 구실을 하여 암놈의 정절을 강요한다니, 수놈 나비의 이기적인 생식 작전에 절로 머리가 흔들어질 뿐이다. 수놈이 분비한 액은 처음에는 반투명한 주머니로 보이지만 조금 시간이 지나면 회백색, 하루가 지나면 갈색에 가까워진다. 우리나라에 사는 나비 몇 종에도 이런 일이 일어나는데 애호랑나비, 붉은점모시나비, 모시나비, 사향제비나비 등이 그것들이다.

어느 생물이나 수놈들의 공격적인 씨 퍼뜨리기는 알아줘야 한다. 동서고금을 막론하고 인간 사회 남자들의 바람기도 여기에 그 샘이 있는 것이리라. 생물이 죽고 나면 남는 것이라고는 오직 유전자뿐이라 더욱 그러할 것이다.

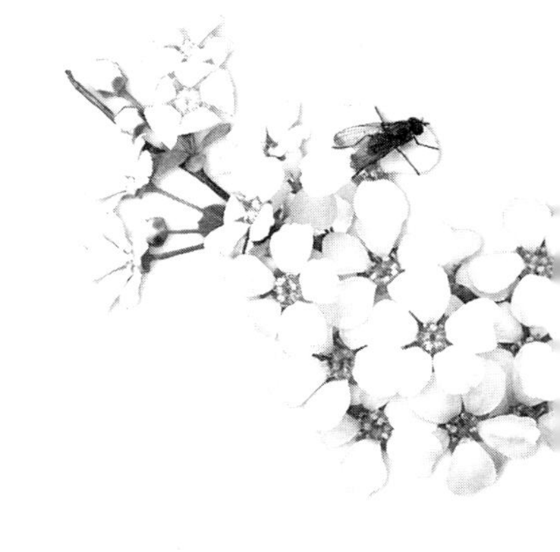

과연 이 지구의 주인은 누구일까? '만물의 영장'이라는 사람이 정말 지구의 주인으로 다른 생물을 지배하며 사는 것일까. 하늘에 비행기를 날리고 바다엔 배를 띄우니 새나 물고기는 놀라고 두려워한다. 하지만 땅속에 사는 생물들은 사람을 그리 무서워하지 않는다.

누가 뭐래도 이 지구에서 가장 성공한 동물은 개미다. 그 수나 분포 정도만 보아도 참으로 압도적임을 알 수 있다. 그렇다면 지구에 살고 있는 개미는 과연 몇 마리나 될까. 땅 구석 어디에도 개미가 살지 않는 곳이 없고, 개미굴 하나에 든 숫자만도 수십만으로 우리나라 군인 수보다 많으니 그럴 만도 하다. 힘주어 다시 말하지만 이 지구의 주인공은 개미다. 생물학 용어를 빌려 말해도 빈도(頻度)와 피도(被度), 밀도(密度)가 다 사람보다 훨씬 많고 넓고 크니 그들이 바로 지구의 우점종이다.

왕관을 쓰느냐 일꾼이 되느냐가 먹는 음식에 달렸다

개미는 분류학상으로 보아 벌과 아주 가까운 놈으로 벌목(目)에 속한다. 그래서 개미들 중에는 침이 있어서 벌처럼 사람을 쏘는 종류도 있다. 같은 조상에서 하나는 공중을 날도록 적응하고 하나는 땅굴을 파고 들어가 살도록 적응한 것이다. 그러나 수캐미와 여왕개미는 날개가 있어서 짝짓기할 때는 공중에서 밀월여행을 즐기니 벌을 무척 빼닮았다.

개미는 세계적으로 8,800여 종이 있는데 역시 벌처럼 사회생활을 하고 계급이 나뉘어 있으며 분업을 하도록 조직돼 있다. 여왕개미, 일개미, 수캐미, 병정개미가 그것이다. 특이한 것은 여왕개미와 일개미는 유전적으로 조금도 다름없으나 여왕개미는 로열젤리라는 고급 음식을 먹는 데 반해 일개미는 보통 음식을 먹기 때문에 생식 능력을 잃어 불임이 된다는 것이다. 놀랍게도 먹이 하나가 생식력까지 결정한다니 음식이란 정말 중요한 삶의 한 조건이라 하겠다. 또 수캐미는 미수정란이 발생을 한 것이라 염색체 수가 절반밖에 안된다는 것도 벌과 같다. 참으로 신비롭지 않은가? 미수정란이 발생하는 것을 '단위생식'이나 '처녀생식'이라 부르는데, 따지고 보면 예수께서도 이 범주에서 탄생하셨다.

개미에는 여러 개의 속(屬)이 있는데, 대표적으로는 사무라이개미속[*Polyergus*]과 불개미속[*Formica*]이 있다. 앞의 것은 괴상하게 진화를 해서 뻐꾸기처럼 제 스스로 새끼를 치지 못한다. 그래서 다른 개미인 불개미의 집을 공격하여 일개미 번데기를 물고 와 키워서 노예로 삼고 모든 집안일을 도맡아 처리하게 한다. 일개미는 생식력이 떨어지는 대신 그 보상인지 힘이 세어 어쨌든 살아남는다.

그런데 개미의 대부분을 차지하는 불개미들은 어떻게 집을 늘려나갈까? 화창한 봄날 떼 지어 공중을 날아오른 여왕개미는 수캐미와 짝짓기를 하자마자 집에서 멀리 떨어진 곳으로 홀로 날아가 땅바닥에

앉고는 먼저 제 날개를 떼어버린다. 한 번의 짝짓기로 평생 쓸 정자를 충분히 받아놨기에 더는 날개가 필요치 않다. 짝짓기를 끝낸 수컷들도 날개를 잘라버리고는 모두 죽는다. 홀로 남은 여왕개미는 죽을 힘을 다해 혼자서 굴을 파고 그 안에 몇 개의 알을 낳은 뒤, 부화한 새끼를 몸에 저장한 양분으로 키운다. 이렇게 몇 마리 안 되는 적은 식구로 시작하지만 이 새끼들이 자라 일을 하고 먹이를 구해 올 때가 되면 여왕개미는 알을 계속 낳아 점점 수를 늘려나간다. 아무튼 여왕개미 한 마리가 외톨이로 외롭게 집을 꾸려간다니 참 놀라운 일이다. 꿀벌은 분가할 때 최소한의 식솔은 거느리고 나가는데 말이다.

그런데 개미 중에도 혼자서는 새끼를 키우지 못하는 놈들이 있다. 그렇기에 이놈들은 다른 개미를 노예로 삼아 새끼를 키우게 하는데 이런 것은 생물계에서 그리 특수한 경우가 아니다. 뻐꾸기 암놈도 새끼를 키우지 못해 다른 새의 둥지에 알을 낳지 않는가. 우리가 잘 아는 뻐꾸기 말고도 북아메리카산 찌르레기도 다른 새의 집에 알을 낳는데, 흥미로운 것은 언제나 자기를 태어나게 한 새와 같은 종류를 찾아 그 둥지에 알을 낳는다는 점이다. 연어가 자기가 태어난 모천으로 회귀하듯이, 처음 부화해 맞닥뜨린 환경이 이 새에게는 커다란 영향을 미치는 것이다.

게으르고 무능한 여왕개미가 일꾼을 잡아오다

이와 같이 개미도 먼저 잡아온 노예개미와 같은 종의 개미를 공격한다고 한다. 현재의 여왕개미도 앞서 잡혀온 일개미가 키웠으니 그 어머니(?) 일개미와 같은 종을 공격하는 것이리라. 가까이 있는 다른 개미집을 공격하는 와중에 어린 여왕개미(사무라이개미)는 수컷과 짝짓기를 하고 곧바로 적의 굴로 들어가 상대편 여왕개미(불개미)를 물어 죽인다. 그런데 흥미롭게도 죽어가는 놈의 몸을 계속 핥는다고 한다. 그리고는 죽은 여왕개미의 냄새를 풍겨서 일개미를 지배하는 것이다. 개미 집단이 새 여왕개미에게 순종함은 여왕개미의 모습이 아니라 냄새에 순종하는 것이리라. 곤충은 몸으로 말하지 않고 대개 냄새로 의사소통을 하는지라.

이 개미들에게 노예가 필요한 이유는 무엇일까. 일단 여왕개미가 새끼를 양육할 줄을 모른다. 그리고 일개미들도 먹이를 모으거나 새끼와 여왕개미를 먹이는 일을 못할 뿐더러 집안 청소도 하지 못한다. 그래서 다른 일개미들을 잡아오지 않고는 생명을 부지하지 못한다. 이놈들은 보통 150미터나 떨어진 먼 데까지 가서 1년 평균 일개미 번데기 1,500여 마리를 잡아온다. 번데기에서 나온 일개미는 원래 있던 일개미와 잘 어울려 꿀을 따오고 죽은 벌레를 잡아오며 새 굴을 파고 새끼를 먹여 키우는 한편 청소도 잘한다.

그런데 남의 굴에 침입한 여왕개미는 덩치가 보통 개미의 여왕보다 더 크다. 강한 턱으로 상대를 깨물고 배에 있는 두푸르샘(Dufour's gland)에서 화학물질을 분비해 상대방의 기를 죽인다. 보통 상대 여왕개미를 깨물어 죽이는 데 25분이 걸린다고 한다. 여왕개미를 처치한 정복자 여왕개미는 너무도 당당하게 새끼 번데기가 모여 있는 방으로 가서 그것들을 밟고 서서 충성을 요구한다. 아마도 몸의 냄새를 예비 노예들에게 익숙하게 하는 것이리라. 실제로 일개미들이 자기 여왕개미를 죽인 적인데도 최면에 걸린 듯 조용해지고 새 여왕개미에게 다가가 정성을 다하여 시중을 든다고 한다.

어쨌거나 노예개미가 3,000마리면 원래의 일개미는 2천여 마리꼴이라니 노예가 주인보다 더 많은 셈이다. 또 이렇게 노예가 된 일개미가 밖에 나가서 먹이를 사냥하는 도중에 옛 동료와 맞닥뜨리게 되면 적이나 만난 듯 달려들어서 깨물고 싸움질을 한다니 그놈의 냄새라는 게 이들의 행동을 180도로 바꾸어놓는다. 눈과 귀가 먹통이라 냄새로 모든 의사소통을 하니 그렇다.

헌데 이것들을 더 잘 관찰해보면 공격하는 놈과 당하는 녀석들이 서로 분류학적으로 매우 가깝고 생태적으로도 아주 유사하다고 한다. 새나 개미에게 일어나는 이런 기생(寄生)을 '사회적 기생'이라고 하는데, 여기서 '사회적'이란 말은 '협조'나 '이타적'이라는 뜻에 가까우며, 이들의 기생—숙주 관계는 굳이 한쪽만 손해를 본다고 해석하지 않고 서로 도우며 비슷해지는 일종의 '수렴진화'로 본다. 세상은 언제나 먹고 먹히는 관계로 이뤄져 있는 것이니 꼭 한쪽 개미만 손해 본다고 생각지 말자. 아마도 그런 식으로 일개미 집단의 크기를 조절한다든지, 우리가 모르는 다른 이유가 있을 터이니 말이다.

사실 사람들 중에도 뻐꾸기나 이들 개미처럼 살아가는 사람도 쌔고 쌨고, 실직자나 범죄가 없는 사회가 없다는 게 이들 개미 사회와 꽤나 닮았다 하겠다. 도대체 우리가 개미를 닮은 것인지 개미 녀석들이 사람의 못된 짓을 배워간 것인지 모르겠다. 개미를 들여다보면 우리 모습이 거울처럼 생생히 보인다.

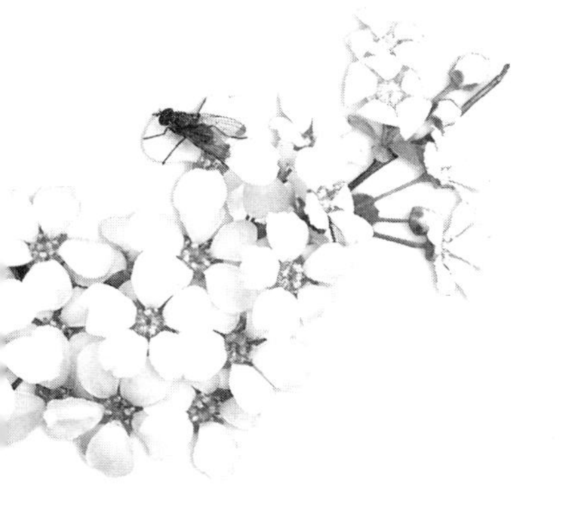

머리는 쥐를 닮았고, 꼬리는 뱀, 뛰는 꼴은 꼭 덩치 큰 벼룩 모양인 이 꼴 같지 않은 '캥거루(kangaroo)'는 원주민 말로 "나는 모른다."는 뜻이라니 아마도 하도 괴이쩍은 동물이라 그렇게 불렀는지 모르겠다.

캥거루는 앞다리가 헛심뿐인 곰배팔이지만 된심 뒷다리로 껑충껑충 달음박질 잘 치고, 새끼를 조산(早産)하여 보육낭(保育囊)에 넣어 키우며 오스트레일리아에만 서식하는 게 특징이다. 보육낭은 말 그대로 '키우는 주머니'가 되겠는데, 앞서 얘기한 코알라와 마찬가지로 이런 주머니를 갖는 동물을 유대류(有袋類)라 일컫는다. 보육낭은 4개의 젖꼭지가 들어 있는 아주 단단한 막으로, 앞쪽이 열려 있어 꼬마 캥거루가 모가지를 살그머니 내밀 수 있다. 젖꼭지라고는 해도 꼭지 모양의 살점이 아니라 그저 털묶음일 뿐인데 예리한 발톱 달린 새끼가 일단 물고 나면 떨어질 줄을 모른다.

참고로 이 캥거루 녀석들은 어미가 매단 주머니에서 크는 데 반해 바다에 사는 해마나 해룡은 수놈들이 주머니를 차고 수정란을 집어넣어 부화 · 발생 · 성장을 일어나게 한다. 동물계 전체를 봐도 아비가 새끼를 키우는 드문 예다.

그런데 요새는 오스트레일리아도 아니요 바다도 아닌 한국 땅, 대낮 길바닥에서 캥거루와 해마를 맞닥뜨리게 되니 어찌 요상한 일이 아니겠는가. 아기를 앞에 차고 다니는 '캥거루 엄마'와 '해마 아빠'가 그들이다. 옛날에는 아이를 등에 업고 남는 두 팔로 힘든 일을 했건만, 요새는 새끼 키우기에 급급한 것은 물론 그 일도 버거워서 똥줄이 빠진다.

대륙 이동 덕에 살아남은, 재수 좋은 캥거루

캥거루는 오스트레일리아 대륙과 이 대륙을 중심으로 남쪽에 있는 태즈메이니아 섬, 북쪽에 있는 뉴기니에만 사는 동물로 모두 47종이 있는데 그 중 한 종이 뉴질랜드에 유입되었다고 한다.

이 동물은 옛날에는 전 세계에 분포했으나 다른 곳에서는 호랑이 등 육식동물에게 다 잡아먹혀 멸종되고 오스트레일리아에서만 살아남았다. 그 이유는 오스트레일리아가 아시아 대륙에서 떨어져 나가 격리되면서〔大陸浮動, Continental drift〕 육식동물이 없는 그곳에서만 살아남을 수 있었던 것이다.

캥거루 말고도 오리너구리, 바늘두더지 등 고생물(古生物)이나, 생화석(生化石)동물인 단공류 무리들도 그곳에만 많이 산다. 단공류(單孔類)는 알을 낳아 품어서 부화시킨 뒤 젖을 먹여 새끼를 키우며 오줌 · 똥 · 알을 한 구멍으로 내보내는 특징이 있는데, 파충류와 포유류의 중간 특징을 보여 포유류에서 가장 하등한 무리로 여긴다. 우리의 주인공 캥거루는 단공류보다는 조금 더 진화한 동물인 셈이다.

캥거루는 초식동물인데 실제 이 동물의 천적은 다름 아닌 사람이다. 잡아서 살코기는 먹고 껍질로는 구두를 만드는데, 한때는 그 수가 너무 많아 목초를 다 먹어치우니 일부러 많은 수를 잡아 죽인 적도 있다고 한다.

아무튼 캥거루는 넓은 초원이나 성긴 숲 언저리에 주로 살면서, 보통 열대여섯 마리가 무리 지어 다니며 해거름부터 다음날 어둑한 새벽까지 풀과 나뭇잎을 먹어 배를 채우고 낮에는 쉬는 야행성 동물이다. 앞다리는 퇴화해 무언가를 겨우 붙잡는 정도지만 대신 뒷다리로 힘차게 달리는데, 길고 튼튼한 꼬리가 몸의 평형과 방향을 잡아주는 방향타 구실을 한다.

가장 큰 종류인 붉은캥거루는 몸길이가 1.5미터, 꼬리 길이가 1미터, 몸무게가 90킬로그램이나 되고 곧추서면 키가 내 키보다 더 높아 2미터에 이른다. 걸음도 잰 편이라 시속 48킬로미터 정도로 달리는데 꺼엉충 한 번 뛰는 데 무려 9미터나 나간다. 최고 기록은 13.5미터라니 정말 대단하다. 그리고 뒷다리에 발가락이 네 개 있는데 네 번째 발가락이 몸무게 대부분을 지탱한다.

캥거루의 모양새를 잘 살펴보면 머리는 작은 편이고 귀는 크고 둥글며 입이 무척 작다. 캥거루도 소나 양처럼 혹위, 벌집위, 주름위, 겹주름위의 네 개의 방으로 되어 있는 반추위(反芻胃)가 있다. 초식동물은 다 성질이 온순하여 고기를 먹는 놈들의 밥이 되는 법이라, 저녁때 한껏 뜯어먹고는 안전지대로 옮겨 망을 보면서 느긋하게 반추를 즐기는 것이다.

캥거루는 출산 과정 또한 아주 별나다. 역시 붉은캥거루를 예로 들면, 임신 기간이 고작 33일에 불과해 새끼가 미숙아 상태로 태어나니 길이가 2센티미터, 무게가 겨우 1그램이다. 1그램? 어느 정도인지 감도 잘 안 잡히는데, 달걀 큰 것이 60그램은 나간다! 그 초미니 캥거루 새끼는 곧 혼자 힘으로 보육낭 앞의 홈을 타고 꼼작꼼작 기어 올라와 주머니 안으로 들어가 젖꼭지를 문다. 유대류는 어미젖을 먹고 자라는 포유류지만 태반(胎盤)이 하도 약해서 새끼를 오랫동안 배고 있지 못하므로 한 달이 지나면 낳을 수밖에 없다. 그래서 그 보상으로 주머니를 선물로 받은 것이다. 이를테면 조산아나 미숙아를 키우는 인큐베이터인 셈이다. 다 살게 마련이라!

사나운 들개도 한 방 맞으면 나가떨어진다네

뒷다리 가랑이 사이에 달려 있는 이 탄력성 넘치는 주머니에 새끼를 넣으니 새끼는 무서운 적을 걱정하지 않아도 좋다. 안에는 보드라운 보푸라기 털이 그득 나 있으므로 더없는 보금자리요 은신처요 요람에다 유모차 몫까지 한다.

붉은캥거루는 새끼를 달랑 한 마리밖에 낳지 않지만 어떤 캥거루는 여러 마리를 낳는데, 기운이 센 알짜 새끼는 재빨리 기어 올라와 젖꼭지를 물지만 쭉정이들은 대부분이 죽어버리니 '스파르타식' 자식 키우기를 여기에서도 볼 수 있다. 본체가 곧아야 그림자도 바른 법〔形直影正〕임을 캥거루도 알고 있어 좋은 대물림을 하려는 마음이 아련하게 배어 있음을 읽어야 할 것이다.

캥거루는 수컷 한 마리가 여러 암놈을 거느리는 일부다처 사회를 이룬다. 여느 동물이 다 그렇지만 발정기를 맞으면 암놈 쟁탈전이 벌어져 피 튀기는 싸움박질이 벌어진다. 캥거루의 무기는 무엇보다도 들개도 한 방 맞으면 나가떨어진다는 튼튼한 뒷다리라, 수놈들끼리 벌이는 싸움에서도 마지막에는 뒷발차기로 결판이 난다. 어찌하여 동물과 식물, 하등과 고등을 따질 것 없이 씨앗, 즉 유전자를 남기려는 본능이 이다지도 처절하고 치열한 것일까.

아무튼 출산한 지 3~4일 만에 어미는 쉴 틈도 없이 다시 짝짓기하여 임신을 한다. 수정란은 발생을 시작하여 100세포기쯤 되면 발생을 멈추는데, 곧바로 자궁에 착상하지 않고 그 상태로 235일 정도 머물다가 보육낭에서 자라는 '언니'가 다 자라 밖으로 나가면 그제야 착상이 이루어진다. 그리고 다시 발생을 시작한 뒤 33일 후에 미숙아로 태어난다.

그런데 이 언니놈은 완전히 어미에게서 떠나지 않고 늦둥이 아기가 그러듯이 가끔 어미 젖을 빨고 간다고 한다. 그러니 어미는 세 배의 새끼를 동시에 키우는 셈이다. 즉 하나는 몸에 들어 있는 100세포기의 배(胚), 또 하나는 보육낭 속의 젖먹이 새끼, 그리고 나머지 하나는 가끔 달려와서 젖을 먹는 놈. 한마디로 정신없이 바쁘게 새끼 치는 데에 여념이 없는 캥거루 암놈이다.

동물들의 임신 기간을 따져보는 일도 흥미롭다. 쥐는 21일, 캥거루는 33일, 토끼는 34일, 개와 고양이는 60일, 소와 사람은 280일, 코끼리는 660일로 몸집이 클수록 임신 기간이 길어진다. 그런데 임신 기간과 수유(授乳) 기간은 반비례하니 캥거루는 일고여덟 달이라는 긴 나날을 주머니 속에서 젖을 먹고 자란다.

또 한 가지, 어째서 캥거루 수정란은 발생하다 말고 오랜 기간을 멈춰 기다리는가? 이를 '배 휴지기(胚休止期)'라 부르는데 캥거루 말고도 곰과 물개, 바다사자, 박쥐, 사슴 등 여러 동물에서 볼 수 있다. 가을에 수컷의 정자를 받아 수정된 알은 조금만 발생이 진행되고는 환경이 아주 좋지 않은 추운 겨울에는 중지했다가 다음해 따뜻한 봄에야 다시 발생을 시작한다. 참으로 오묘한 방식이 아닐 수 없다. 어떻게 이 동물들이 이렇듯 시기를 조절하는 능력을 지니게 되었을까? 아기집이 약해서 아기주머니를 찬 것도 그렇고.

어쨌거나 오스트레일리아의 허허벌판에는 오늘도 캥거루들이 태연자약(泰然自若), 세상 모르고 평화롭게 뛰놀고 있으리라. 우리가 평화로운 마음가짐으로 볼 때 그렇다는 말이다.

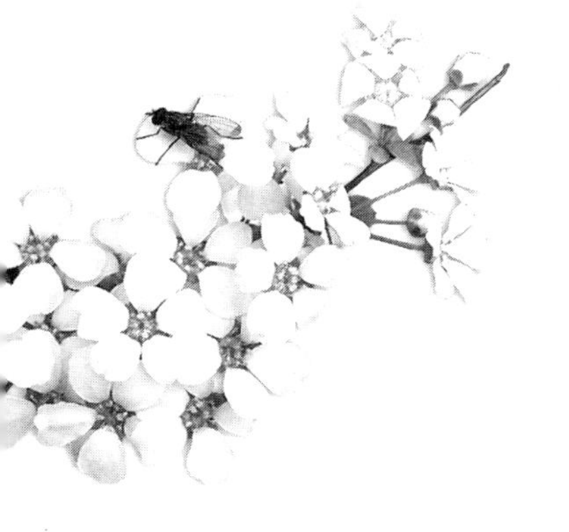

못난 자가 기승을 부리고 터무니없이 뽐낸다는 말로 "범 없는 산에 토끼가 스승."이라거나 "사자 없는 산에 토끼가 대장 노릇한다."란 말을 쓴다. "혼자 사는 동네에서 구장, 면장을 다 한다."는 야유와 일맥상통하는 말인데, 한문 성어로는 '무호동중이작호(無虎洞中貍作虎)'라고 쓴다.

그런데 여기서 토끼로 번역한 '이(貍)'라는 동물은 사실 토끼가 아니고 살쾡이〔野猫〕가 맞다. 또 사자는 산에 살지 않으니 속담 하나에도 철저하게 검증된 과학적 근거가 없고 '대충'이 들어 있어 우리 후손들을 혼란스럽게 만든다. 토끼면 어떻고 삵이면 어떠냐고 말할 수도 있겠지만 시대가 바뀌어 '대충'과 '대강'이 통하지 않는 세상에 살다 보니 이런 소리가 나오는 것이리라.

라이거나 타이곤은 인간의 장난인가?

하여튼 사자는 고양이과(科)에 속하는 동물이다. 고양이과에는 고양이, 살쾡이, 표범, 범(호랑이) 등이 있는데, 이들은 모두 육식동물로 하나같이 행동이 날쌔고 용맹

스럽다. 사자나 호랑이, 살쾡이는 서로 다른 종이지만 유전적으로 무척 가까우니 이들 사이에는 종간잡종이 생길 수 있다. 어릴 때 동물원의 한 우리에서 키운 수사자와 암호랑이 사이에서는 라이거(liger)가 생기고, 수호랑이와 암사자 사이에선 타이곤(tigon)이, 수표범과 암사자에선 레오폰(leopon)이 태어난다.

그런데 이런 일은 자연 상태에서는 절대 불가능한 것이다. 암말과 수컷 당나귀 사이에서 노새가 태어나는 것과 같은 원리인데, 노새가 불임이듯이 이것들도 모두 후손을 남기지 못한다. 이것도 대자연의 원리다. 하여 반딧불이는 빛으로, 어떤 곤충은 소리나 냄새로, 새는 노래를 불러 동류들 사이에 의사소통을 해 서로 부르고 따라가고 만나서 짝을 짓는 게 아닌가.

만화 제목에 '밀림의 왕자 레오'가 있다. 이 제목에도 현실과 맞지 않는 구석이 있다. 옛날에는 사자가 아메리카 대륙과 아프리카, 중국 남부, 인도 등지에도 살았으나 이제는 거의 사라지고 사하라 사막 남부의 초원이나 사바나 지역에만 살아남았다. 그러니 사자는 아까 인용한 속담 속의 '산'은 물론이고 '밀림'과도 무관하게 살아간다. 사실 우리나라에는 사자가 살지 않았기에 탈춤에 나오는 사자춤 등은 중국에서 들어온 것이리라. 문화는 환경의 지배를 받지만 다른 지역으로 전파되는 것이므로.

서양 사람들은 사자를 '짐승의 왕'이라고 말하지만 실제로 우리의 범과 한판 붙으면 용호상박(龍虎相搏)으로 우열을 가리기가 어려울 것이다. 물론 그놈들은 서로 다친다는 것을 알기에 일부러 싸움을 붙이지 않으면 절대 싸우지 않는다.

옛말에 "사자 어금니 아끼듯 한다."는 말이 있는데, 이것은 '아주 귀하게 여긴다'라는 뜻이다. 사자는 전형적인 육식동물이라 초식동물과 같은 어금니는 없지만, 그래도 어금니라고 할 수 있는 이빨 네 개가 자리를 잡고 있다. 사실 육식동물은 고기를 찢어 먹어야 하니 차라리 "사자 송곳니 아끼듯 한다."라고 해야 옳지 않을까.

엄마, 이모, 할머니의 젖을 고루 먹으며 자란다

사자후(獅子吼)란 말이 있다. 해뜰 무렵과 사냥을 시작하는 해거름 녘에 수사자는 자기의 영역을 알리기 위해서, 더부룩한 갈기를 곧추 세우고 대가리를 한껏 치켜들어 송곳니를 뾰족 세우고 아가리를 힘껏 벌려 소리를 내지르는데 이 고함소리가 천지를 진동하니 그것이 바로 사자후다. 이것을 비유하여 부처님의 설법에 뭇 악마가 굴복하여 귀의한다고 설명하고 있는데, 묘하게도 질투심이 강한 여자가 남편에게 암팡스럽게 발악하여 떠듦을 비유하기도 한다니, 사자는 천국과 지옥을 마음대로 드나든다는 느낌이 든다.

그러나 "사자는 작은 일에 성내지 않는다."는 말도 있는 것을 보면, 언제나 이해심 깊고 금도(襟度) 넓은 대장부가 되라고 사자가 타이르고 있구나.

호랑이가 혼자 사는 독거성(獨居性) 방랑자라면 사자는 붙박이로 터를 잡고 무리를 이루어 산다는 점이 다르다. 또 사자는 협동심이 강해서 먹이를 잡을 때도 함께 몰고, 어미가 새끼들에게 젖도 나누어 먹이는 특유한 습성을 보이는데 어쩐지 우리 어릴 때의 시골 모습이 떠오른다. 아무튼 어미도 힘든 사냥을 나가야 하는데 사냥에 다녀와 지친 어미는 깊은 잠에 빠져들고 이때만 새끼들이 젖을 먹는다고 한다. 그런데 이때 어미들은 몇 시간을 늘어지게 자대니 새끼들은 여기저기를 돌아다니면서 이모도 되고 외할머니도 되는 다른 암사자의 젖도 빤다고 한다.

이런 유사한 젖먹이 습성이 있는 동물이 또 있다. 쥐 종류인 설치류나 돼지가 그러한데 다른 육식동물에서도 종종 볼 수 있다고 한다. 우리도 옛날에는 할머니나 외조모, 이모, 고모의 젖을 먹고 자란 사람이 많았음을 생각하면 동물과 사람의 본성이 아주 다르지 않음을 발견한다.

그런데 사자의 생태가 그리 간단하지는 않다. 어느 생물이나 공통된 본성이 있으니 그것은 바로 같은 종 사이에도 서로 돕는 협동과 치열한 경쟁이 함께 있다는 것이다.

사람도 비슷해서 후자보다는 전자를 따르자고 교육하고 설교를 해대건만 그게 쉽지 않아서 아쉽고 가슴 아픈 것이다.

내가 잘 모르는 탓인지 몰라도 서양 문화의 근간이 된 다윈 선생의 '적자생존' 경쟁 원리가 우리 사회에 만연한 것 같아서 심히 걱정스럽고 우려된다. 옛날에는 그래도 알 듯 모를 듯 경쟁했지만 요새는 까놓고 이빨을 드러내니 하는 소리다.

사자의 경쟁은 어떻게 전개되는 것일까? 사자는 할머니에서 손녀까지 핏줄이 같은 서너 세대 열대여섯 마리가 반드시 피가 다른, 외부에서 들어온 힘센 수놈 한두 마리와 무리를 지어서 '가족'을 이루어 살아간다. 그리고 집안에서 태어난 수컷들은 암컷들이 쫓아내버리니 그 중에 인자가 튼튼한 놈은 다른 가족으로 들어가 아비 노릇을 한다. 그런데 어찌하여 암놈만 남고 수놈은 쫓겨 나가는 것일까. 참말로 묘하고 신기한 일인데, 이 또한 생물의 우생학에 합치되는 일이다. 한마디로 끼리끼리 피를 섞는 근친 결혼을 그렇게 피하는 장치를 마련해 놓은 것이다.

세월이 흘러 집에서 쫓겨나 떠돌이 생활을 하던 수컷들이 클 만큼 크고 나면 드넓은 들판에 피비린내가 진동하게 된다. 놈들이 어느 가정이든 침입하여 늙다리 수컷들을 되레 몰아내고 가장(家長)이 되니 밀려난 녀석들은 할 수 없이 뒷방 지킴이가 되고 만다. 여기에 그치지 않고 새로 대장이 된 수놈은 젖먹이 새끼들을 물어 죽이는 무참한 살육극을 벌인다. 젖먹이들을 없애버려야 빨리 암컷들이 다시 발정(發情)을 할 것이고 그래야 자기 씨를 퍼뜨릴 수 있음을 아는 것이다. 정말로 이래야 하는가. 하지만 자연계의 냉혹성은 어쩔 수 없는 본성임을 잊지 말자.

'밀림의 왕자 레오'는 처절한 생존 경쟁의 산물

사자 한 무리가 살아가는 데는 최소한 20제곱킬로미터의 영역이 필요하다는데, 먹잇감이 모자라면 영토를 넓혀야 한다. 이때 서로 영역이 겹치는 곳에서는 죽기 살기로 박이 터지는 약육강식 적자생존의 다윈주의가 발동하게 된다. 나무 그루터기를 돌면서 오줌을 깔겨 냄새를 피우거나 크게 포효해 소리를 지르는 게 영역을 알리는 방법이다.

사자들이 사냥하는 꼴을 한번 보자. 먹이 사냥에는 암놈이 더 억척이어서 수놈은 때로 먼발치에서 숫제 구경만 하고, 몰이를 할 때도 다치지 않으려고 시늉만 낸다고 하는데 이는 한마디로 녀석들이 땡땡이를 치는 것이다. 일반적으로 작은 먹잇감을 잡을 때는 혼자 사냥하고 큰 들소나 얼룩말을 잡을 때만 몰이를 하는데, 일단 한 마리를 골라잡으면 둘레에 진(陣)을 치고 돌면서 진을 빼다가, 이때다 싶으면 일제히 달려들어 목덜미를 물고 찢어 죽인다. 사냥을 마치면 한 마리가 많게는 30여 킬로그램의 고기를 먹어치우고 나서 일주일 동안 드러누워 자면서 쉰다고 한다. 역시 고기는 풀보다 근기(根氣)가 있는 것이니, 들소나 얼룩말은 하루종일 풀을 뜯으며, 먹는 데 한평생을 보낸다.

사자 암놈은 임신 108일째에 서너 마리를 출산한다. 새끼는 3~4년 뒤에 성적으로 성숙하는데, 젖 떼는 데만도 1년 반이나 걸린다니 이 놈들도 제법이나 늦되는 놈들인가 보다.

사자는 동물원에서는 25년을 살지만 자연 상태에서는 15년 정도밖에 살지 못한다는데, 풀 먹는 코끼리가 60여 년을 사는 데 비하면 단명하는 셈이다.

하여 소식(素食)하고 초식(草食)을 해야 좋다는 말이 설득력을 얻으며 산사(山寺)의 스님을 다른 눈으로 바라보게 된다. 하지만 조용히 지내는 스님은 그런 음식으로 견딜 수 있지만 고되게 노동하는 사람들은 고기에다 새참도 먹어야 하는 것이리라.

젖도 나누어 먹이며 자애로운 모습을 보이기도 했던 사자의 무서운 표변은 또 우리에게 무엇을 암시하는 것일까. 어미 사자도 새끼가 자립하여 살겠다 싶으면 매정케도 아들자식을 멀리 쫓아버리는데, 보통 아비 사자가 4분의 1은 물어 죽인다고 하니 잔인한 연옥(煉獄)이 천당 바닥에 버젓이 뒹구는 격이다. 식구가 늘면 '죽느냐 사느냐'의 문제가 생겨나므로, 한 집단 안에서 일정한 수를 넘기면 큰 놈들끼리도 서로 물어 죽인다고 한다. 그러니 먹이와 먹이를 얻는 공간이 얼마나 중요한지를 알 수 있다.

그런데 이런 동족 살생이 개체 수를 조절한다고 볼 수도 있지만 한

편으로는 집단 내의 열성인자를 제거하는 효과도 있다고 한다. 가까이 보면 그들의 '경쟁' 행위가 잔인하고 몹쓸 짓으로 보이지만 멀리서 관조할 때면 서로 돕는 '협동'이라는 게 생물학자들의 시각이다. 필자도 그렇게 '눈이 잘못된' 사람이라 해두자.

아무튼 사자도 끼리끼리 죽이듯 자기를 괴롭히는 적은 언제나 가까이 있는 법이다. 아니, 바로 자기의 마음속에 있다는 게 정확하겠지.

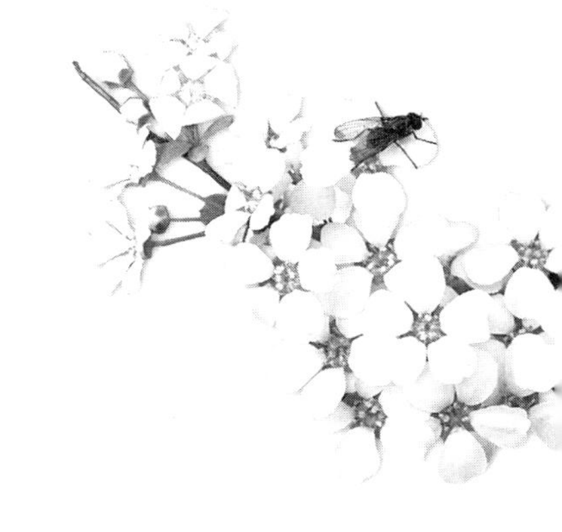

지금 세상에는 개체 수가 늘어나는 동물이 한 종류도 없다. 유독 사람만이 땅 위에 미어터져 지구가 무게를 이기지 못하고 우주 한구석에 처박힐(?) 지경이다. 사람은 잡식 동물이라 아주 하등한 강장동물(腔腸動物)인 해파리부터 먹기 시작하니, 내가 잘 아는 어느 중국인 교수 말처럼 책상, 걸상 빼고는 닥치는 대로 다 먹어치우는 먹새 좋은 동물이다. 그런데 알고 보니 이 '잡식성'이라는 게 생존과 번식에 꽤나 유리한 조건인 모양이다.

개살구, 개떡, 개죽음…… 왜 우리말은 개를 홀대할까?

아프리카 남쪽 나라 보츠와나에 살고 있는 들개라는 동물이 있다. 이름이 그렇게 붙어서 개가 집에서 뛰쳐나간 것처럼 알기 쉬우나, 우리가 키우는 개와는 유전적으로 좀 먼 종으로 여러 습성이 되레 늑대를 닮았다고 한다. 이 들개는 아프리카에서도 사하라 사막 아래쪽에 넓게 퍼져 살았는데 사람들이 기르는 가축에 피해를 준다고 쏘아 죽여서 이제는 겨우 5천여 마리만 남았다고 한다.

맥너트(Tico McNutt)라는 야생동물 학자가 10여 년에 걸쳐 이 동물의 여러 행동을 연구하여 보호 대책을 마련하고 있다고 한다. 그나마 그 양반이 들개의 생태를 관찰해 왔기에 나도 이 글을 쓸 수 있으니, 그이에게 애쓴 노고를 위로하고 싶다. 꾸준히 매진하여 들개의 낙원을 만들어줄 것을 바란다.

사람들은 '개새끼'니 '개 같은 놈', '개만도 못한 놈'이라고 욕지거리를 내뱉는다. 왜 '개'를 들먹이는지 모를 일이다. 어딘가에도 쓴 기억이 나는데, 영어 단어 'dog'를 잘 들여다보자. 세상을 뒤집어 거꾸로 보듯이 이 단어를 뒤에서 앞으로 읽어보면 무슨 단어가 되느냐는 것이다. 인간도 별것이 아닌 것이라 때론 개만도 못하고 또 어떤 때는 신(神)에 버금가는 사고와 행동을 하는 모양이다. 하기야 온통 세상이 개판이니 그곳에 사는 속물 인간들이 개 아닌 사람이 없다는 것도 옳은 평이리라.

다시 들개 이야기로 돌아와서, 이놈은 약 300만 년 전에 늑대나 자칼에서 가지 쳐 나온 것으로 보는데 사자를 빼고는 대적할 동물이 없을 정도로 지독한 놈이라고 한다. 해거름 녘에 떼를 지어 사냥을 나갈 때쯤이면 이들을 기다리고 있는 동물이 있으니, 역시 꼴이 좀 닮은 하이에나와 사막의 대머리수리다. 이것들은 들개가 먹고 남은 것을 얻어먹겠다고 어슬렁거리며 뒤를 따라붙는다. 들개가 하이에나와 1 대 1로 붙으면 지지만 무리를 짓기에 하이에나가 겁을 먹고 달려들지 못한다고 하니 '무리'의 힘을 유감없이 발휘한다.

가장 큰 들개는 무게가 40킬로그램 정도밖에 안 되지만 달리기 하나는 잘해서 영양이나 산돼지 무리를 몰이 하여 공격한다. 일단 손아귀에 들어오기만 하면 예리한 이빨로 몸에 상처를 내거나 살점을 뜯어서 피를 흘리게 한 후 상대가 기진맥진해지면 본격적으로 공격을 가한다. 여러 마리가 양쪽으로 갈라서서 사냥감의 두꺼운 껍질을 물고 '영차, 어영차' 박자를 맞추듯 힘주어서 뜯어내는 것도 여느 동물과는 좀 다른 행동이다. 또 살을 뜯어먹을 때도 다투지 않고 위아래를 잘 지켜 으르릉거림 없이 자연스럽게 먹이를 나누어 먹는다고 한다.

동물들이 순위를 지키는 것은 서로 다투면 시간과 에너지 소비가 많아지기 때문이다. 사람도 옛날에는 이런 것을 잘 지켜왔으나 요새는 어른도 아이도, 학생도 스승도 구별을 하지 못하는, 권위가 상실된 '혼돈 · 혼란의 시대'가 오지 않았나 싶어서 무척이나 아쉽다. 들개들이 "인간 망나니!" 하고 냉소를 보내오는 듯하여 자못 두렵다는 말이다. 들개만도 못한 인간이 되어서야 되겠는가.

개의 가족생활이 아름답고 부럽기만 하다

들개는 무엇보다도 철저하게 가족생활을 하는 특징이 있다. 먹이를 한껏 먹은 뒤에는 집으로 돌아오는데 굴 속에는 열두 마리나 되는 새끼들이 기다리고 있으니, 엄마 개는 물론이고 형, 누나들도 먹이를 토해서 새끼들을 먹인다고 한다. 얼마나 아름다운 세계인가. 그래서 '개새끼'라는 욕은 당치도 않다. 집 마당에서 기르는 개를 봐도 어미가 아비놈을 새끼 근처에 얼씬도 못 하게 할 만큼 자식 키우기에 전념하는데, 한 배 앞서 나온 형제도 어미가 사냥을 나가면 동생을 돌보는 역할을 떠안는다. 마치 내 어린 시절 대가족들이 서로 돕는 모습을 보는 듯하다. 언니가 동생을 업어주고 씻겨주고 놀아주던 그 옛날의 미덕이 곧 동물의 본능인 셈이다. 본능을 잃어가는 세태가 섭섭

하고 쓸쓸하고 서럽기까지 하다. 어울려서 더불어 얼키설키 살아가는 것이 사람 사는 본래의 모습인데 핵가족이라는 못된 것을 배워 와 아이를 하나둘밖에 안 낳게 되고 말았다.

한 지붕 밑에 삼대(三代)가 옹기종기 모여 사는 모습을 본 서양 사람들이 얼마나 우리를 부러워했던가! 악화(惡貨)가 양화(良貨)를 구축한다는 그레셤(Gresham)의 법칙이 판을 치고 있으니 가련한 일이 아닐 수 없다. 필자도 아직 옛 티를 벗지 못하고 강의실 녹판('검은 판'을 뜻하는 칠판이나 흑판은 사라진 지 오래다) 구석에다 "5~7"을 써놓고 다산(多産)을 강조하고 있지만, 사실 아이 하나둘 키우기도 여간 어려운 일이 아님을 잘 안다. 아무튼 외동이는 자기만 아는 이기주의자가 되어버려 못쓰고, 형제자매와 선의의 경쟁을 하지 못하고 크므로 사회성이 떨어진다는 사실도 무시하지 못한다.

들개는 귀가 유별나게 동그랗고 커서 제 얼굴의 반 정도나 되는데 육식동물 중에서는 제일 커서 '미키마우스 귀'라는 별명이 붙었다. 아마도 소리를 잘 들어서 들판 먼 곳에 있는 천적인 사자를 빨리 피하고 또 먹잇감을 찾는 데 도움이 될 것이다.

그런데 가족의 대장은 늙은 아비가 아닌 어미로, 가족 수와 먹잇감이 균형을 잃어 먹을 게 적다 싶으면 어미가 다 큰 새끼를 물어 죽이는 잔혹성도 있다는 것이 발견되었는데, 이는 전체 가족을 위해 소수를 희생시키는 무서운 동물의 본성이 나타난 것이다. 게다가 암놈이라고 아무나 새끼를 낳는 게 아니라 오직 힘이 센 암놈만이 임신을 한다고 하니 벌의 세계에서 여왕벌만 알을 낳는 것과 다름이 없다. 이것도 다 개체군의 크기를 일정하게 유지시키는 장치인 것으로, 개체 수가 너무 많아지면 죽고 만다는 사실을 동물들도 잘 알고 있다.

그런데 생물계는 먹이사슬이라는 틀을 유지하고 있어서 이 들개 없이는 사자가 살아남지 못한다. 다시 말하면 들개 새끼의 42퍼센트, 어미의 22퍼센트가 사자의 밥이 된다고 하니 이 동물의 수가 줄면 따라서 사자들도 개체 수가 줄 수밖에 없다. 세상에 쓸모없이 존재하는 생물은 없음을 여기서도 알 수 있다. 그리고 살아남은 것들은 사람에게 잡혀 죽거나 병에 걸리는데 주로 광견병으로 많이 죽는다고 한다.

'눈에 불을 켜고' 아득바득 살아가는 들개들

광견병이라 하면 그것들이 사람을 물어서 우리만 다치는 것으로 생각하는데 개들에게도 무서운 병이다. 광견병은 개 말고도 여우나 자칼, 늑대 등 야생동물들이 흔히 걸리는데 피를 빠는 흡혈박쥐가 옮겨서 가축을 죽게 하는 수도 있다고 한다.

광견병 바이러스가 동물의 몸에 들어가면 제일 먼저 중추신경인 뇌로 올라가고 거기서 번식한 후에는 침샘으로 이동한다고 한다. 그래서 사람이나 다른 동물이 물리면 바이러스가 그득한 침이 상처로 들어가 감염되는 것이다. 개가 일단 이 병에 걸리면 심리적으로 불안해져(그래서 집개는 꼬리를 가랑이에 숨긴다) 한 곳에 있지 못하고 집을 나가 빈둥거리다가 사람이나 딴 동물이 있으면 달려들어 문다. 며칠을 헤매고 집으로 돌아온 개는 지쳐서 더 이상 물지도 못하는데, 목의 근육이 마비되어 먹질 못하고 기진맥진하여서 숨을 곳만 찾다가 곧 죽고 만다. 미친 개의 반응은 사람을 물기 위해서가 아니라 뇌가 마비되고 못 먹어서 신경이 예민해져 일어난 것이다.

이야기가 엉뚱한 곳으로 계속 흘러간다. 미친 개에 물린 사람은 어떤 증상을 보일까. 개와 마찬가지로 매우 불안해하고 불면에다 두통,

고열로 언제나 흥분 상태이며, 역시 목 근육이 몹시 아프고 마비되어서 음식을 넘길 수도 없고 물도 마시지 못하게 된다. 때문에 물만 봐도 반사적으로 목이 아파오고 두려움을 느끼는데, 그래서 이 병을 공수병(恐水病)이라고 부른다. 이 병의 잠복기는 1~3개월쯤으로 일단 앞의 증상이 나타나기 시작하면 이미 고칠 수 없으며, 결국에는 혼수상태에 빠졌다가 죽고 만다고 한다. 그러기에 이 병이 흔하게 일어나는 곳에서는 야생동물을 가까이 하지 말고 사람과 동물 모두 광견병 예방접종을 해야 한다.

아프리카의 들개도 이런 식으로 죽어나간다고 하는데 그것은 먹이에 알맞게 개체 수를 조절하는, 일종의 생태계 균형 유지를 위한 방법이 아닌가 생각한다. 인구도 늘면 여태까지 없었던 새로운 병이 생겨나고, 심하면 전쟁이라는 수단으로 인구 조절을 하지 않는가.

그런데 밤에 찍은 들개 등의 동물 사진을 보면 하나같이 눈에 불을 켜고 있는 것을 볼 수 있다. 이것은 무엇 때문이며, 어떤 원리 때문일까? 사실 깜깜한 밤에 바로 플래시를 터뜨려 찍으면 사람도 두 눈동자가 귀신처럼 빨갛게 불이 켜진 듯 찍히는데 이를 '불눈(red-eyes)'이라 부른다. 어느 동물이나 밤 사진에 불눈이 보이는 것은 카메라의 플래시 빛이 동물의 눈에 반사되어서 필름을 감광시켰기 때문이다. 야행성 동물들은 먹이를 찾거나 싸움을 할 때는 눈동자가 한껏 벌어져 있는 상태라서 망막의 표면적이 넓어 더 큰 불눈이 찍힌다.

비록 돈벌이가 목적이더라도……

그러면 왜 밤에 찍은 사람의 눈에는 불이 안 보이는 것일까? 옛날 카메라를 보면 셔터 아래에 눈 모양의 그림이 붙어 있고, 설명서를 보면 어둠에서 찍을 때는 그것을 먼저 누르고 찍으라고 되어 있다. 그 꼭지를 누르고 찍으면 셔터를 눌러도 바로 카메라의 조리개가 열리지 않고 일정 시간 약한 빛이 반짝반짝 나간다. 이렇게 미리 사람의 눈동자를 자극하여 그만큼 오무라들게 해놓고 그 다음에야 조리개를 열어서 찍는데 이는 망막의 빛 반사량을 줄여 '붉은 눈'이 되지 않게 하는 것이다. 요샛것은 미리 알아서 그런 장치가 자동으로 작동을 하는데 실제로 어두울 때 사진을 찍으면서 잘 관찰해보면 셔터를 누른 뒤 일정 시간 구멍에서 빛이 반짝반짝 비치다가 확 터지는 것을 볼 수 있다. 한마디로 사람도 밤에 "눈에 불을 켠다."는 말이 되겠다.

이제 다시 들개 이야기를 해보자. 요새는 들개의 수가 하도 줄어서 이제는 적극적인 정부 보호 차원으로 넘어갔다는데, 여기저기 사자를 키우는 곳은 많으나 들개를 키워 관광객을 끌어들이는 곳은 없기에 보츠와나 정부가 들개 보호를 위해 단안을 내렸다고 한다. 실제로는 동물을 보호하려는 목적이 아니라 돈을 벌려는 것이라고 하니 조금은 찜찜하나, 들개의 보존과 생존에 유리하다는 점에서 위로가 된다.

아무튼 가족의 고마움을 아는 아프리카의 들개들이 천세 만세를 누리길 기원하는 바이다. 아프리카는 인류의 고향이니 '깜둥이'라 비아냥거리는 것은 자기 비하이며 조상도 몰라보는 일이다.

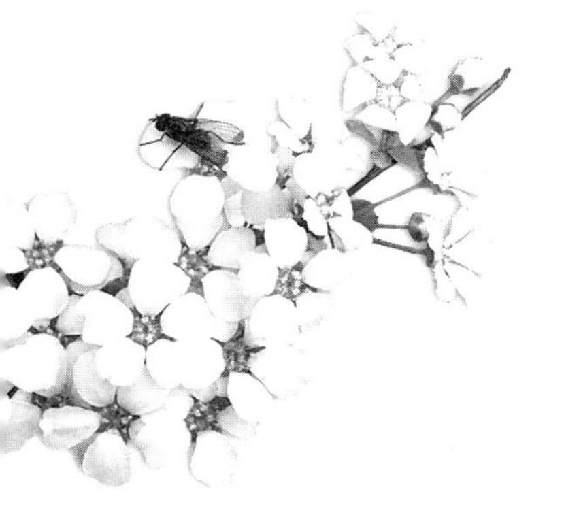

개구리가 올챙이 적 생각을 못 하듯 인간도 망각의 동물이라 과거를 잊기 쉽고, 고마움과 은혜도 모르고 살면서 잘되면 제 탓, 못 되면 조상 탓으로 돌리기도 한다. 그런데 올챙이가 변태(變態)라는 과정이 없이 과거에만 집착한다면 그것도 문제 아니겠는가. 굳이 말하면 '올챙이 적'을 잊어버리는 것이 당연하고 백 번 옳다. 그리고 '개구리도 옴쳐야 뛰고' '개구리가 주저앉는 것은 멀리 뛰기 위함'이라고, 우리의 삶도 한때는 자기를 낮추는 자세가 필요하고 일단 후퇴하는 지혜도 있어야 하리라.

'청개구리 밸'이란 말도 있다. '노래기 회'를 먹을 정도로 비위가 좋은 사람을 비꼴 때 쓰는 말인데, 여기서 '밸'이란 '배알'의 준말로 창자를 뜻한다. 어쨌거나 여기서는 우리가 보통 말하는 논밭에서 보는 참개구리가 아니라 비가 올라치면 엄마의 무덤 걱정을 하는 서양 '청(독)개구리'를 다루려고 한다.

파란 빛깔이 아름다운데 '불개구리' 라고?

'청개구리'라는 이름은 그놈 살갗 색이 푸르기에 붙은

이름일 것이다. 영어로는 나무에 산다고 해서 '트리 프로그(tree frog)'라고 하는데, 이것을 직역하여 신문이나 방송에서 '나무개구리'로 부르는 것을 보면 나 역시 배알이 꼴려 배앓이를 하는 때가 있다. 여기에 또 웃지 못할 일을 좀더 보자. 산성인 식초에 잘 날아온다고 '초파리'라고 이름 지은 곤충을 영어로는 과일에 날아들어 알을 슨다고 '프루트 플라이(fruit fly)'라 하는데 이것을 직역하여 '과일파리'로 쓴다. 또 등은 녹색이지만 배 바닥은 시뻘개서 무당의 울긋불긋한 옷을 연상시키는 '무당개구리'를 영어로는 '파이어 프로그(fire frog)'라고 하는데 세상에 이놈을 '불개구리'로 부른다. 기자나 작가, 프로듀서들이 조금만 관심을 두면 이런 오류는 범하지 않을 터인데 하는 아쉬움이 종종 남는다.

세계적으로 양서류(兩棲類)는 3,800여 종이 살고 있는데 온대 지방인 우리나라는 그들이 살기에 좋지 못한 지역이라 모두 합쳐 겨우 열네 종이 서식하고 있다. 모두 적어보자. 꼬리가 달린 유미류(有尾類)에 도롱뇽 · 꼬리치레도롱뇽 · 네발가락도롱뇽이 있고, 꼬리가 없는 무미류(無尾類)에는 무당개구리 · 두꺼비 · 물두꺼비 · 청개구리 · 맹꽁이 · 참개구리 · 금개구리 · 산개구리 · 북방산개구리 · 아무르산개구리 · 황소개구리가 있다. 이들 양서류들도 지구에서 줄어드는 추세이니 우리나라도 예외가 아니어서 맹꽁이, 금개구리 등은 희소종에 들 정도다. 특히 어느 나라 고산지대에는 오존층 파괴로 자외선이 많아져 양서류들에게 치명적이라는 보고도 많이 있다. 이렇게 생물들이 죽어나가니 머지않아서 천지개벽이 일어나는 것은 아닌지 모르겠다.

우리나라에는 나무에서 사는 개구리는 청개구리 오직 한 종이고,

나머지는 모두 땅과 물에 살고 있으나, 더운 열대우림 지방에는 반대로 80퍼센트 정도가 나무에서 산다고 한다. 환경이 달라 그런 것이므로 조금도 이상하게 생각할 일이 아니다. 어느 생물이나 제가 있는 환경에 적응하는 법이다. 적응하지 못하면 사람도 배겨나지 못한다.

가뭄을 이겨내는 지혜로운 독개구리의 슬기와 사랑

개구리는 어느 것이나 앞다리에 발가락이 네 개, 뒷다리에는 다섯 개가 있다. 발가락이 뒷다리에 더 많은 이유는 뜀뛰기를 하는 데 뒷다리가 많이 쓰이기 때문일 것이다. 무논에 사는 놈들은 헤엄을 치므로 뒷다리 발가락 사이에 물갈퀴가 있으나, 나무에 사는 청개구리 녀석들은 물갈퀴가 없어지고 대신 발가락 끝에 원반 모양의 살점이 생겨서 아무데나 잘 달라붙을 수 있으니 오묘한 적응이 아닌가. 이것도 뚜렷한 진화의 흔적이다. 그런데 암놈보다 작은 수놈은 모두 앞다리 엄지발가락에 검은 혹이 있는데 이것은 암놈을 등 뒤에서 힘껏 껴안을 수 있는 깍지 구실을 한다. 이 포옹으로 자극을 받아 암놈이 산란을 하면 수놈은 재빨리 그 위에 방정(放精)을 한다. 이렇게 실제로 교미기 없이 치르는 짝짓기 행위를 '가짜교미(간접교미)'라 한다. "개골개골" 소리를 내는 놈은 전부가 수컷으로, 울음주머니에서 소리를 내는데 여느 동물과 마찬가지로 암놈을 끌기 위한 작전이다.

개구리는 피부에 언제나 끈끈한 점액을 분비하고 있어 공기 중의 산소가 잘 결합하므로 피부호흡을 원활히 할 수 있다. 보통 상식과는 달리 허파가 있지만 이 허파는 호흡하는 데 보조 구실밖에 하지 못한다. 물속에서 겨울을 나는 산개구리는 허파를 쓰지 않고 피부로 호흡한다는 사실을 생각해보면 단박에 알 수 있는 일이다.

앞에서 황소개구리를 우리나라에 사는 종이라고 한 것에 대해 반감을 갖는 사람이 있을지도 모른다. 하지만 무슨 수를 써도 그 씨를 말릴 수는 없으니 아무리 미워도 같이 지내지 않을 수 없다. 여러 귀화 동식물도 처음에는 그런 대접을 받았다. 즉 이제는 '우리 황소개구리'가 된 것이니 미워할 일도 아니고, 우리 땅이 그들을 받아줬는데 사람이 어쩌란 말이냐. 어찌 자연이 사람만 못하겠는가.

그건 그렇고 이제 저 멀리 남아메리카로 건너가 그곳 나무에 사는 청개구리 무리의 하나인 독개구리 몇 종의 생태를 살펴보자. 그곳엔 독을 품은 개구리만도 130종이 넘게 산다고 한다. 미리 말하지만 원주민인 인디언들은(우리처럼 몽골계 혈통이라 어릴 때 엉덩이에 퍼런 '몽고반점'이 있다) 이 개구리 살갗에서 나오는 끈적끈적한 독을 화살촉에 묻혀 쏘아 짐승을 잡는다.

독개구리는 '*Dendrobates*'와 '*Phyllobates*' 두 속(屬)이 있다. 모두 낮에 활동하는 주행성 동물이고 알은 물속이 아닌 물기 많은 땅바닥에 낳는데, 알이 부화할 때까지 알을 지켰다가 알에서 깨어나온 올챙이를 홈이 팬 아비의 등에 올려놓아 기른다. 이 등에 적게는 한 마리에서 많게는 스물일곱 마리까지 올려놓을 수 있다고 한다. 보통 개구리들은 수컷이 작은데 이놈들은 암수의 크기가 비슷하게 작아서 1~5센티미터 정도다. 또 보통 개구리는 짝짓기할 때 수놈이 암놈의 겨드랑이 밑을 부둥켜안아서 알을 낳게끔 자극하는데 이놈들은 별나게도 암놈의 머리 부위를 눌러 잡는다고 한다.

독개구리는 덩치는 작아도 산란을 자주 하여, 보통 개구리가 한 배에 수백, 수천 개의 알을 낳는 데 비해 이놈들은 고작 30~40개만 낳는다고 한다. 사람도 전쟁이 나거나 어린 아기의 사망률이 높았던 그 옛날에는 아이를 줄줄이 낳았지만 요새는 평화롭거니와 의약의 발달로 아이가 별 탈 없이 살아남는 좋은 세상이라 적게 낳는 것과 같은 원리다.

그럼 어떻게 그놈들이 그렇게 자신있게 자식을 키워내는가를 보자. 방금 이야기했듯이 아비가 새끼를 등에 업어 키우므로 어미는 힘을 아껴 또 알 낳을 준비를 할 수 있다. 그리고 아비가 새끼를 천적에게서 보호하므로 어미가 낳는 알 수가 적어도 어렵지 않게 자손을 남긴다. 날이 가물어 물이 부족해져서 알이 말라버릴 지경에 이르면 어미가 알에다 제 오줌을 깔겨서 수분을 공급하고, 먹이가 부족하면 어미가 뱃속에서 발생 중인 알을 쏟아내 먹인다고 한다. 참으로 놀라운 독개구리의 부성애와 모성애가 아닌가!

그런데 어류와 양서류 단계에서는 알과 새끼 보호를 수놈이 주로 맡는 데 반해 이들보다 더 진화한 조류나 포유류는 되레 암놈이 도맡아서 자식을 키운다는 점도 우리가 흥미롭게 여기는 점이다.

금개구리, 산개구리, 참개구리…… 황소개구리!

세상에 천적이 없는 동물은 없는지라, 이 무서운 독개구리도 커다란 거미나 뱀을 만나면 기가 죽는다. 그러나 막다른 골목의 쥐가 고양이에게 달려들듯 이들도 위기에 처하면 비장의 무기를 동원한다. 피부에서 내뿜는 독액이 바로 그것이다. 포식자가 삼키면 입 안이 화끈거리고 마취되어 감각을 잃어버리므로 도로 뱉어버릴 수밖에 없고, 이 때문에 다음에는 독개구리를 잡아먹길 꺼리게 된다. 이 개구리를 실험실에서 연구할 때도 조심하지 않으면 사람들이 아주 위험할 만큼 독이 강하다고 한다.

우리나라에 많이 서식하는 무당개구리도 피부에 독이 있어서 성체가 되면 천적이 없을 정도이니, 그 끈질긴 사람들도 잡아먹기를 꺼려하는 놈이다. 아닌 게 아니라 울긋불긋한 경계색이 징그럽기도 하다. 그러면 온 나라가 무당개구리 천지가 될 것 같지만, 알이나 올챙이 시절에 많이 잡아먹혀서 개체 수는 조절이 된다.

그런데 중국 사람들은 역시 먹새가 좋아서 이놈을 잡아 독샘이 있는 껍질을 벗기고 구워 먹는다고 한다. 두꺼비에도 독이 있어서 "두꺼비 오줌이 눈에 들어가면 봉사가 된다."는 말이 있기도 한데, 실제로 두꺼비를 잡아 항아리에 넣고 작대기로 때리거나 해서 자극을 주면 이놈이 귀 뒤에 있는 귀샘〔耳腺〕에서 희뿌연 독액을 분비하니 이것을 모아 말려 약으로 쓴다고 한다. 어느 생물이나 자기 방어를 위한 무기나 독은 갖기 마련인데 이렇게 독으로 독(병)을 잡는 것은 일종의 이이제이(以夷制夷, 오랑캐를 시켜서 오랑캐를 누른다는 뜻) 작전인 셈이다. 실은 현대 의학에서 쓰는 항암제도 바로 암을 유발하는 발암물질이다. 사람의 생각은 예나 지금이나 큰 차이가 없는데도 옛것은 모두 '몹쓸 것'으로 매도되는 경향이 있으니 온고이지신(溫故而知新)을 재음미하면서 살아가야 하겠다.

그럼 인디언들이 개구리의 독을 어떻게 뽑는지 한 수 배워보자. 앞의 두꺼비처럼 개구리를 잡아 그릇에 넣고 근방에 뱀을 얼쩡거리게 하면 놀란 개구리는 흰 거품 독을 뿜는다고 한다. 그것을 화살에 묻히는데 그 약효(?)가 무려 1년을 넘게 간다고 하며, 개구리 한 마리로 독화살 50개를 만든다고 한다. 이 독을 바트라코톡신(batrachotoxin)이라고 부르는데 '바트라코(batracho)'는 개구리라는 뜻이고 '톡신(toxin)'은 독이라는 뜻이다. 뱀이나 벌의 독이 그렇듯이 이것도 주로 신경과 근육에 영향을 미친다. 즉 신경세포막의 투과성을 높이면 나트륨 이온이 세포 안으로 들어가서 근육에 흥분이 전달되지 못하게 되고, 그렇게 되면 근육세포 속에 저장된 칼슘 이온이 사방으로 스며나와 근육이 계속하여 수축되므로 근육에 쥐가 나게 된다. 만일에 심장 근육에 쥐가 나면 곧 심장마비로 이어져 생명을 잃는다. 우리나라에 이런 개구리가 없는 것만도 얼마나 다행한 일인가!

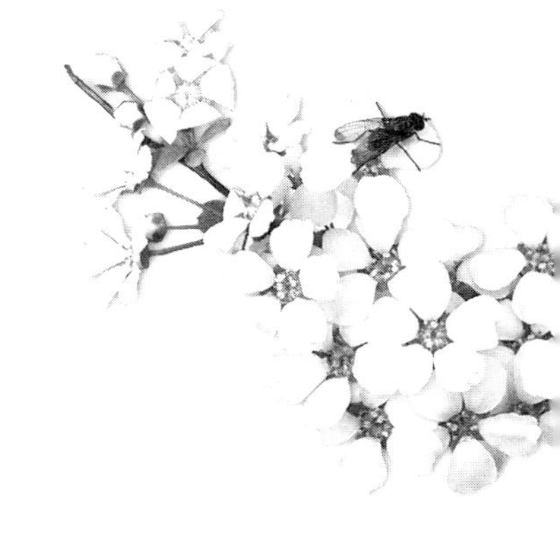

네 살배기 외손자 진영이 놈에게 생물을 좀 가르치겠다고, 밭에 심어 키우는, 배추벌레가 갉아먹고 있는 배춧잎을 통째로 따다가 눈앞에 디밀어 보았다. 내 눈에는 기름하고 앙증스런 애벌레가 한눈에 보이는데 이 아이는 어디에 뭐가 있는지 알지 못한다. "모르면 쥐어줘도 모른다."고 하듯이 "여기, 여기 있다."고 손가락으로 가리켜도 모른다. 그래서 여섯 살짜리 제 언니 세현에게 보여봤으나 역시 청맹과니가 아닌가. 난생 처음 보는 것인지라 이파리와 얼추 비슷한 벌레의 보호색 작전에 넘어간 것이다. 자주 접해본 나는 단박에 잡아내는데 아이들은 배추색과 비슷한 벌레가 그렇게 눈에 설다. 그러니 배추벌레의 천적들도 여간해서 잡아먹지 못한다.

배추벌레와 나방은 스텔스 비행기의 선구자들

배춧잎이 녹색인 것은 세포의 엽록소가 다른 파장의 빛은 모두 흡수하고 유독 연두색만 반사하기 때문이다. 이와 마찬가지로 이 배추흰나비 애벌레도 녹색만을 반사하여 주변의 잎과 같은 색을 띠고 스스로를 보호한다.

이놈 외에도 여러 생물들이 이와 유사한 장치를 지니고 있어 빛을 흡수하거나 반사함으로써 천적의 눈을 속여 살아남는다.

레이더에 잡히지 않는다는 스텔스(Stealth) 비행기를 보자. 생김새는 고약한 편으로 몸체가 예리하게 각이 지고 표면도 매끈하지 않아 여러 군데 움푹한 만곡(彎曲)이 있는데 이놈은 레이더 전파를 받으면 바로 흡수되거나 다른 곳으로 흘러가버린다. 그런데 알고 보면 이 비행기도 여러 생물의 생존 전략을 모방한 것이다.

밤에만 활동하는 검은표범은 살갗에 특수한 색소가 있어서 반사되거나 분산되는 빛 거의 없이 광선을 대부분 흡수하므로 몸색깔이 흐릿해져 위장이 가능하다. 그런가 하면 호랑이 몸에는 얼룩무늬가 있어서 풀숲에 엎드려 있으면 호랑이의 반점과 주변의 색깔과 무늬가 비슷하므로 몸체를 구분하지 못한다. 이를 '분단선 색채'라 한다. 어둠에서 활동하는 나방은 망막 뒤를 테이프텀(tapetum)이라는 반사 물질이 덮고 있어서 약한 광선도 반사하기 때문에 모든 빛을 망막에 모아 쓸 수 있다. 또 눈은 울퉁불퉁한 육각형의 특수한 돌기 구조로 되어 있는데 스텔스 비행기의 표면 전체가 바로 이것을 닮았다고 한다. 그러나 스텔스 비행기도 비 오는 날에는 맥을 못 춘다. 요철(凹凸)의 표면에 물이 묻으면 레이더파를 흡수하지 못하기 때문인데, 나방은 비가 와도 자유롭게 날 수 있으니 나방의 눈에 비하면 스텔스는 한 수 아래라고 하겠다.

하늘을 나는 새는 언제나 등이 어두운 색이고 배는 밝은 색이다. 역시 포식자의 눈을 속이기 위한 방법이다. 포식자가 새의 위에 있으면 등의 어두운 색과 저 아래 땅바닥의 색이 어울려서 잘 보이지 않고, 천적이 그 새의 아래에 있다면 배의 흰색이 밝은 하늘빛과 헷갈리게 된다. 얼마나 영리하고 재기가 넘치는 자기 방어 기술인가. 고등어가 그렇듯 물고기도 깊은 바다에 사는 놈들은 창공의 새처럼 등이 푸르고 배는 희뿌연 색이라 같은 원리로 천적을 피해간다. 레이더가 나오기 전 활약하던 폭격기 B-24도 바로 이들 새와 물고기의 색 배치법을 도입하여 비슷하게 몸체에 색을 칠했다고 한다.

비슷한 작전이 또 있다. 야행성 발광 어류나 발광 두족류는 등에 광센서〔感光器〕를 지니고 있어서 위쪽에서 오는 빛의 세기를 측정하여 배에 붙어 있는 발광기의 광도를 조절한다. 이슥한 밤, 교교한 달빛이 내리비치면 아래로 그늘이 생겨 쉽게 발각되니 둘레에 알맞는 정도의 빛을 아래로 비추어 그림자를 없애버리는 것이다. 적이 우리를 놀라게 하는, 정말로 영명한 동물들이 아닌가!

빛을 흡수하여 몸색깔을 주변과 비슷하게 만드는 것과는 반대로 빛을 완전히 반사하여 금속성 은빛을 내는 것들이 있으니 갈치 등이 그렇다. 이놈들은 비늘이 겹친 거울 구조로 되어 있으므로 반사광이 훨씬 증폭되어서 오는 빛보다 강한 빛을 보낸다. 갈치가 떼를 지어 번쩍거리는 빛은 가까이서 보고 있으면 거짓말을 좀 섞어 눈이 부실 정도이다. 갈치 말고도 민물에 사는 은어나 피라미, 갈겨니, 끄리 등도 태양과 직각으로 몸을 틀어서 번쩍번쩍 빛을 내는데, 이는 다 무서움을 주는 일종의 번개 효과를 노리고 하는 행동이다. 이 때문에 다른 물고기들이 놀라 도망치게 된다. 게 종류들은 껍질에 스무 겹짜리 키틴질층이 있어서 강한 빛을 받으면 황색을 반사하고 옅은 빛을 받으면 청색을 반사하니 우리 눈에도 밝기에 따라서 황 · 청색으로 보이게 된다. 정말로 별의별 재주를 다 부린다.

이 밖에도 많은 곤충들이 날개에 빛을 모두 통과시켜 투명하게 해

주위와 색깔을 같게 한다. 카멜레온이나 오징어 · 문어 등 두족류 연체동물은 그때그때 색을 바꾸는, 한 단계 진보한 고등 수법을 쓰기도 한다. 이 현상들이 모두 빛이라는 수단을 잘 이용하는 것이다.

시장에, 거리에, 그리고 학교에 넘쳐나는 '바나나' 들

그런데 색깔 외에 무늬도 생물의 생존에 커다란 영향을 미친다. 얼룩말의 세로무늬가 대표적인 것으로, 얼룩말이 냅다 내달리면 세로로 배열된 희고 검은 무늬가 형체를 알아볼 수 없게 포식자의 눈을 흐린다. 물고기도 돔처럼 몸높이가 높은 것은 세로로, 몸체가 가늘고 길다란 것은 가로로 무늬를 배열한다. 움직일 때 전자는 좌우로, 후자는 상하로 하여 얼룩말의 의도처럼 혼란 효과를 내기 위해서다. "다 살게 마련이다."라고 하더니 무늬 하나에도 커다란 의미가 있다는 점을 새삼 느끼게 된다. 뚱뚱하거나 키가 작은 사람은 세로무늬의 옷을 입고, 장대같이 커서 작아 보이고 싶은 사람은 가로무늬 옷을 입는 것도 상대의 눈을 속이고 판단을 흐리게 만드는, 여러 생물의 본능과 같은 원리라고 해도 반론의 여지가 없다.

참고로 백화증(白化症)을 덧붙여본다. 앞서도 말했듯이 백마나 흰 까치처럼 눈이나 살갗, 털, 비늘, 깃털에 색소가 없어서 하얗게 된 동물을 '알비노(albino)'라고 하는데 이 말은 라틴어 '*albus*'에서 왔으며 '희다'는 뜻이다. 결론적으로 말해 이런 동물은 보호색을 갖지 못하기 때문에 생존에 아주 불리하고, 사람도 그렇지만 자외선을 차단하지 못하므로 피부암이나 백내장에도 걸리기 쉽다. 백화증은 검은 색소 멜라닌을 만드는 데 필요한 효소인 티로시나아제(tyrosinase)가 합성되지 못해서 생기는 일종의 돌연변이다. 그리고 야생 산토끼에는 흰 놈이 없는데 이는 오직 사람이 키워야만 살아남는다는 것을 암시하는 중요한 부분이다. 사람의 백화증도 열성(劣性)으로 체세포성 유전을 하는데 서양 사람은 보통 2만 명에 한 사람꼴로 나타난다고 한다. 사람의 머리털만 봐도 검은 것이 흰 것보다 더 질기다고 하니 희다고 좋은 게 아닌데 어찌하여 서양의 백색 문화가 이 세상에서 판을 치는 것일까. 우리 젊은이들 중에도 '바나나'가 된 사람이 많다. 겉은 노래서 황색종인 한국 사람이지만 한 켜의 껍질을 벗기면 속에는 하얀 백인이 숨어 있으니 말이다. 흰 것을 너무 좋아할 일이 아니다.

그런데 사람에게도 보호색이나 위장술이 있는 것일까. 군인들이 훈련하는 모습에서도 보지만 자동차를 살 때 색깔을 선택하는 취향이 다 다르다는 것도 재미나다. 밤에는 흰 차가 사고를 덜 내고 낮에는 노란색이나 빨간색 차가 안전하다고 하니 그런 점을 고려하여 차를 사면 좋지 않을까? 이것은 생물의 경계색을 말한다. 얼룩무늬 자동차는 다른 운전자의 눈을 흐리게 하니 별로 좋지 않음도 이제는 알겠다. 과학과 문화에서 자연의 모방이 아닌 것이 없다 해도 과언이 아니다.

필자가 미국 미시간 대학에서 연구 생활을 거의 다 끝내고 LA 동쪽 리알토에서 술과 담배 등 잡동사니를 파는 당숙 댁 가게 일을 도우면서 살아가고 있을 때의 일이다. '개미 쳇바퀴 돌듯(?)' 지루한 생활을 하면서도 나름대로 미국인의 밑바닥 삶을 체험으로 알아보겠다는 생각을 가지고 있었는데……. 헌데 귀국 날짜가 노루 꼬리만큼 남아서 따분한 객창(客窓) 생활에 지칠 대로 지친지라 마음에 들어오는 일이 하나도 없었으니 그것을 무심(無心)이라 해두고…….

개미가 꼬리침으로 사람을 쏘다니!

하여튼 개미가 살지 않는 곳이 지구 위에는 없는지라 그 뜨거운 땅바닥의, 우리나라 것과 다름없는 개미구멍 앞에 퍼질러 앉아서 소일 삼아 놈들을 골려주려고 집적거리고 있었다. 꼬챙이로 해작거리며 찔러도 보고, 그놈들도 똥구멍에서 개미산(酸)이 나오지 않을까 싶어서 신맛을 볼 요량으로 배를 꾹 누르고 개미 똥구멍을 혀에 갖다댔다. 으아아악! 얼마나 아프던지 펄펄 뛸 수밖에 없었는데 입에서는 "앗 뜨거워라!" 하는 엉뚱한 소리가 튀어나왔다. 눈앞이 캄캄하고 정신이 몽롱하였다. 아픈 것은 뜨거운 것과 통하는 것이니. 그런데 독자들은 궁금하리라. 필자가 그냥 자리를 떴을까? 천만의 말씀. 혼자서 "요놈의 떨거지 새끼들!" 하면서 어쩌구저쩌구 툴툴거리며 놈들을 패대기치며 도륙을 내고 말았다. 복수를 한 것이다.

세상에, 개미가 벌처럼 꼬리침으로 사람을 쏘다니! 헌데 실은 개미도 벌목(目)에 속하니 어떻게 보면 사촌보다 더 가까운 혈연관계다. 날개를 단 수캐미가 공중을 날면 바로 그놈이 벌이 아닌가. 알고 보니 우리나라 개미 중에도 침을 가진 녀석이 많은데, 이름에 '침' 자가 들어가면 모두 벌처럼 쏘아 댄다고 한다.

개미는 곤충 무리에 드는 놈으로 곤충 중에서도 종 수가 가장 많고 분포 범위도 넓어 세상에서 가장 성공한 동물이라는 말을 듣는다. 세계적으로 8천여 종이 살고 있는데 특히 더운 열대 지방에 더 많이 산다. 크기도 다양하여서 겨우 보일 듯한 2밀리미터에서 큰 놈은 말벌만 하여 25밀리미터나 된다는데, 그 크기면 튀김을 만들어 먹어도 될성싶다.

튀긴 개미 맛은 어떨까. 아주 신 음식 맛을 빗대어 "왕개미 똥구멍 저리 가라다."고 하는데 아마도 기름 먹은 개미도 꽤나 시큼할 것이다. 개미 몸에는 '개미산'이라는 산성 물질이 들었으니 하는 말이다. 미국에서 필자가 이 개미산의 맛을 보려다가 그렇게 혼쭐이 났던 것인데 얼마나 아프던지 지금도 혓바닥 끝이 아려오는 듯하다. 파란 도라지꽃에 때깔 좋은 왕개미 한 마리를 잡아 넣고 "신랑 방에 불 켜라, 각시 방에 불 켜라." 하고 세게 흔들고 나면 파란 꽃잎 바탕에 빨간색이 점점이 찍힌다.

꽃 속에 든 화청소(花青素) 안토시아닌(anthocyanin)은 리트머스처럼 산성에는 붉은색, 알칼리성에는 푸른색을 내는데, 놀란 개미가 강한 산(酸)인 개미산 오줌을 질금질금 싸댄 것이 '신랑 방 각시 방'에 불을 켜게 한 것이다.

몇십만의 우리나라 군인은 '저리 가라' 다!

개미는 완전변태를 하므로 그 생활사가 알－애벌레－번데기－성충의 네 단계를 거친다. 또 사회생활을 하면서 계급사회이다 보니 여왕개미, 수캐미, 일개미, 병정개미로 나뉘어 있어 철저한 분업을 영위하고 있다.

개미가 '성공한' 원인은 무엇보다 식성, 서식 장소, 크기 등이 서로 다르다는 다양성에 있다. 그래서 우리의 교육도 천편일률적이어서는 안 되고 개인의 적성과 특성을 살려줘야 한다. 개미는 먹새가 좋아 식성이 다양하다. 식물의 즙을 빨아먹는 놈, 진딧물의 똥구멍을 더듬이로 간지럽혀 그 분비물을 빨아먹는 놈, 잎에 떨어진 단물을 핥아먹는 놈, 죽은 벌레를 먹는 놈, 풀이나 풀씨를 저장했다 먹는 놈, 곰팡이 즉 버섯을 키워 먹는 놈, 이파리를 잘라 먹는 놈 등 각양각색이다.

그런데 악바리 개미는 전투도 잘해 점령한 다른 굴의 애벌레를 물고 와서 키워 노예로 삼는가 하면, 어떤 종류의 여왕개미는 모르는 척 끌려가서 다른 종의 여왕개미를 물어 죽이고 제 알을 낳아서 키우는, 아주 지능적인 생태를 보이기도 한다. 살아남기 위한 다툼에는 수단과 방법을 가리지 않으니 개미의 권모술수가 사람보다 한 수 높은 듯 여겨진다.

뭔가 아주 수가 많으면 "개미 떼 퍼지듯 한다."고 말한다. 놀랍게도 큰 개미집 하나에 사는 개미가 수십만 마리는 보통이고, 수백만에서 수천만 마리에 이른다고 하니 몇십만 우리나라 군인은 말 그대로 '저리 가라'다. 개미굴 두세 개 속에 사는 개미가 우리나라 인구와 맞먹는다니 확실히 이들은 '성공한 동물'임에 틀림없다. 숫자로도 인간은 개미 적수가 되지 못한다는 말이다. 어디 감히 개미에게 대적하겠는가. 불개미 집을 한번 쑤셔보면 얼마나 무서운 동물인지 알게 된다. 오죽하면 "개미 떼가 용을 잡는다."고 하겠는가. "개미한테 불알 물렸다."는 말은 보잘것없는 놈한테 피해를 당했다는 비유인데 막상 당해보면 여기저기서 막 기어 올라오니 황당하기 그지 없다.

여기서 미국 불개미의 예를 들어 불개미의 유전, 진화, 행동, 생리, 발생 등을 좀더 자세히 살펴보자.

필자는 어릴 때만 해도 '불개미'라면 몸의 세 부위인 머리 · 가슴 · 배 중에서 복부가 불알만 하게 커서, 아니면 바짓가랑이로 기어들어 귀한 물건을 잘 물기에 그렇게 부르는 줄 알았는데, 서양 사람들이 '파이어 앤트(fire ant)'라 하여 색깔이 붉디붉기에 그렇게 이름을 붙인 것임을 나중에야 알게 되었다.

우리나라 불개미는 몸색깔이 붉고 온몸에 주홍색 털이 나 있는데 특히 배에 털이 많고 광택을 낸다. 이놈들은 전국의 산 어디에나 있는데 보통 썩은 나무의 그루터기나 돌 밑에 굴을 파고 산다. 반면에 미국 불개미는 맨땅에 굴을 파서 집을 짓는다고 하니 이것들도 살아가는 환경에 따라 집도 다르게 꾸민다는 것이다. 사실 한국산 불개미에 관한 구체적인 연구는 전혀 없으니 이어지는 이야기로 우리 불개미 생태를 비슷하게나마 추리할 수밖에 없겠다.

난소 하나가 몸무게의 75퍼센트를 차지한다!

늦은 봄이나 이른 여름에, 그것도 비 온 뒷날 땀이 날 정도로 더운 정오 무렵에, 여왕개미가 뿌린 '애욕의 향수'인 페로몬 냄새를 맡은 수컷들이 100~300미터 위 높은 하늘로 떼 지어 날아오른다. 개미는 페로몬이라는 화학물질로 말하는 동물이 아니던가. 잠시 후 정욕으로 이글거리는 수캐미 떼 속으로 몸을 숨긴 여왕개미는 20여 분 동안 여러 마리의 수놈들과 짝짓기를 하고 땅바닥에 내려앉는다. 비정하고 잔인한, 아니 종족 번식을 위한 본능인 여왕개미의 처절한 몸부림을 살펴보자.

정기(精氣)를 받고 평소에 미리 봐둔 우거진 풀숲에 내려앉은 그 여왕은 혼자서 검불 속에 들어가 2미터 깊이의 흑연같이 어두운 땅굴을 파고 들어간다. 딱딱한 땅을 파는 것은 아니겠지만 그래도 그 일이 얼마나 어려운 작업이겠는가. 이제 다시는 공중을 비행할 일이 없으니 거추장스런 날갯죽지는 과감히 잘라버리고 굴 파기에 온 힘을 다 쏟는다. 이렇게 힘들여 보금자리를 마련하고는 일주일에 걸쳐서 50~90개의 알을 낳는다. 도와주는 이 하나 없는 컴컴하고 깊은 굴속에서 혼자서 감당하는 고독한 싸움으로 그동안에 몸무게가 반이나 줄어버린다고 하니 지독한 녀석들이 아닌가. 그런데 낳은 알의 반 정도는 발생이 되지 못하고 부화된 새끼들의 먹이가 된다고 하니 정말로 천지조화가 멋들어지다 하겠다. 어미가 그 지경에 먹이를 물어올 수 없으니 한 배 알을 먹는다! 이것들은 첫배 새끼들이라 몸도 작고 수명도 짧다고는 하나 이것으로 새살림을 차린 것이고, 이 새끼들의 공양을 잘 받은 어미 여왕은 차츰차츰 식구를 늘려 나중에는 한 집 안에 수백 개의 방과 22만여 마리의 자식을 거느리게 된다.

잘 먹어 건강한 여왕개미는 '새끼 낳는 기계'인지라 난소가 몸무게의 75퍼센트를 차지하고, 보통 한 시간에 50~200개의 알을 낳는다고 한다. 밀월 비행 중에 평균 7백만 마리의 정자를 받는데 이것을 저정낭(貯精囊)에 보관하여 수명이 다하는 약 7년 동안 꺼내어 쓴다. 보통 한 마리의 일개미 수정에 정자 세 마리를 쓴다니 굉장히 경제적이다. 세 마리 중에서 가장 튼실한 놈이 수정을 한다는 이야기다. 사람이 곡식을 심을 때도 씨앗 셋을 한 구멍에 넣는다고 하던데 이런 지혜도 이들에게서 배운 것일까. 사람은 한 개의 난자 수정에 정자가 무려 3~4억 마리가 쓰이는 데 비하면 아주 경제적이라는 말이다.

힘써 '유전적인 수수께끼'를 풀어보지 않으려나?

그런데 어떤 까닭인지는 몰라도 변태 중인 애벌레가 분비하는 물질이 난소를 자극해야만 여왕이 계속 알을 낳는다고 한다. 특히 네 번째 탈피를 하는 4령(齡)의 애벌레는 항문에서 여왕의 산란을 촉진하는 물질을 분비한다고 하는데, 이들 애벌레를 치워버리면 여왕개미의 몸무게가 70퍼센트나 줄어버리고 난소의 크기도 90퍼센트나 감소한다고 한다. 또한 여왕이 없어져서 페로몬이 줄어들면 암놈 일개미 중 한 마리의 난소가 발달하여 종국에는 그놈이 여왕개미가 된다고 하니 그 원인은 한마디로 'god knows(신만이 안다)'다. 어찌 사람이 개미의 신통술을 알아낸단 말인가. 적이 놀랄 일이 참 많다.

이들의 특이한 행태를 좀더 보자. 밀월을 끝내고 짝짓기 한 여왕개미가 여러 마리 있으면 외톨이로 새살림을 차리지 않고 모두 함께 힘을 합쳐 알을 낳고 새끼를 친다고 한다. 그런데 묘하게도 어느 정도 집단의 크기가 커지고 안정을 찾으면 여기에도 피를 흘리는 쿠데타가 일어나서 한 마리의 힘센 여왕개미가 다른 여왕개미를 모두 물어 죽여버린다고 한다. 드세기로 말하면 비길 데가 없는 놈들이지만 그래도 비정타 할 수 없는 것이, 영장류인 우리의 정치에도 정치꾼들이 합당이니 뭐니 해서 어느 정도 동거하다가 언젠가는 반드시 서로 제거하는 음모를 꾸미고, 결국은 한쪽이 도태당하는 꼴을 자주 보아왔기 때문이다. 그러니 이 글은 결코 '개미의 삶'뿐이 아닌 '인간의 행동'을 읽는 것이다. 그런데 개미나 사람이나 나중에는 제가 다칠 위험이 다분히 있는데 왜 이런 '합치기'를 하는 것일까? 그 까닭은 아직 일종의 '유전적인 수수께끼'로 보고 있다. 다수의 여왕들이 연합하면 일개미의 수가 많아서 살아남는 데 당연히 유리할 터인데, 어느 때에 가서는 피를 보는 유혈극이 벌어지는 것이 무척이나 아쉽기는 하다. 그렇지만 모든 생물이 본능적으로 갖는 '경쟁과 협동'의 결과로 생각하면 해석은 아주 쉬워진다.

그들의 투쟁은 여기에서 끝나지 않는다. 이웃 불개미의 집을 끊임없이 공격하여 한쪽이 질 때까지 계속 새끼를 빼앗는다. 다 키워놓은 놈을 잡아와서 일을 시키는 것은 자기 집단의 에너지를 절약한다는 점에서 유익한 것이라, 대략 서른 개 가량의 이웃집을 공격해 수를 늘려나간다고 한다. "개미가 절구통을 물고 간다."고, 이렇듯 땅 빼앗기에는 숫자가 문제 되는 것이니 우리나라도 개미의 교훈을 경청할 필요가 있다고 본다.

어떤 때는 패배한 여왕개미가 제 집을 떠나 승자의 굴로 찾아들기도 한다. 만일 그곳에 잡혀와 있는 자기네 일개미가 많이 있으면 승리에 도취해 있는 그 집의 여왕을 물어 죽여 이기는 수도 있다고 하니, 졸개가 많다는 것이 얼마나 중요한가를 느끼게 하는 대목이다. 이렇게 제 새끼를 알아보고 용기를 낸 여왕개미도 있다니 지옥에 갔다가도 살아나올 수 있으리라. 그런데 싸움은 여왕끼리 하고 일개미는 방관만 하는데, 일반적으로 덩치가 큰 녀석들이 이긴다고 한다.

도대체 사는 게 무엇이란 말인가?

불개미들의 전투는 치열하다고 한다. 심한 경우에는 개미의 80퍼센트가 죽는 수도 있다고 하니! 아무튼 전투는 쉼 없이 해마다 일어나 4~5년이 지나면 이긴 놈이 1,200제곱미터 넓이의 땅을 차지하고 그 집단의 개미 수는 22만여 마리에 달하게 된다. 우리가 눈여겨보지 않고 지나치는, 길바닥에 즐비하게 널브러진 개미들이 바로 처절한 전투의 희생물이요 시체인 것이니 거기에도 화약 냄새가 진동하는 것이다.

세계 인구가 60억이 넘었다고 걱정하며 야단을 치는데, 지구의 개미 숫자를 모두 헤아려서 '개미 센서스'를 해보면 정말로 놀라자빠지겠다. 아마도 누군가가 어딘가에 이 흥미진진하고도 엄청난 통계 숫자를 발표해 놨을 것이다.

그런데 개미 학자들의 정신을 몽롱하게 하는 일이 아직 더 있으니, 한 굴속에 여왕개미가 한 마리만 있는 것이 보통이나 여왕개미 여러 마리가 함께 살기도 한다는 것이다. 대개 일개미들은 오직 하나의 여왕만 모시는 것인데, 왜 그런지는 모르지만 여러 여왕을 모시는 셈이다. 그것도 초기 집단을 넓혀나갈 때의 일시적인 현상이 아니라 안정된 집단에서 평화롭게 더불어 사는 예라고 하니, 서로 공격을 삼가는 것은 물론 간섭도 하지 않고 사이좋게 한 굴에서 살아간다. 참 신통한 일이다.

불개미도 꿀벌과 마찬가지로 한번 받은 정자를 저정낭이라는 주머니에 넣어놓는데, 산란할 때 그 주머니를 닫은 채 알을 낳으면 미수정란에서 염색체가 반밖에 안 되는 반수체(n)가 발생하여, 일도 않고 '생산'에만 힘을 쏟는 놈팡이 수캐미가 되고, 주머니 입구를 열어 정자와 난자가 결합한 수정란이 발생하면 배수체(2n)인 암놈 일개미가 된다. 이 일개미 중의 한 마리에게 어떤 특수한 먹이를 많이 먹이면 몸집이 커다란 여왕개미가 되는 것이니, 이 여왕개미와 일개미의 유전적인 특성은 똑같은 것이다. 헌데 못 먹고 못 자란 보통 암놈은 난소가 완전히 없어져버려 불임이 되어 평생을 먹이 나르기와 집 청소, 새끼 키우기로 지내다 죽는다고 하니 그들의 일생을 어떻게 해석해야 할지 잘 모르겠다. 하기야 사람 중에도 그렇게 짐승처럼 살아가는 불쌍한 사람이 쌔고 쌨으니 일개미 정도는 그렇게 문제가 되지는 않으리라. 도대체 사는 게 무엇이란 말인가?

육촌 사촌의 근연도는 얼마나 될까?

유전 이야기가 나왔으니 말인데 불개미나 사람이나 다 제 유전자를 가능한 한 많이, 또 멀리 퍼뜨리기 위해서 이렇게 다투고 싸움질을 하면서 살아가는 것이다. 불개미는 영토를 넓히고, 민들레는 씨앗을 공중에 날리고, 사람은 돈을 벌고 하는 것도 그 안을 들여다보면 종족 보존에다 후손의 수를 늘리자는 목적과 욕심이 그득 깔려 있다.

독자 여러분은 '근연도(近緣度)'라는 말을 들어본 적 있는가? 부모와 자식 사이, 자식끼리, 사촌형제 사이 등이 얼마나 혈연적으로 가깝고 먼가를 나타내는 개념이다. 사람의 부모와 자식 사이는 근연도가 1/2이니 유전물질이 부모의 것이 반반씩 들어갔다는 설명이다. 따라서 자식 사이에는 1/2×1/2=1/4이고, 사촌끼리는 1/4×1/4=1/16, 육촌 사이는 1/16×1/16=1/256로 희석되고 만다. 이에 따라 촌수를 계산하면 유전적으로 얼마나 닮았는가를 계산할 수 있는 것이다. 그래서 같은 성바지도 남과 다름없다는 뜻으로 "십촌 넘었다."라는 말을 쓴다. 생물학적인 사랑과 애정이란 바로 이 유전물질의 농도, 즉 근연도에 비례하는 것이다.

그런데 불개미의 새끼끼리는 사람보다도 근연도가 훨씬 높다고 한다. 여왕은 핵상(核相)이 2n이고 수캐미는 n이라서, 난자는 두 종류가 생기지만 정자는 한 가지만 생기기 때문에 근연도는 3/4으로 끼리끼리 무척 가깝다는 결론이 나온다. 그래서 개미들은 서로 더 아끼고 응집력이 강하여 집단 방어력도 그렇게 강한 것일까. 역시 피는 물보다 진하기 때문이리라.

불개미 무리의 삶도 그렇게 간단치가 않다는 것을 우리는 알고 느껴야 할 것이다. 남아메리카 아르헨티나에서 들어온 이 불개미는 침이 있어서 종종 사람을 쏜다. 그래서 이 종을 죽여보려고 미국인들이 막대한 돈을 쏟아부었지만 결국은 손을 들고 말았다고 한다. 그래, 그래야지. 지구의 주인은 누가 뭐라 해도 개미인 것을. 지구가 어디 사람만 사는 곳인가? '개미허리'라고 미인들도 개미의 본을 따보려고 애를 쓰지 않는가. 다시 말하지만 지구는 개미의 땅. 사람은 단지 더부살이를 하는 것이지.

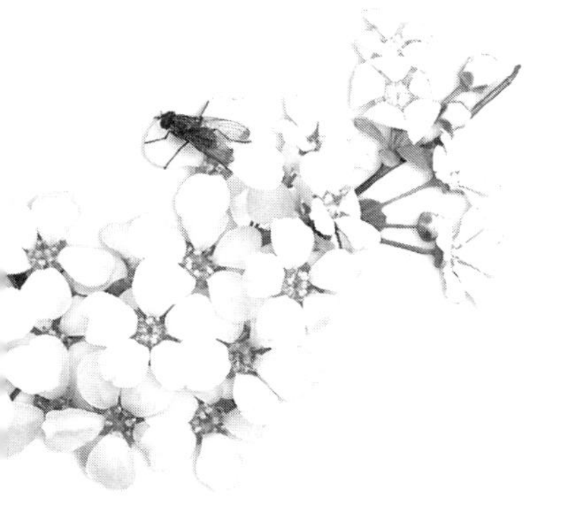

어느 지역이든 나라든 상징하는 동식물이 있게 마련이다. 딱 그곳에만 사는 생물을 고유종 또는 특산종이라 하는데 세계 어느 나라에서나 자기네 고유종을 보존하고 보호하려고 애를 쓴다. 이 지구에서 그곳에만 살고 있다는 것이니 보호 · 보존을 떠나 희소성에서도 가치가 있는 것이다.

저 남쪽 나라 뉴질랜드로 달려가 보자. 이 지명에 관해서 조금만 언급하자면, 뉴질랜드의 질랜드(Zealand)는 덴마크와 네덜란드에 있었던 지명 이름으로 그것을 따서 '새[New]' 질랜드라고 붙인 것이다. 참고로 미국의 뉴욕도 영국의 요크(York) 지방의 이름을 따서 '새로' 붙인 것이다. 이것만 보아도 이들 나라에 얼마나 유럽의 영향, 특히 영국의 넓다란 그림자가 아직도 짙게 드리워져 있는지 짐작이 갈 것이다.

"부자가 망해도 삼대는 간다."고 '해가 지지 않는 제국'의 고래 심줄 같은 뒷심을 무시할 수는 없다.

몸집에 비해 가장 큰 알을 낳는 동물

어쨌든 이곳 뉴질랜드에는 처음 보는 사람은 기이하고 얄궂다고밖에 생각할 수 없는 토종 새가 있으니, 어쩌다가 날갯죽지가 없어서 날지도 못하는 키위(Kiwi)라는 원시적인 새가 그놈이다. "날개도 안 돋은 놈이 죽지를 친다"는 말도 있는데, 털 있고 날개 있어도 공중을 한 번도 날아보지 못했건만 그래도 새는 새다. 내뺄 줄만 아는 타조놈도 우리가 새로 인정하지 않는가.

학자들은 보는 눈이 남달라서 학명이나 우리말 이름을 붙일 때 기막히게 그 생물의 특징을 꼬집어내는데 이 새의 학명도 절묘하게 잘도 지었다. 그 속명이 '*Apterix*'로, 여기에서 '*A*'는 '없다'라는 뜻이고 '*pterix*'는 '날개'라는 뜻의 라틴어다. '날개 없는 새'라는 의미가 속명에 들어 있는 것이다. 이곳에 사는 키위는 세 종인데 그 중 한 종은 뉴질랜드의 남도와 북도 모두 분포하나 나머지 두 종은 남도에만 서식한다. 뉴질랜드는 약 7천만 년 전에 아시아 대륙에서 떨어져 나왔는데 다행하게도 그곳에는 호랑이 등 포식자는 물론이고 뱀조차도 없는 조용한 나라였기 때문에 키위가 지금까지 생존하는 행운을 누리고 있는 것이다.

키위는 뉴질랜드의 원주민 마오리족 사람들이 부르는 말로, 수컷 녀석들이 날카롭게 내지르는 "키위, 키위――." 하는 소리에서 따온 것이라 한다. 이 새도 암컷은 음치라서 소리가 형편없다고 한다. 소리를 내지르는 데도 귀한 에너지가 쓰이는 것이라 농밀(濃密)한 알, 즉 난자라는 고에너지 물질을 만들어야 하는 암놈들은 소리 에너지까지 절약하는 진화의 결과로 소리통까지 먹통이 되고 말았다. 사람도 아이 낳고 키울 때는 순하던 여인네들이 나이깨나 먹으면 호랑이로 변하여 '암탉' 소리가 담장을 넘어 건넛마을 언덕에서 메아리 쳐온다. 더 이상 생산에 힘을 들일 필요가 없으니 그런 것이리라.

키위의 특징을 보면 깃털은 회갈색으로 크기는 집닭만 하고 꽁지는 없으며 날개의 흔적은 깃털 속에 묻혔다. 탄력 있고 길다란 부리 끝에 콧구멍이 뚫렸고 깃털은 보통 새들처럼 뻣뻣하지 않고 아주 부드러우며, 힘센 근육질의 굵은 발에는 네 개의 발가락이 있는데 끝에는 유일한 공격 무기인 예리하고 커다란 발톱이 나 있다. 눈은 아주 작아서 낮에 보면 있는 둥 만 둥 하지만 귀는 크고 잘 발달하여 소리에 예민하다고 하니 눈 대신 귀로 사는 새다. 사실 사람을 제외하고는 눈에 의존하여 살아가는 동물은 무척 드물다. 사람은 90퍼센트 이상의 감각을 눈으로 받아들이니 안경잡이가 그렇게 많은 것이다.

다른 고등한 새와 달리 키위는 수놈이 암놈보다 작다. 수놈은 머리에서 꼬리까지의 몸길이가 32센티미터 정도인 데 반해, 암놈은 50센티미터 정도나 된다고 한다. 다른 새에 비해서 엄청나게 큰 알을 낳기에 암놈이 덩치가 커진 게 아닌가 하는 생각이 든다. 아무튼 알은 한 배에 한두 개를 낳는데 그 무게가 무려 450그램으로 자기 몸무게의 4분의 1 가량이나 되다 보니, 몸집에 비해 가장 큰 알을 낳는 동물이라고 한다. 참고로 보통 달걀은 60그램이고, 타조 알은 1.35킬로그램으로 타조 알이 그 중의 으뜸이지만.

평화와 고요, 게다가 은둔의 여유까지……

사람은 자식을 작게 낳아서 크게 키우라고 말들 하는데 녀석들은 크게 낳아서 작게 키우니 어떻게 보면 거꾸로 가는 놈들이다. 괴이하게도 키위의 아비는 불보다 뜨거운 부정(父情)을 지니고 있는 대단한 놈이라, 땅을 움푹 파고 그 큰 알을 80여 일 동안이나 품어서 부화시킨다. 암놈은 연이어 새 알을 낳기 위해 다시 모이를 많이 먹어야 하므로 알 품기는 아비에게 통째로 맡겨버린다. 아비가 새끼를 치성하는 새 무리에는 펭귄 따위가 있고 물고기에는 가시고기, 해마 등 일부가 있을 뿐이다. 키위 병아리는 알에서 깬 뒤에도 일주일 가까이 먹지 않는다고 한다. 먹다 남은 노른자위가 뱃속에 그득 남아 있기 때문이다.

여하튼 키위는 숲속에 살면서 낮에는 땅속이나 바위 틈, 속이 빈 둥치에서 자고 밤에 활동하는 야행성 동물이다. 주로 지렁이, 곤충, 곤충의 유생을 잡아먹는데 딸기류 과일이나 잎도 먹는다. 뉴질랜드의 숲은 '시간이 정지된 듯' 거덜 나지 않고 잘 보존되어 있으니 키위만큼 복 받은 동물은 없는 것 같다. 이놈들은 적응력이 뛰어나서 숲 언저리 초원 지대로도 천천히 살터를 넓혀가고 있어 아직은 특별히 보호 대책을 마련할 필요를 느끼지 않는다고 한다. 여러 생물들이 죽기 아니면 살기로 살아남기 위해서 피를 토하는데 이 재수 좋은 키위는 평화와 고요, 은둔의 여유까지 즐기고 있으니 정녕 부럽기 짝이 없다.

여기에서 나무 열매 키위에 대한 설명을 글의 말미에 조금만 붙이는 것도 좋으리라. 우리나라도 많이 수입해다 먹는 뉴질랜드산 과일 키위 말이다. 다른 말로는 '차이니스 구스베리(Chinese gooseberry)'라고도 부른다. 이 과일의 원산지는 원래 중국인데 뉴질랜드로 가져가 재배한 것이 키위다. 우리나라 야산에 자라는, 줄기 길이가 7미터나 되는 다래나무와 아주 닮아서 어떤 이는 이 두 종의 교잡종을 만들어 맛과 향이 특유한 과일 만들기를 시도했다고 하는데 그 결과는 아직 잘 모르겠다. 헌데 키위는 그냥 먹기보다는 고기를 연하게 만드는 데 더 많이 쓰인다고 한다. 아무튼 멀리 시집갔던 다래 사촌이 되돌아와 안방을 차지한 셈이 되고 말았다.

농가월령가(農家月令歌)의 "머루 다래 산과(山果)로다……."가 갑자기 뇌리에 떠오른다. 여하튼 뉴질랜드와 키위는 떼려야 뗄 수 없는 숙명적인 '만남' 관계에 있다 하겠다. 내게도 운명적인 관계가 있으니, 그곳에 코알라를 빼닮은 귀여운 외손녀 혜민이가 있어서 더욱 내 마음이 끌리는 뉴질랜드의 키위들이다.

키위의 나라 뉴질랜드 사람들은 그들을 잘 보살펴서 영원히 함께 살도록 애써야 할 것이다. 절대로 개발이다 나발이다 하여 지각 없는 경거망동으로 온통 자연을 짓뭉개 놓은 전철을 밟지 말라고 권하고 싶다. 신명을 다하여 그들을 보호해야 한다. 그리하여 부디 "싸가지 없는 인간놈들."이란 소리를 듣지 말지어다.

염치도 체면도 없이 깐죽깐죽, 더럽고 비위에 거슬리는 치사한 행동을 하는 사람이나 비위가 아주 좋은 사람을 빗대어 "노래기 회도 먹겠다."고 말한다. 고약한 노린내를 풍기는 그 징그러운 노래기를 날것으로 회를 쳐서 먹는 사람이라면 알아줘야 할 것이다. 또 "노래기 족통도 없다."는 말이 있으니, 노래기 발은 가늘고 아주 작은데, 살림이 찌들게 가난하여 그렇게 남은 것이 없게 되었다는 말이라고 한다.

이미 4억 3천만 년 전부터 살아온 노래기

어쨌거나 옛날에는 지붕 이엉을 짚으로 엮고 살았는데 여름 장마철이라도 될라치면 집에 노래기 녀석들이 스멀스멀 기어다녔으니, 혹시 밟기라도 하는 날에는 고약한 냄새가 온 집 안에 진동을 해 놀라 기절초풍을 하곤 했다. 쥐를 서생원(鼠生員)이라고 불러서 달래듯이 노래기에게는 '향랑각씨(香娘閣氏)'라는 고상한 별명을 주고 이를 지방(紙榜)에 써서 거꾸로 붙이기도 했으니 부디 서로 해코지 하지 말고 살아보자고 그랬던 것이다.

요새 같으면 살충제를 확확 뿌려서 죽여버렸을 것이나 그 옛날엔 그런 약도 없을 뿐더러 그들을 죽여버릴 생각을 갖지도 않았다. 자연과 더불어 사는 상생(相生)의 사고방식이 뼈에 사무쳐 있었던 것이다.

외국에서도 이것들이 집 안에 들어와 애를 먹인다고 한다. 게다가 엄청나게 번식한 이들이 떼 지어 이동이라도 할라치면 도로 바닥에 5~6센티미터 두께로 둔덕을 이룰 정도로 미어터져서 교통에 커다란 방해를 주는 경우가 허다하다고 한다. 얼마나 많기에 차가 못 간단 말인가. 거기야말로 '노래기 세상'인 것이다. 헌데 "들면 박대요 나면 천대."라고, 노래기는 동서양 가리지 않고 덧정 없는 천덕꾸러기로 마뜩찮은 외대(外待)를 받고 있는 것이다.

여기서 하나 바로잡고 넘어가야 할 일이 있다. 이 글의 제목을 보면 노래기 발이 천 개나 되는 듯한 느낌을 받게 되는데, 실제로 천 개의 발이 달린 노래기는 없다. 서양 사람들도 허풍이 세어서 이 무리의 이름을 '밀리페드(millipedes)'라 붙였으니 그것을 직역하면 '밀리(milli)'는 천(千)이요 '페드(ped)'는 발이어서 '천발이'가 된다. 또 지네나 그리마 무리는 영어로 '센티페드(centipede)'라고 하는데 '센티(centi)'는 백(百)이라는 뜻이니 '백 개의 발'이라는 말이 된다. 이렇듯 이 두 무리는 발이 많은 다족(多足) 동물이다. 아무튼 지구상에서 가장 발이 많은 동물이 이놈들이다. 우리도 옛날부터 노래기를 백족충(百足蟲)이라 했으니 역시 발이 많다는 것을 특징 지은 것임엔 틀림이 없다.

노래기 무리는 화석을 통해 보면 약 4억 3천만 년 전에 이미 지구에 살고 있었으니 가장 오래된 육상 동물로 취급한다. 현재 우리나라에 30여 종이 살고 있다는 기록이 있고 세계적으로는 8만 종이 넘는다고 하는데, 실제로 노래기를 분류 · 기재하여 이름을 붙인 것은 그것의 10분의 1밖에 되지 않는다고 한다. 우리나라엔 아직 특별히 노래기만을 전공하는 학자도 없다. 다른 동물도 지금까지 이름이 붙은 것은 실제 살고 있는 동물의 20퍼센트 정도에 지나지 않는다고 하니 이름도 없이 사는 '무명(無名) 동물'이 거의 전부라 해도 과언이 아니다. 분류학 등 기초 학문을 연구하다가는 '밥 빌어먹기' 안성맞춤이라 내남없이 기피하니 이런 결과가 나타난다. 응용 학문에는 연구비가 많이 나오나 기초과학에는 '새 발의 피'쯤밖에 안 나오니 자연히 관심을 덜 갖는 것이다. 이는 우리나라뿐 아니라 세계적인 추세로서 외국에도 이 동물을 전공하는 사람이 몇 되지 않는다. 꽤나 많은 노래기들이 이름도 없이 괄시받고 천대받으며 살아가는 것이다. "만물에는 다 제 이름이 있다〔萬物皆有名〕."고 했는데 말이다.

고마운 노래기가 대륙 이동설을 증명하다

그건 그렇다 치고 우리말 '노래기'라는 말의 어원은 어디에 있는 것일까. 이 글 첫머리에서 '노린내 나는 노래기'라고 했는데, 그러면 노래기는 '노린내가 나는 놈'이란 뜻일 것이니 동물은 형태의 특징이 아닌 냄새 때문에 그 이름이 붙은 것이라 하겠다. 노래기의 턱에 있는 독샘에서 분비되는 그 악취는 스스로 몸을 보호하기 위한 하나의 장치임도 간과해서는 안 된다.

노래기의 특징은 몸이 여러 마디〔體節〕로 되어 있고 그 마디마다 다리가 붙어 있다는 점이다. 몸은 원통 모양이며, 머리 부분 네 마디를 제외하고는 모든 마디에 다리가 두 쌍씩 붙어 있으므로 우리는 이 동물을 절지동물 중에서 배각강(倍脚綱)으로 분류한다. 몸 껍질은 다른 절지동물과 비슷하게 딱딱한 외골격으로 되어 있는데, 그 주성분은 키틴질이며 거기에 탄산칼슘이 좀 들어 있다.

노래기 무리는 습기가 많은 음지에서, 썩은 낙엽이나 나뭇가지를 뜯어먹고 산다. 어떤 놈들은 육식성이어서 곤충의 번데기를 먹기도 하는데, 물에 사는 노래기는 없다고 한다. 주로 개미, 도마뱀, 새, 쥐 등이 노래기를 잡아먹는 천적이다. 노래기가 있어야 이렇듯 여러 동물이 살아가는 것이니, 사람에게는 기피 동물인 이 노래기도 생태계의 먹이사슬에 중요한 몫을 담당하며 제자리를 차지하고 있다. 특히 지렁이가 적은 열대 지방에서는 이 노래기들이 지렁이를 대신하여 식물을 뜯어먹고 똥을 누어서 흙을 걸게 한다. 즉 부식토를 만들어 물질 순환에 매우 긴요한 자리를 차지하는 것이다.

노래기는 중국 · 한국 · 일본 등 동아시아와 북아메리카 · 오스트레일리아 · 뉴질랜드 등지에 분포되어 있는데 이것의 종을 서로 비교해보면 아주 닮았다. 옛날에는 대륙이 서로 붙어 있었으나 나중에 떨어져 나갔다는 '대륙 부동설(大陸浮動說)'을 증명하는 것이리라.

향랑각씨도 독을 뿜는 재주가 있다

"굼벵이도 꿈틀거리는 재주가 있다."고, 어느 생물이나 다 자기 방어를 위한 장치를 마련하고 있다. 노래기들도 예외는 아니어서 느릿느릿 기어가다가도 성질이 돋으면 자기만의 무기를 동원한다. 첫째 몸을 동그랗게 말아서 다치기 쉬운 발과 머리를 안으로 집어넣고 매끈한 외골격이 밖으로 향하게 해 잘 잡히지 않게 한다. 둘째 고슴도치처럼 온몸에 센털〔剛毛〕이 돋아 있어서 개미가 공격해 오면 그것을 잘라버리는데 그러면 개미가 털에 파묻혀 옴짝달싹 못 하고 죽게 된다. 셋째 퀴논 · 크레졸 · 페놀 · 시안화수소 등의 여러 독성 화학물질이 있으니 이것으로 천적을 죽이기도 하고 아프게도 만들어 제 몸을 보호한다. 어떤 노래기를 공격하던 늑대거미는 한 방 당하고 마취되어 며칠을 일어나지 못하고 잠만 자기도 한다는데, 사람이 쓰는 마취제 중에도 노래기가 분비하는 화학물질을 함유하고 있는 것이 있다. 턱이나 몸 마디의 분비샘에서 만드는 이 분비물은 자기한테도 해로운 것이라, 뿜을 때는 제 몸의 공기가 드나드는 기문(氣門)을 꽉 닫고 뿌린다고 한다. 노래기도 알 것은 다 아는 것이다.

이제 노래기들의 사랑 이야기로 들어가 보자. 우리도 어릴 때 '향랑각씨'들이 서로 뒤엉켜 있는 것을 본 적이 있지만, 이것들도 암수가 뒤엉켜 붙어 짝짓기를 하니 이때 수컷의 등에 있는 샘에서 나오는 분비물을 짝짓기 전에 암컷에게 먹여서 힘을 올린다. '힘을 올린다'고 했지만 사실 그 분비물에는 암놈을 꼬드기기 위한 성적 흥분 물질인 최음제 성분이 들어 있는 것이다. 이놈들은 암수딴몸으로서, 짝짓기를 하기는 하지만 뚜렷한 교미기가 있는 것은 아니다. 수컷의 둘째 마디에서 정자 덩어리가 나오면 이것을 일곱째와 여덟째 마디에 있는 암놈의 질에 집어넣는데, 이런 방식을 '가짜교미(간접교미)'라 한다.

노래기 수놈도 여느 동물의 수놈이나 마찬가지로 암컷을 꼬드기기 위해 갖가지 방법을 동원한다. 페로몬은 물론이고 다리를 등에 문질러서 '사랑의 노래'까지 불러준다 하니 말이다. 수놈들의 생식기는 갈고리 · 솔 · 손잡이 모양의 여러 부속기(附屬器)를 지녀서, 정자 덩이를 질에 집어넣기도 하지만 이미 들어 있는 딴 놈의 정자를 후벼 파내기도 한다니 대단한 종족 보존 본능이다. 사람이나 버러지나 '새끼치기 작전'은 알아줘야 한다. 알은 고치 형태로 낳거나 실처럼 생긴 물질로 말아서 흙에 묻어둔다고 한다.

불행히도 이 분야의 연구가 더딘지라 더 상세한 생활사를 소개하지 못하는 것이 아쉽다. 얼핏 보면 노래기는 검붉거나 적갈색을 띠어 징그럽고 무섭다는 생각이 들지만, 그것은 모두 경계색으로 그놈들의 생존에는 무척 중요한 것이다. 노래기도 지구 생태계에서 중요한 몫을 하고 있는 것이니 깐깐하게 편 갈라 나쁜 놈으로 푸대접하고 폄하할 일이 못 된다. 노래기도 제 딴에는 잘난 놈으로 뻐기며 살아가는 것이고, 만물은 다 제자리가 있는 법이니까.

우리 시대의 과학 전도사 권오길

경남 산청에서 태어나 진주고, 서울대 생물학과 및 동 대학원을 졸업하고, 수도여고 · 경기고 · 서울사대부고 교사를 거쳐 강원대 생물학과 교수로 재직했다. 청소년을 비롯해 일반인이 읽을 수 있는 생물 에세이를 주로 집필했으며, 글의 일부가 현재 중학교 2학년 국어 교과서에 실려 있기도 하다. 강원일보에 10년 넘게 <생물 이야기> 칼럼을 연재하고 있으며, 지면과 방송을 통해 과학의 대중화에 꾸준히 힘쓰고 있다. 2000년 강원도문화상학술상, 2002년 간행물윤리위원회 저작상, 2003년 대한민국과학문화상을 수상했다.

지은 책으로 『인체기행』(개정증보판), 『흙에도 뭇생명이』, 『달과 팽이』, 『생물의 애옥살이』, 『생물의 죽살이』(개정판), 『생물의 다살이』(개정판), 『바람에 실려 온 페니실린』, 『바다를 건너는 달팽이』(개정판), 『꿈꾸는 달팽이』(개정증보판), 『하늘을 나는 달팽이』, 『열목어 눈에는 열이 없다』, 『개눈과 틀니』, 『달팽이』(공저) 등이 있다.

권오길 교수의 생물에세이

| 하늘을 나는 달팽이
신국판변형 | 304쪽 | 12000원
한국출판인회의 선정도서

생태계는 수십만 개의 부속품이 조화를 이루며 날아가는 비행기와 같다. 작은 나사 하나만 빠져도 비행기가 뜨지 않듯이 생태계도 그렇다. 생태계 안에서 귀중하지 않은 건 없다. 이 책은 사람과 자연이 더불어 살아가야 함을 새삼 일깨우며 사람과 사람, 사람과 자연 간의 상생의 삶을 강조한다. 세균이라는 미생물부터 우주선 안의 생물까지 다룬 소재가 다양하다.

| 바람에 실려 온 페니실린
신국판변형 | 272쪽 | 12000원
책따세(책으로 따뜻한 세상 만드는 사람들) 추천도서

이 책은 생명의 처음과 끝인 세포이야기다. 하나의 세포 속에는 우주의 역사가 들어있고 그 흔적이 들어있으니 '세포는 우주다'라는 명제가 증명된다. 실타래처럼 얽힌 단세포 생물들과 인간의 관계를 권오길 교수는 특유의 재치와 위트로 쉽게 풀어냈다.

| 바다를 건너는 달팽이
신국판변형 | 224쪽 | 12000원
한국과학문화재단 추천도서, 경영자독서모임(MBS) 선정도서

생에 대한 집착은 인간을 영악하게 만든다. 그것은 다른 생물들도 마찬가지다. 열무, 배추, 시금치를 함께 심어보라. 좀더 기름지고 넓은 터를 차지하려고 서로 안간힘을 쓴다. 마늘은 어떤가. 단지 제 몸을 보호하려고 냄새를 피운다. 이 책은 기상천외한 동식물들의 생존 전략에 관한 이야기다.

| 생물의 죽살이
신국판변형 | 256쪽 | 12000원
한국과학문화재단 추천도서

이 책은 제목 그대로 생물들의 죽음과 삶에 얽힌 이야기다. 모든 생물들은 저마다 생존을 위한 독특한 전략을 갖고 있다. 그들 세계에서 인간이 배울 점은 '겸손함'이다. 지구에 자신만은 살아남으리라 믿는, '오만함'을 버리는 것이다. 사람 역시 자연의 일부기에 그렇다.

| 생물의 애옥살이
국판변형 | 272쪽 | 12000원
환경부 선정 우수환경도서, 한국간행물윤리위원회 선정 청소년 권장도서

자연 속에서는 인간도 동물에 불과하며, 인간이 자연의 주인공이 아니라 다른 생물들과 함께 자연이라는 주인공을 빛내는 조연일 뿐임을 생물들의 삶을 통해 보여준다.

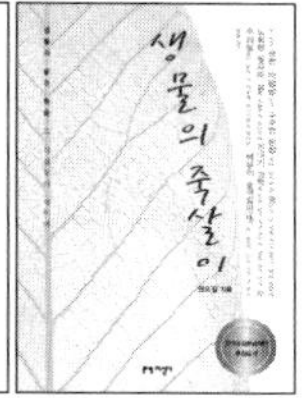

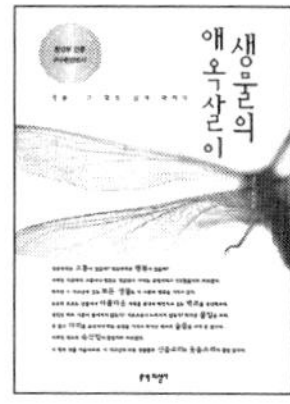

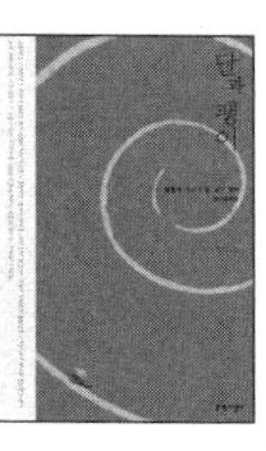

| 열목어 눈에는 열이 없다

신국판변형 | 248쪽 | 12000원

한국간행물윤리위원회 선정 청소년 권장 도서

이 책 전체에 흐르는 기조는 자연을 있는 그대로 바라봐야 한다는 것이다. 요즘같이 왜곡된 정보와 인식이 판치는 세태 속에서 음미해 볼 만한 가치가 바로 여기에 있다. "있는 그대로 보라!"

| 생물의 다살이

신국판변형 | 256쪽 | 12000원

한국과학문화재단 추천도서, 한국간행물윤리위원회 청소년 권장도서

평생 남의 피만 빨아야 하는 숙명을 가진, 그리하여 기생충처럼 무시당하는 흡혈박쥐도 굶주린 동료를 살리려고 제 피를 토한다. 감히 만물의 영장인 우리네 마음을 짠하게 울리는, '되바라진' 동식물 이야기!

| 꿈꾸는 달팽이

신국판변형 | 280쪽 | 12000원

한국간행물윤리위원회 저작상, 한국독서능력 검정시험 대상도서, 전국독서새물결모임 선정 추천도서

'생물 에세이'라는 독특한 분야를 처음 개척했던 권오길 교수의 첫 에세이이자 도서출판 지성사의 첫 번째 책이다. 느낌이 있는 책, 감동을 주는 책이 과학책에서도 가능하다는 것을 보여준다.

| 달과 팽이

신국판변형 | 240쪽 | 12000원

인간과 동식물이 치열하게 살아가고 상생하는 모습에 대해 애정 어린 시선으로 글을 써 온 저자는 이 책에서 자신의 전공인 패류(달팽이) 이야기에만 초점을 맞춘다. 달팽이에 관한 모든 정보는 물론 삶과 자연을 관조하는 노학자의 철학을 만날 수 있다.

지성사의 스테디셀러

인체기행(개정판)

권오길 지음 | 344쪽 | 신국판 | 11,000원
ISBN 978-89-7889-226-1(03470)

★ 서울시교육청 추천도서(중학교 2학년) ★ 전국독서새물결모임 선정 추천도서

많은 이들이 원숭이나 개미 등의 생물학적 특성을 책으로 쓰고, 흥미롭게 읽지만 정작 사람 자체에 대한 관심이나 이해는 턱없이 부족하다. 이 책은 먼 곳에서 과학을 배우기보다 제 몸으로 느끼고 실생활에서 배우는 과학에 대해 이야기한다. 우리의 생활과 관련이 깊은 부분을 골라 쉽게 풀이하여 누구든지 재미있게 읽을 수 있다.

신갈나무 투쟁기(개정판)

차윤정 · 전승훈 지음 | 304쪽 | 153×193 | 16,800원
ISBN 978-89-7889-194-3(03480)

★ 과학기술부 인증 우수과학도서 ★ 한국 독서능력검정시험대상도서 6급선정

우리나라 숲의 주인공으로 자리 잡고 있는 신갈나무의 탄생과 성장, 그리고 죽음에 이르기까지 한 나무의 일대기를 바탕으로 식물 전반에 대한 이해를 돕고 있다. 나무의 탄생과 죽음, 그 긴 세월의 마디마디에 담겨 있는 자연의 엄혹한 질서, 그리고 그들의 숙명적 삶을 이해하게 된다면 이제 우린 나무와 하나가 된다.

동고비와 함께한 80일

김성호 지음 | 288쪽 | 4×6 변형 | 28,000원
ISBN 978-89-7889-217-9(03490)

★ 교육과학기술부 선정 2010 우수과학도서 ★ 환경부 선정 2010 우수환경도서
★ 2010 청소년도서 선정

동고비 한 쌍이 여덟 마리의 새끼를 키워내는 80일간의 관찰 기록을 담고 있는 한 편의 동화 같은 생태 에세이다. 이른 새벽부터 어둠이 완전히 내려앉기까지 무려 80일에 걸쳐 온몸으로 보여주는 동고비의 자식에 대한 사랑을 통해 온전한 사랑이 무엇인지를 가슴으로 느낄 수 있을 것이다.